건강가정론

강유진 · 차승은

KNOWLEDGE COMMUNITY 공동체

머리말

건강가정기본법의 제정은 한국가족사에서 가족정책의 패러다임을 획기적으로 변화시킨 중요한 전환점이 되었다. 우리 사회에서 가족의 문제는 가족 스스로 알아서 해결해야 하며, 다른 외부의 관심과 간섭은 불필요하다는 인식이 오랫동안 팽배하였다. 사회적 차원에서 가족의 행복과 안녕을 위한 노력 역시 소극적으로 이루어졌다. 그러나 2000년대 중반 건강가정기본법의 제정을 통해 사회적 단위로서의 가족의 중요성이 부각되었다. 정부와 지역사회가 적극적으로 가족문제에 개입하여 해결하고, 더 나아가 이를 미연에 예방해야 하는 책임이 사회에 있음이 명문화된 것이다. 사적이고 친밀한 단위를 넘어서 법과 제도 속에서 가족문제와 가족에 관한 논쟁이 공개적으로 다루어졌다.

'건강가정론'은 이처럼 사회적 차원에서 논의되는 가족을 다룬 교과목이다. 실용적 측면에서 본다면, '건강가정론'은 건강가정기본법 제정 이후 전국적으로 확산된 건강가정지원센터의 역할과 중요성을 알리고 센터를 운영하는 전문가로서 건강가정사를 양성하는 데 기여하는 가장 기본적 교과목으로서 의의가 있다. 따라서 건강가정사 자격취득을 위한 가족학개론으로서 역할을 한다고 할 수 있다. 그러나 더 나아가 '건강가정론'은 가족을 보는 새로운 시각과 관련된다. '가족'이라고 하면 나의 가족을 중심으로 떠올리던 개인적 시점에서 벗어나 가족이 사회적 단위로서 어떻게 좀 더 큰 역사적 · 사회적 환경 속에서 복잡하게 상호작용하는지를 살펴볼 수 있는 인식전환을 포함해야 한다.

이 '건강가정론' 역시 실용적 측면에서 '건강가정론' 교과목을 위한 교재로 사용하기 위하여 저술한 것이다. 대학에서 다년간 '건강가정론' 강의를 진행하면서 경험한 시행착오와 학생들로부터의 피드백을 토대로 대학교재로서 충분하게 활용될 수 있을지를 되물으며, 가능한 풍부한 내용을 담도록 노력하고 강의진행에 적절하도록 목차를 다듬었다.

뿐만 아니라 이 책의 저자들은 이 책이 단순히 '건강가정론' 교과목을 대비한 교재에 그치지 않고, 사회적 차원에서 논의되는 가족에 대한 이해를 돕는 가족학개론서로서의 역할을 다하기 위하여 많은 고민을 하였다. 역사적 흐름 속에서 한국가족의 변화와 가족정책을 둘러싼 논쟁점들을 소개하고, 그 내용을 가능한 알기 쉽게 풀어서 설명함으로써 기존의 '건강가정론' 교재들과 차별화를 꾀했다.

이 책은 크게 6장으로 이루어졌다. 1장('건강가족 이해하기')과 2장('가족을 체계적으로 공부하기')을 통해 독자들이 사회적 차원에서 가족을 바라보고 가족을 체계적으로 분석하기 위한 가장 기본적 마인드를 형성하도록 내용을 구성하였다. 3장('가족을 위한 제도 이해하기')과 4장('가족복지 실현을 위한 전달체계 이해하기')에서 본격적으로 법과 제도 속에서 가족문제를 해결하기 위한 사회적 개입이 구체적으로 어떻게 이루어지는지를 살펴보았다. 마지막으로 5장('현장에서 이루어지는 건강가정사업 엿보기')과 6장('건강가정사가 하는 일 알아보기')은 건강가정지원센터와 건강가정사의 업무와 역할을 살펴봄으로써 건강가정사를 지망하는 학생들에게 실질적 도움을 주고자 하였다.

다양한 가족관련 프로그램들에 대한 홍보와 이용이 많이 이루어지는 것에 비해 정작 건강가정기본법과 건강가정지원센터, 그리고 건강가정사의 존재는 우리 사회에 여전히 낯설다. 이 때문에 저자들은 이 책이 건강가정사를 양성하기 위한 교재로서의 역할을 하는 데 머무르지 않고, 비전공자와 일반인들에게 새로운 관점에서 가족을 인식하고 사회적 단위로서의 가족의 위상과 중요성을 이해시키는 데 기여하길 더욱 바랐다. 그러나 이러한 바람을 실현시키기에 여전히 부족한 부분이 많다는 점에 대해 저자 모두 아쉬움이 크다. 본 저자들은 앞으로 '건강가정론'의 내용을 꾸준히 수정・보완하면서 초심을 잃지 않고 원래의 목적을 달성할 수 있도록 계속 노력할 것을 독자들에게 약속한다.

2013년 9월

저 자 씀

차 례

CHAPTER 04 가족복지 실현을 위한 전달체계 이해하기

CHAPTER 05 현장에서 이루어지는 건강가정사업 엿보기

CHAPTER 01

건강가족 이해하기

1. 시간의 흐름 속에서 변화하는 한국가족을 이해하기
2. '건강한 가족'이란 어떠한 가족인가?

CHAPTER 01

건강가족 이해하기

많은 시간 가족을 공부했지만 정작 '가족이란 무엇인가?'라는 질문을 받을 때 여전히 긴장한다. 나의 아이가 처음 학교에 입학한 후, '가정환경조사서'를 작성하면서도 그랬다. 아이가 '가족'란을 가리키며 "엄마, 여기에다가 할아버지랑 할머니를 적어야 하나요?"라고 물었던 적이 있다. 맞벌이를 하는 부모 때문에 조부모댁에서 하루 중 대부분의 시간을 보내며 조부모의 보살핌을 받는 아이는 가정환경조사서의 '가족'란에 과연 할아버지와 할머니를 가족구성원으로서 기록해야 하는지 아닌지를 고민하는 모습이었다. 그리고 나 역시 부모보다 많은 시간을 함께 하면서 당연히 자신의 '가족'이라고 칭했던 조부모가 가정환경조사서라는 공식적인 문서에는 '가족'으로 포함되지 않는다는 사실을 아이에게 어떻게 알기 쉽게 설명해야 할지 당황했던 기억이 있다.

'가족이란 무엇인가'를 이해하기 위해서 우선 개인적으로 정의내리는 가족과 사회적으로 정의내리는 가족, 이 두 가지 차원의 가족을 구분할 필요가 있다. 사적이고 친밀해서 나에게 너무 익숙한 가족이 있는 동시에, 나와 직접적으로 관련이 없지만 법과 제도 속에서 이야기하는 보다 멀리 떨어진 가족, 즉 사회적 차원의 가족이 존재한다.

그런데 사회적 차원의 가족을 이야기할 때, 우리는 가족이 하나의 고정불변의 것이 아니며, 사회의 변화와 더불어 변화무쌍한 성격을 가지고 있음을 이해해야 한다. 가족을 단순히 내가 알고 친밀하게 관계를 맺는 사람들과 연결된 지극히 개인적인 단위, 혹은 사적 단위로만 이야기할 수 있는 것은 아니다. 사회를 구성하는 가장 기본적인 단위로서 가족이 사회와 역사의 흐름과 함께 역동적으로 변화하는 좀 더 큰 차원의 사회조직임을 깨달을 때, 우리는 '가족이란 무엇인가'의 해답에 좀 더 가깝게 다가갈 수 있다.

'건강가정론'은 친밀하고 개인적인 감정과 인간관계로 연결된 가족의 정의를 넘어서 사회 속에서 존재하는 사회적 차원의 가족, 즉 사회의 정책과 서비스 개입의 단위로서의 가족을 아우르는 포괄적 접근을 다룬다. 사실, 우리는 개인적이고 사적인 가족을 다루는 것에는 익숙하지만 가족을 사회와 상호작용하는 사회적 단위로서 바라보는 관점에는 익숙하지 않다. 따라서 이 장에서는 '건강가정'을 이해하는 가장 첫 번째 과제로서 사회적 단위로서의 가족을 인식하는 작업을 시도할 것이다. 이를 위해 가족을 시간의 흐름 위에 두고, 그 속에서 변화하는 사회적 환경과 더불어 가족도 함께 어떻게 달라져 왔는지, 즉 역사 속에서 한국가족의 역동적 발자취를 다루어 보고자 한다. 그럼으로써 '가족이란 무엇인가'를 생각할 때 단순히 나의 개인적 가족을 떠올리는 것에서 더 나아가 가족을 둘러싸고 가족과 상호작용하는 역사적 · 사회적 · 정치적 환경 등 다층적 맥락을 의식하고, 이를 통해 사회적 차원에서 가족이 얼마나 복합적인 생활의 장인지를 깨닫는 기회를 가져본다.

1. 시간의 흐름 속에서 변화하는 한국가족을 이해하기

전통 한국가족을 이해하기 위해서 반드시 알아야 할 용어가 '부계가족'이다. '부계가족'이란, 같은 혈연으로 연결된 사람, 즉 같은 조상을 중심으로 이룩된 동일 혈연집단으로서 가족을 인지하는 것이며, 특히 아버지 쪽의 혈통계승을 강조한다. 예를 들면, 우리 사회에서 자녀는 아버지 성을 따르는 것이 당연하다. 이것은 개인적 차원에서 보면 아버지 쪽 조상을 기점으로 자연스럽게 가족구성원의 계보를 인식하는 것이다. 또한 집단적 차원에서 보면, 아버지 성씨를 따름으로써 아버지 쪽 혈연집단 내의 일정한 지위를 얻고, 그에 걸맞게 부여된 역할과 의무를 다해야 한다. 다시 말해서, 부계 성을 따름으로써 자연스럽게 아버지 쪽 친족집단 위주로 가족관계와 가족문화가 형성이 될 수밖에 없음을 의미하는 것이다(이광규, 1992).

과연 언제부터 부계혈연중심의 가족문화를 고유한 한국가족의 특성으로 당연하게 받아들이기 시작한 것일까? 사실 한국가족의 부계중심적 전통은 조선중기 이후 우리 사회에 유교사상이 뿌리를 내리면서 가족생활 및 가족 관련 사회제도 전반에 강하게 자리잡기 시작하였다. 조선초기까지 한국가족을 지배했던 가족문화는 부계혈연을 강조하는 유교적 이념이 아니라 토착적인 성격을 지닌 것이었다. 이 장에서는 한국가족이 시간의 흐름과 더불어 변화하는 역사 속에서 어떻게 사회와 함께 변하였는지를 살펴볼 것이다. 이때 논의의 중심을 변화의 핵심적 시기인 조선중기에 두고, 조선중기 이전과 이후의 한국가족의 모습을 살펴보도록 한다.

1) 과거 한국가족의 이해

(1) 조선중기 이전 한국가족은 어떠한 모습인가?

조선중기 이전의 한국가족의 모습에는 유교이념에 의한 부계 혈연 위주의 가부장적 특징이 가족생활에 지배적으로 나타나지 않았다. 부계적 요소와 비부계적 요소가 함께 존재하거나 오히려 비부계적인 특징이 강하였다고 알려졌다. 그러나 비부계적 특징을 엿볼 수 있다는 이유로 그 시절의 한국가족이 현대적 의미에서 좀 더 남녀평등적이었다고 섣불리 판단하기는 어렵다. 그 보다 조선중기 이전 우리 사회가 처했던 사회적·경제적·정치적 여건을 복합적으로 고려한 토착적인 맥락에서 전통 한국가족의 비부계적 특성을 이해하는 것이 더욱 적절할 것이다. 여기서는 조선중기 이전의 토착적 특성의 가족생활이 어떠한 모습인지를 가족의 중요한 의례인 결혼과 제사, 그리고 상속 등을 중심으로 알아보기로 한다.

조선중기 이전의 결혼풍습의 가장 큰 특징은 '서류부가(婿留婦家)', 즉 '사위가 처가에 머무는' 것이다. 신랑이 신부집에서 혼례를 치르는 '남귀여가(男歸女家)' 풍습이 그 시절의 사회적 관습으로 오랫동안 지켜져왔다고 알려졌다. 즉, 신랑이 신부집에서 혼례를 치른 후 처가에 머물면서 자녀를 낳고, 그 자녀가 성인식을 치를 때까지 오랜 기간을 처가에 머물렀던 결혼풍습이 바로 '서류부가혼(婿留婦家婚)'이다. '서류부가'의 혼인풍습은 유교이념으로 건국된 조선시대 이후 조선중기까지도 유지되었다고 알려졌다(신수진, 1998).

결혼은 새로운 가족의 탄생과 시작을 의미한다. 결혼풍습은 이후 새롭게 만들어지는 가족이 어떠한 지향점을 가지고 어떻게 가족문화를 만들어가는지를 보여주는 데 매우 중요하다. 그러므로 당연히 결혼풍습은 결혼 이후의 가족생활과 가족규범에 영향을 미친다.

조선중기 이전까지 우리 사회에서 관습적으로 이루어진 서류부가의 혼인풍습은 자연스럽게 가족 내 부계혈연과 모계혈연을 동등하게 중요시하는 가족문화를 만들었을 것으로 예상한다. 결혼식을 치른 후 오랜 시간을 처가에서 함께 거주하면서 사위는 처부모와 친밀한 관계를 맺지 않을 수 없다. 이에 따라 당연히 처가에 대해 본가 못지않은 책임감과 애정을 느낄 것이다. 마찬가지로 노부모의 입장에서도 딸 내외와 함께 거주하는 것은 사위와 외손에게 각별한 애정을 쏟고 이들과 친밀한 관계를 쌓는 기회가 될 것이므로, 딸 가족에 대한 감정은 아들 가족에 대한 감정과 다르지 않았을 것이다.

따라서 서류부가혼의 결혼풍습을 보편적으로 따랐던 조선중기 이전까지 가족생활은 부계혈연중심의 유교적 가족문화가 우세하였다기보다 부계와 모계 모두가 포함되는 양계적인 특징의 가족생활이 이루어졌음을 알 수 있다. 예를 들어, 제사와 재산상속과 같은 가족 일에 있어서 양계적 특성을 보인다. 아들이 없는 경우 딸, 사위, 외손 등이 아들과 마찬가지 자격으로 가족 내 제사 및 상속 등의 가족의례를 담당하였으며, 외손과 친손이 동등하게 '자손'으로서 족보에 기재된 것을 볼 수 있다.

특히 최재석(1983)은 한국가족제도를 연구하며 이와 관련된 자세한 논의를 전개한 바 있다. 이에 의하면, 신라시대와 고려시대, 그리고 조선시대 초까지도 재산상속은 원칙적으로 장・차남, 아들・딸 구분이 없는 균분상속이 이루어졌으며, 제사상속 역시 모든 자녀가 돌아가며 제사를 지내는 윤회제사가 실시되었다고 한다. 이때 제사에 드는 비용에서도 자녀균분의 원칙이 지켜졌다. 또한 족보에 기재되는 가족범위를 보면, 아들과 딸의 차별이 없이 친손뿐 아니라 외손, 그리고 사위까지 포함하였으며, 자녀의 기재 순서도 자연스럽게 출생순서로 기재하였다.

그렇다면 조선중기 이전의 한국가족이 조선중기 이후와 달리 부계혈통의 원리가 아닌 모계와 부계혈연을 대등하게 아우르는 양계적 가족문화를 보이는 이유가 무엇일까? 위의 사실이 조선초기까지 우리 사회가 남녀평등한 사회이었음을 암시하는 것일까? 이것에 대해 조혜정(1985)의 주장을 주목할 만하다. 조혜정(1985)은 조선초기까지의 한국가족 내 양계적 요소를 현대사회의 남녀평등가치관과 동일한 맥락으로 해석해서는 안 된다고 주장하였다. 그 시절의 가족이라 하더라도 여전히 가족 내 여성의 존재는 가족 외부의 공식적인 대표자가 될 수 없었으며, 오로지 남자만이 대내·외적으로 가족을 대표할 수 있는 남자중심의 사회이었음이 분명하다. 단지 이 시대에서 볼 수 있는 부계와 모계를 강조하는 양계적 경향은 서류부가혼의 결혼풍습 등 우리 사회의 토착적인 가족풍습에 의해 가족구성원들 사이에 자연발생적 감정에 의해 형성된 것이지, 현대사회처럼 남녀평등의 이데올로기를 실현하기 위한 가족질서가 아니었다는 것이다.

결국 조선중기 이전의 가족문화를 이끄는 가족질서는 위에서부터 형성된 사회적 차원의 규범과 이데올로기에 의해 좌우되기보다, 일상생활에서 관습적으로 행해지는 가족풍습에 의해 자연스럽게 만들어진 관계적 맥락이 더 크게 작용했다고 이해해야 할 것이다. 서류부가 결혼풍습을 통해 오랜 세월 동안 동고동락하며 정이 들어 버린 사위와 외손에게 노부모가 재산을 남겨주고 제사를 맡기는 것은 가족들에게 감정적으로 자연스러운 일일 것이다.

이처럼 조선중기 이전의 가족문화는 1차적인 성격을 갖는 정의적 집단으로서의 성격이 더욱 강하다고 봐야 한다. 다시 말해서, 인위적으로 만들어진 사회적 규칙보다 일상생활에서 빈번한 상호작용을 통해 '정'으로 형성된 자연스러운 가족 간의 질서를 좀 더 우선적으로 받아들였음을 이해해야 한다.

(2) 조선중기 이후 한국가족은 어떠한 모습인가?

조선중기 이후 유교이념이 일반 백성에게까지 널리 퍼지면서 우리 사회에 부계중심적인 가부장적 가치관에 의한 가족의 질서가 강하게 자리잡기 시작하였다. 그런데 유교가 우리나라에 들어온 것은 고려 말이며, 조선 건국의 이념으로서 조선 초부터 존재하였음에도(최재석, 1983), 왜 조선초기가 아니라 중기 이후에야 유교이념의 영향력이 가족문화에 강하게 확산된 것일까? 이것을 이해하기 위해서는 그 당시 정치, 경제, 사회 등 가족을 둘러싼 보다 큰 역사적 맥락을 함께 고려해야 한다.

정치적 측면에서 보면, 조선시대 유교이념의 확산의 계기는 건국 초기부터 왕과 양반층이 끊임없는 힘겨루기 상황을 벌이다가 조선중기 이후에 이르러 양반층이 그 세력을 장악하는 역사적 시점과 맞물려 있음을 생각해 볼 수 있다(조혜정, 1988). 평생 유교윤리를 공부하는 데 몰두한 양반층이 조선중기 이후 정국의 주도적 권력을 잡게 되자, 이들은 기득권을 유지하기 위해 자신들의 전공분야인 유교이념을 토대로 신분질서를 재확립하고 사회질서를 유지하게 된다. 이 과정에서 유교이념을 사회 전반에 확산시키고 이를 강조할 수밖에 없었다.

유교적 통치원리의 핵심은 '충', '효'에서 알 수 있듯이 '위계질서'에 있다. 유교적 학식으로 무장한 양반층은 학문의 깊이에서 보나 신분적 위치에서 보나 서민들에 비해 우월한 위상을 차지한다. 그러므로 양반층의 통치원리는 보다 우월한 사회적 지위에 있는 양반, 즉 '위'로부터의 교화에 있다. 조선중기 이후 양적으로 많아진 양반들의 주도하에 중앙과 향촌 모두 유교에 입각한 국가 및 가족윤리체계를 '위'로부터 주입하기 시작하였으며, 이로 인해 일반 백성들 역시 부계중심의 유교적 가족질서를 배우고 받아들이게 되었다.

또한 경제적 측면에서 보면, 부계혈연 위주의 유교이념의 확산은 조선시대 이루어진 집약농업적 생산양식 등 농업기술의 발달과 더불어 정착농경사회가 우리 사회에 자리를 잡은 것과 관련이 있다(조혜정, 1988). 육체적 힘이 많이 드는 농사일의 특성을 감안할 때 농업으로 생계를 꾸려나가는 농업중심 사회에서 남자 가족구성원의 기여 및 남자들끼리의 협력이 더욱 중요하다. 또한 농사법의 발달로 잉여생산물을 통하여 가족 내 재산의 축적이 가능해지면서, 과연 누구에게 어떻게 재산을 상속할 것인가라는 상속범위를 결정할 필요가 생겼다. 농사를 지으면서 생계를 유지하고, 여기서 축적된 가족의 부를 대대손손 계승하는 데 있어서 남자 가족구성원의 위상과 역할은 더욱 강조된 것이다. 더 나아가 개별 가족을 넘어서 동일한 부계혈연 가족들로 뭉친 종족집단은 상호협력하면서 개별 가족의 생존과 부의 창출에 없어서는 안 될 핵심적 지원군이 되었다. 그러므로 아들을 낳아서 집안을 잇는 부계직계적 계승을 통해 부계혈연으로 이루어진 종족집단에 속하는 것은 개별 가족의 경제적 생존을 위한 중요한 과업이 아닐 수 없다. 이러한 상황에서 남자중심의 유교적 질서는 경제적 생존을 위한 가족의 요구에 잘 맞아떨어졌으며, 자연스럽게 가족생활의 중요한 기준과 범위를 제시하는 역할을 하였다.

마지막으로 사회적 측면에서 볼 때 조선중기 이후 발발한 임진왜란, 병자호란 등의 전쟁상황 역시 일반 백성에게 유교이념을 확산시킨 계기로 들 수 있다(조정문 · 장상희, 2007). 전쟁으로 인해 온 국토가 피폐화되고 백성들은 죽음과 질병 등 삶의 막다른 골목에 이르게 된다. 이러한 극단적인 사회적 혼란기에 사회지배층인 양반은 백성들의 결속을 다지고 흩어진 국가의 민심을 다잡는 도구로서 유교이념을 효과적으로 활용할 수밖에 없었다. 이러한 과정에서 유교이념은 단지 지배계층의 지도윤리에서 벗어나 전 백성을 아우르는 폭넓은 삶의 기준으로 점차 자리잡게 된다.

그렇다면 조선중기 이후 사회에 퍼져나간 유교적 가족원리의 구체적 내용은 무엇인가? 신수진(1998)은 한국의 가족주의 전통을 설명하기 위해 조선시대 가족의 특성을 크게 세 가지로 정리하면서 부계중심적 가족원리를 상세히 서술한 바 있다. 이에 의하면, 유교원리의 전통가족의 특성은 다음과 같다.

첫째, 가족의 범위에 있어서 부계혈연중심의 배타적 질서를 보인다. '부계중심적 배타적 가족질서'란, 말 그대로 가족의 주요 질서가 아버지 쪽 혈연(부계)위주로 이루어지는 것을 말한다. 이것은 조선중기 이전과 달리 가족의 범위가 부계의 조상과 그 자손으로 이어지는 '직계원리'에 의해 한정되고, 결혼과 제사, 상속 등 가족의 중요한 의례와 문화가 부계를 중심으로 이루어짐을 의미한다.

예를 들어, 결혼풍습을 보면, 유교의 '주자가례'는 결혼식에서 신부가 신랑집에서 혼례를 치르고 그 후 신랑집에 머물면서 남자쪽 가족의 일원이 되는 '출가외인'으로서의 절차를 강조한다. 이에 따라 우리 사회에서 오랫동안 자리잡았던 '서류부가'의 결혼방식, 즉 신부집에서 혼인을 치르고 일정 기간 처가에 머무는 풍습은 점차 유교적 관습의 전파로 인해 사라지게 된다. 결국 유교문화의 확산을 통해 여성은 결혼과 동시에 '출가외인'이 되면서 자신이 소속된 친정집단과 멀어지고 남편의 부계혈연집단의 일원으로서 충성을 하는 유교적 결혼문화가 정착하였다(박혜인, 1988). 그리고 이러한 결혼문화는 자연스럽게 가족관계 속에서 남자를 중심에 두고 여자를 주변적 존재로 만들어간 것이다.

둘째, 가족 내 역할분담원리의 핵심은 철저히 '가장권'을 지키는 방식이었으며, 이에 따라 '효'를 중심으로 하는 위계적 가족생활원리가 자리잡았다. 가족 내 연장자로서 '가장'은 가족 내 권력의 최고위치에서 가족을 대표하며 제사를 모시고, 가족 재산을 관리하고 소유할 뿐 아니라, 가족구성원들의 생활을 관리 · 감독하는 역할을 하였다(조혜정, 1988). 위로부터의 교화, 서열이 중심이 된 위계질서를 강조하는 유교원리가 가족 내 작용하면서, 가족의 우두머리로서 가장의 권위는 더욱 강화될 수밖에 없었다.

'효'는 유교적 위계질서가 가족생활원리에 적용된 대표적인 예이다. 가족 내 절대권위자인 가장을 중심으로 가족 내 위계질서를 확립하고, 가족구성원은 가장에게 '효'를 행한다. 이러한 '효' 사상이 사회적으로 확대된 것이 '충'이다. 가장에게 효도를 하듯이 국가권력구조의 정점에 있는 임금에게 충성을 다하는 것이 유교적 왕도정치의 중요한 통치원리이다. 따라서 유교적 가족원리에 의해 가족 내 성별과 연령에 따라 분명한 위계구조가 형성되었다. 그 가운데 '가장권'이 위계구조의 가장 위에 위치하고, 남자 가족구성원을 중심으로 남녀불평등적 가족질서가 형성되었던 것이다.

셋째, 유교적 가족질서 안에서 가족의 가장 중요한 목표는 '부계혈통'에 의해 '집'을 계승하는 것이다. 따라서 부계혈통을 잇기 위해 아들을 낳는 것은 결혼의 최고의 이유이자 목적이었다. 특히 이것은 결혼과 동시에 남편 집안의 일원이 된 아내의 역할이자 의무이기도 하였다. 유교원리에서 여성은 남성이 이룬 가족에 종속된 구성원일 뿐이며, 이러한 유교적 가부장제의 핵심원리는 '집에서는 아버지를 따르고, 시집가서는 남편을 따르며, 남편이 죽으면 아들을 따른다'는 '삼종지도'에서 잘 표현된다(조혜정, 1988). 여성은 오직 아내로서, 며느리로서, 어머니로서, 즉 부계혈연중심의 가족질서의 보조적이고 종속적인 구성원으로서 아들을 낳고 가족을 유지 및 계승하는 데 기여하면서 존재의 의미를 찾았다.

'집'의 계승은 장남에게 재산과 제사를 물려주면서 삶에서 구체화된다. 앞서 언급했듯이 조선중기 이전까지만 하더라도 재산과 제사상속의 관행은 아들·장남 위주가 아니라 모든 자녀들에게 동일한 분배를 원칙으로 하는 풍습이 지배적이었다. 그러나 조선중기 이후부터 통치이념으로서 유교이념이 가족생활 깊숙이 자리잡으며, 가족 내 장남을 위주로 한 가통의 계승과 발전이 중요해진다. 상례, 제례, 재산상속 등의 가족의례는 부계직계원리에 의해 수행되었는데, 이의 원활한 수행을 위해서는 장남을 통한 '집'의 계승이 필요하였던 것이다. 결국 조선중기 유교이념을 가족 내 실현시키는 구체적 가족원리는 '부계중심적 배타적 가족질서', '가장권을 중심으로 한 위계원리', 그리고 '장남을 통한 집의 계승' 등으로 요약할 수 있다. 이러한 유교적 가족질서는 조선중기 이후 오늘날까지 우리 사회의 가족을 지배하는 핵심적 윤리로 자리잡았다.

2) 현대 한국가족의 이해

(1) 민주화와 양성평등

조선중기 이후 오랫동안 우리 사회에 강하게 자리잡아온 부계혈통 위주의 유교적 가족가치관은 1980년대 중반 이후 사회 내 민주화가 진전되면서 큰 전환점을 맞는다. 비록 사적 차원에서 가족구성원이 인식하는 가족문화가 여전히 부계중심의 가부장적 특징을 보인다 할지라도, 사회적 차원의 가족(법과 제도에 의해 영향을 받는 사회적 단위로서의 가족)은 현대사회의 변화의 흐름에 맞추어 사회와 동일한 지향점을 향해 서서히 변모하기 시작한 것이다. 그 지향점 중 가장 두드러진 것이 바로 민주화와 양성평등에 대한 시대적 요구이다.

민주화와 양성평등이라는 가치가 한국사회를 크게 변화시키기 시작한 시점은 1980년대 들어와서부터이다. 이러한 현대적 가치관은 전통적인 남성위주의 부계중심적·가부장적 가족가치관과 분명 부합하지 않는다. 사회구성원으로서 개인은 사회의 변화된 가치관에 영향을 받지 않을 수 없다. 그러나 동시에 가족구성원으로서 개인이 오랫동안 유지한 전통적 가족가치관을 변화시키기란 쉬운 일이 아니다. 따라서 현대 한국가족 내 민주화와 양성평등가치가 인식되기까지 오랜 시간이 걸렸으며, 가족 내 구성원들의 자발적 요구가 주도하였다기보다 사회적 차원에서의 노력이 주도한 측면이 강하다. 여기서는 현대 한국가족이 사회적·역사적 흐름 속에서 그 영향을 받아 어떻게 변화해왔는지를 가족과 관련된 중요한 법·제도의 전환점과 연결시켜 살펴보도록 한다.

첫째, 1980년대 말과 1990년대 초에 이루어진 가족법 개정이 가족관계에 미친 영향을 고려해야 할 것이다. 가족법은 사회의 관습을 반영할 수도 있지만, 반대로 가족법이 가족에 대한 사람들의 마음가짐을 새롭게 변화시키는 기능을 가지고 있음을 주목할 필요가 있다(Glendon, 1989, 양현아, 2007 재인용). 이를 감안한다면 우리 사회에서 가족법 개정을 통해 가족에 대한 사회구성원의 인식이 변화한 측면을 고려해 볼 만하다.

1989년 제3차 가족법 개정안은 1991년 1월 1일에 발효되었다. 가족법을 개정하게 된 가장 큰 동기는 사회 내 민주화의 흐름과 관련된다. 국가와 개인, 개인과 개인 간에 있어서 민주적이고 평등적인 상호관계에 대한 요구가 그 어느 때보다 높아진 사회적 분위기에서 법·제도 내 존재하는 가족 내 남성중심적이고 남녀차별적인 요인들 역시 주목받기 시작하였다. 이에 여성단체들을 중심으로 가족법의 남녀불평등적 조항들을 개정해야 한다는 요구가 강하게 제기되었다. 결국 제3차 가족법 개정을 통해 호주제도와 동성동본불혼의 조항을 제외하고, 여성단체가 제기한 대부분의 요구들이 수용되어 가족법 내 가족관계의 질서가 좀 더 양성평등적인 특성을 갖추게 되었다.

양현아(2007)는 이와 같은 개정 가족법에 양성평등, 근대성, 민주적 시대정신 등의 현대 한국사회의 지도이념이 잘 반영되었다고 지적한 바 있다. 개정된 가족법의 주요 내용을 보면, 먼저 친족의 범위를 설정하는 데 있어서 부계와 모계의 불평등을 개선하여 부모 양쪽의 혈족을 동일하게 8촌까지, 인척을 동일하게 4촌까지 포함하도록 하였다. 상속에 있어서도 아들과 딸, 기혼과 미혼자녀에게 차별적으로 상속하던 법정상속분을 개정하여 남녀상속분을 모두 동일하게 설정하였다. 이와 더불어 호주를 승계하는 자녀에 대한 상속분 가산제도 역시 폐지하여 사실상 호주상속으로 인한 경제적 이익이 더 이상 존재하지 않음으로써 호주제도가 명목상의 제도로서 유야무야하게 되었다. 입양제도의 경우 단순히 가(家)를 잇기 위한 양자제도를 폐지하여 남성위주의 가족관계질서를 개선하도록 하였다. 이혼 시 재산분할제도 및 비양육부모의 자녀에 대한 면접교섭권의 도입 역시 주목할 만하다. 이전까지 부부가 이혼을 할 때, 위자료 제도만이 있었는데, 재산분할제도를 도입함으로써 결혼생활 동안 이룩한 재산에 대해 상대편 배우자가 실질적으로 기여한 부분을 인정하였다. 이것은 혼인생활 중 여성의 경제적 기여를 좀 더 적극적으로 인정하고, 이혼이후에도 가족의 경제적 안정과 부양기능이 유지되도록 국가가 나선 것이다. 또한 면접교섭권은 이혼 이후 부모의 자녀양육책임을 강조하고 자녀의 복지에 대한 국가적 차원의 관심을 반영한 것이다.

둘째, 2005년 호주제의 헌법불합치 결정 이후 2007년 신설된 가족관계등록부의 신설이 현대 한국사회의 가족관계에 미친 영향을 생각해 볼 필요가 있다. 호주제도란 사회적 차원에서 가족을 어떻게 정의하는가와 관련된다. 즉, 사회가 가족의 범위, 가족의 위계 등을 규정한 제도이다. '호주'는 가족의 중심축이자 가장을 의미한다. 그런데 '호주'의 자격은 가족 내 남자구성원, 즉 아버지와 아들에 한정되며, 그 이외의 구성원은 호주에 종속되는 가부장적 특징을 갖는다. 다시 말해서, 호주제도는 가족 내 연장자인 아버지를 가족대표자로 규정하는 가부장제의 전형이며, 아버지와 아들로 이어지는 남성혈연을 통해 가족을 이어나가는 부계계승제도를 의미한다. 그리고 이러한 부계계승을 사회적 차원에서 공식적 문서로서 인정한 것이라 할 수 있다.

호주제도의 논리에 의한다면, 여성은 독자적인 호주가 될 수 없고 아버지 혹은 남편의 가족구성원으로 편입되어야 하는 의존적인 존재일 수밖에 없다(양현아, 2000). 예를 들어, 호주인 남편은 아내의 동의가 없어도 혼외관계에서 낳은 자녀를 자신의 호적에 가족원으로서 포함시킬 수 있다. 또한 딸은 결혼을 하면 원가족의 호적에서 남편의 호적으로 편입되므로, 친정에서는 '출가외인'이며, 시집에서는 다른 성(姓)을 가진 '이방인'이다. 이것은 호주제도가 명백히 부계혈연중심의 가족관계를 전제하고 있으며, 가부장적 특성을 가지고 있음을 보여준다. 이러한 호주제도로 인해 가족관계 내 여성의 위치는 매우 주변적이고 종속적이며 차별적인 존재가 될 수밖에 없었다(김미숙, 2008).

여성에게 비민주적이고 차별적인 호주제도는 현대사회의 변화의 흐름과 분명히 맞지 않음에도 불구하고 우리 사회의 고유한 전통이라는 미명하에 현대까지 오랫동안 지켜져 왔다. 그러나 양성평등과 민주화를 지향하는 시대적 흐름에 의해 끊임없이 호주제 폐지를 요구하는 목소리가 높아졌으며, 드디어 2005년 3월 호주제가 평등정신에 어긋난다는 헌법불합치 판결이 내려졌다. 이로 인해 호주제도는 한국가족사에서 사라지고 그 대신 2007년 이를 대체할 수 있는 '가족관계등록부'가 신설되었다. <표 1 - 1>은 새로운 신분기록부인 '가족관계등록부'와 '호주제'의 내용을 비교한 것이다.

호주제도와 가족관계등록부의 가장 큰 차이는 '개인을 어떻게 정의하는가'라는 방식에 있다. 호주제도가 가부장중심의 가족기재방식을 택함으로써 개인을 어느 '가(家)'의 일원으로 간주하고자 하였다면, 가족관계등록부는 개인이 각자 자신의 거주등록지에 기초하여 가족관계를 표시한다는 점에서 이 둘은 큰 차이를 보인다. 호주제 폐지 이후 가족관계등록부의 신설은 사회의 기본단위가 집합체인 가족이 아니라, 개별적 개인에 있다는 것을 상징하는 것이다.

이에 김미숙(2008)은 가족관계등록부로의 제도적 변화가 현대 한국가족관계를 어떻게 재정의하도록 이끌었는지를 개인과 가족, 사회적 차원에서 논의한 바 있다. 먼저 개인적 차원에서 볼 때 가족관계등록부는 과거의 '호주(戶主)'나 '가(家)'의 개념 대신에 각 개인별로 본인의 기준에서 자신의 가족을 작성하는 것이다. 그리고 개인의 입장에서 입양, 혼인, 본적 등 민감한 개인정보가 유출되지 않도록 가족관계등록 목적별로 다섯 가지 증명서가 존재한다.[1] 따라서 본인 이외의 가족구성원 중에 이혼 등의 변동사항이 있다 하더라도 본인과 관련이 없다고 간주하여 그 사실이 기록되지 않기 때문에 본인 이외의 가족구성원의 가족관계 변동으로 인한 사회적 편견 혹은 사생활 침해의 위험이 없어졌다. 특히 이러한 기재방식으로 인해 기혼여성이 더 이상 '출가외인'이라는 꼬리표를 달지 않게 되었다. 혼인관계증명서를 통해 본인 관련내용의 일부로서 배우자 남편의 인적 사항이 기재될 뿐이므로, 여성이 결혼과 동시에 남편의 '가(家)'에 입적해야 하는 종속적 신분에서 탈피하였다.

가족의 차원에서 볼 때, 가족관계기록부는 가부장적 가족질서 대신에 부계와 모계를 평등하게 아우르고, 부계혈연중심의 가족가치관에 얽매이지 않는 특성을 갖는다. 비록 호주제가 폐지되었다 하더라도 여전히 우리 사회에서 자녀는 아버지의 성과 본을 따르지만, 그렇다고 해서 부계 성씨를 절대불변의 것으로 간주하지 않는다. 부부합의가 있을 경우 자녀의 성과 본을 어머니 쪽으로 등록할 수 있는 여지를 두었으며, 재혼한 어머니와 함께 사는 자

1) 다섯 가지 가족관계증명서는 다음과 같다. ① 가족관계증명서(본인, 부모, 배우자, 자녀 인적 사항), ② 기본 증명서(본인출생, 사망, 개명 등 인적 사항 : 단, 혼인 · 입양 여부는 별도), ③ 혼인관계증명서(배우자 인적 사항 및 혼인 · 이혼 사항), ④ 입양관계증명서(양부모 또는 양자 인적 사항 및 입양 · 파양 사항), ⑤ 친양자 입양관계 증명서(친생부모 · 양부모 또는 친양자 인적 사항 및 입양 · 파양 사항) 등이다.

녀가 새아버지의 성과 다를 경우, 법원의 허가를 통해 새아버지와 같은 성씨로 바꿀 수 있다. 이러한 가족관계등록부의 형식은 자연스럽게 호주중심의 정형화된 가족정의를 벗어나, 개인의 형편에 따라 다양하고 폭넓은 범위의 가족을 아우를 수 있도록 함으로써 현대사회의 다양한 가족형태를 제도가 실질적으로 포괄하는 의미가 있음을 주목해야 할 것이다.

사회적 차원에서 볼 때, 위에서 기술한 '가족관계기록부'는 분명 양성평등과 민주화의 가치를 반영하고 있다. 부계 성씨와 혈연에 집착하지 않음으로써 남성과 여성이라는 성을 떠나서 한 개인으로서 평등하게 본인이 형성한 가족관계의 족적을 남길 수 있도록 배려한 제도이기 때문이다. 또한 가족관계기록부는 사회적 차원에서 개인의 복지에 더 적극적인 개입을 요구함을 의미하기도 한다. 기존의 호주제도는 가족구성원을 부양자와 피부양자로 구분함으로써 가족의 부양과 복지에 대한 1차적 책임을 가족에게 두었던 반면, 개인을 기준으로 기록된 가족관계기록부는 자연스럽게 부양책임에 있어서 가족단위의 책임이 불분명해지고 약해졌다. 이러한 현실은 가족의 부양기능 약화로 인해 향후 한국사회의 복지의 방향성이 좀 더 사회적 책임을 강조한 것으로 전환될 것임을 시사하는 대목이다.

〈표 1-1〉 '가족관계등록부'와 '호주제'의 차이점

	호주제도	가족관계등록부
정식명칭	호적(부)	가족관계등록부
필요서류	호적등 · 초본 한 가지	증명목적별로 다섯 가지
호적 및 호주	• 남편 혹은 아버지 호적에 오름 • 아들 - 손자 등 남자우선승계	• 호주관련조항 삭제 • 개인이 개별적인 신분등록부 가짐
가족의 범위	호주의 배우자, 혈족과 그 배우자, 기타 호적에 올라있는 자	• 배우자, 직계혈족 및 형제자매 • 생계를 같이 할 경우 직계혈족의 배우자, 배우자의 직계혈족, 배우자의 형제자매까지 포함가능
자녀의 성과 본	부계 성씨 승계 강제	• 원칙적으로 부계 성씨 따름 • 만약 혼인 시 부부합의가 있으면 어머니 성과 본 승계
혼인한 여성의 기재방식	아버지 호적에서 남편 호적으로 입적	본인의 혼인 기재란에 남편 표시
이혼여성과 그 자녀의 관계	• 어머니는 단지 동거인일 뿐이며, 법률적으로 혈연관계를 인정받지 못함 • 남편이 재혼할 경우 재혼한 여성이 자녀의 법률적 어머니가 됨	이혼을 한다 하더라도 법률적으로 자녀에게 어머니로서의 신분 유지
재혼가족에서 자녀의 성	자녀의 친부의 성과 본을 따라야 함	• 가정법원의 판단에 따라 새아버지 성씨의 승계가능 • 자녀의 어머니 성씨로 변경가능

출처 : 김미숙(2008) 재구성.

(2) '압축적 근대화' 과정에서의 다층적 가족가치관

아무리 시대가 바뀌고 기술이 발달하여 급격한 사회변화를 경험하였다 하더라도 가족을 가장 중요시하는 가족주의 전통은 오늘날까지 여전히 강하게 유지되고 있다. 지난 40~50년 동안의 산업화과정을 거치면서 개인과 가족의 라이프스타일 등 외적인 측면에서 한국인의 삶은 서구문화의 영향을 받아서 분명 전통사회와 매우 다른 모습으로 변모하였다. 그러나 자녀교육을 위해 부모가 헌신하고, 가족을 개인의 삶의 최우선 순위에 두는 가족주의 가치관은 현대적이고 서구적 삶의 방식 속에서도 강하게 남아 우리 삶 속에 중요하게 작용하고 있다.

우리 사회의 가족주의는 개인과 가족의 삶의 중심축인 동시에, 전체 사회체계로까지 확장되어 사회 전반의 작동원리로서 사회에 커다란 영향을 미치고 있다는 점에서 일종의 이데올로기적 성격을 갖는다(손승영, 2006). 그러나 가족주의 가치관이 오늘날까지 우리의 문화적 정체성을 정의내리는 데 가장 중요하다 할지라도, 현대사회의 가족주의를 전통사회의 가족주의와 동일한 속성의 것으로 간주하여서는 안 될 것이다. 분명 오늘날의 사회는 전통사회와 전혀 다른 사회적 · 경제적 · 정치적 · 문화적 상황에 있다. 따라서 현대의 가족주의는 과거의 것과 전혀 다른 사회 · 문화적 맥락에서 발현되며, 이러한 점에서 각 개인과 개별 가족에 작용하는 가족주의 메커니즘과 다시 이것이 사회에 미치는 영향력을 과거의 그것과 상이한 맥락에서 이해할 필요가 있다.

조선시대의 가족주의는 정치적으로는 양반세력이 권력을 잡고, 경제적으로는 정착농경사회가 자리잡으면서 유교이념이 일반 백성의 삶과 가족, 그리고 국가 전체를 관통하는 이데올로기로서 작용하던 시대적 맥락과 같이 한다. 따라서 과거의 가족주의는 개인과 사회 모두의 차원에서 일관적이고 동질적인 내용으로 존재하였다.

반면 오늘날 가족주의는 이와 상이한 모습임을 주목하여야 한다. 급변하는 산업화 과정에서 우리 사회에 매우 다양한 가치관이 혼란스럽게 공존하기 시작하였으며, 이로 인해 개인, 가족, 사회 속에서 동일한 가족중심적 가치관이라고 부를지라도 그 의미와 내용은 비일관적이고 다층적이며 상호 모순적인 특징을 보일 수 있다.

이를 다음의 구체적 예를 통해 이해해 보자. 현대를 살아가는 우리의 삶에서 가족은 여전히 매우 중요하다. 가족의 중요성은

'돌봄'의 상황에서 보다 구체적으로 드러난다. 그런데 부모세대가 스스로의 노후를 돌보는 '돌봄'과 자녀를 돌보는 '돌봄', 이 두 가지 '돌봄'의 의미에는 서로 상이한 가치가 있음을 알 수 있다. 예를 들어, 우리 사회의 중·노년 세대는 현대사회의 개인주의적 가치관, 독립을 중시하는 가치관을 인식하면서 자신의 노후부양 역시 독립성이 가장 중요한 문제임을 공감한다. '더 이상 자녀는 노후를 보장하는 보험이 아니다'를 절실히 느끼는 경향이다. 즉, 자녀에게 덜 의존적이고 보다 독립적인 노후대책을 마련하는 것이 인생 후반기 삶에서 무엇보다 중요한 고민거리가 된 것이다. 이처럼 부모세대의 입장에서 노후돌봄을 떠올릴 때 개인주의적 가치관이 지배함을 알 수 있다. 따라서 자녀가 노후를 돌보아 줄 것이라는 기대감을 갖지 않으며, 노후에 자녀에게 의존하지 않고 독립적으로 살기 위해 어떠한 준비를 해야 할 것인가에 대한 관심이 커지고 있다(강유진, 2005).

반면 부모들의 입장에서 '자식돌봄'의 문제는 다르다. 자신의 노후문제처럼 독립의 가치를 '자식돌봄'에 적용시키지 않는다. 예나 지금이나 자식은 부모 삶의 중심이며 전부로서 자식에게 전심을 다한다. 여전히 한국의 부모들은 자녀의 교육과 성공을 위해 모든 물질적인 정성과 노력을 쏟아부으면서 자신의 삶을 희생하는 것을 마다하지 않는 것이다. 비록 자녀세대로부터 노후에 돌봄을 받을 것이라는 기대감이 줄어들고 있지만, 자녀를 돌보는 데 적용되는 가치는 가족중심적이고 부모희생적인 전통적 측면을 그대로 유지한다. 그래서 부모세대는 자녀의 결혼준비뿐 아니라, 결혼 이후 손자녀를 돌보는 것에 이르기까지 평생 동안 자녀세대를 돌보고 뒷바라지하는 것을 멈추지 않는다.

또 하나의 예로써 현대사회의 '결혼'의 의미를 되짚어 볼 수 있다. 요즈음 우리 사회의 젊은이들에게 결혼은 더 이상 집안끼리의 결합이 아니며, 아들을 낳고 대를 잇는 것이 결혼의 최고목표가 아니다. 현대 한국사회에서 결혼은 그것의 가장 중요한 동기가 남녀 간의 사랑이며, 개인과 개인 간의 결합이라는 개인주의적 가치관이 더 크게 작용한다.

그러나 결혼식을 치르는 과정을 보면 여전히 개인보다 집안과 집안 간의 결합이라는 전통적 가족주의 가치관이 강하게 존재함을 알 수 있다. 가족의 체면이 개입되어 무리한 혼수와 예단을 마련해야 하는 문제, 빚을 내면서까지 치러야 하는 호화로운 결혼식의 폐해, 시댁과 처가 어른들 간의 자존심 싸움 등은 아직도 우리 사회의 젊은 커플들이 결혼준비과정에서 경험하는 것들이다. 이것은 현대 우리 사회의 결혼에 개인주의적 가치뿐 아니라 전통적 가족주의적 가치관이 중층적으로 내포되어 결과적으로 결혼가치가 모순적으로 나타나는 대표적 예일 것이다.

그렇다면 현대 한국사회에서 관찰되는 가족주의의 다양하면서도 모순적인 표출방식을 어떻게 이해해야 할까? 장경섭(2001)은 다면적이고도 중층적 속성의 현대 가족주의 특성을 설명하는 설명 틀로서 '압축적 근대성 속에서 형성된 가족이념의 우발적 다원성'을 제안하였다. 먼저 현대 한국사회에서도 여전히 강조되는 가족주의 가치관이 유교중심의 전통적 가족주의 가치관을 꾸준히 지켜온 결과가 아님을 받아들여야 한다. 이와 관련하여 장경섭(2001)은 현대사회에서 우리가 가족중심적 삶을 산다는 것을 해석할 때, 가족구성원 모두가 무엇이 가족중심적인 삶인지에 대하여 공통의 생각을 가진 것이 아니라는 점, 다시 말해서 전통사회처럼 모든 가족구성원들이 유교적 가족이념을 동일하게 공유하면서 부계혈연위주의 가족가치관을 일관적으로 받아들이는 상황이 아니라는 점을 주목해야 한다고 지적하였다.

현대 한국인의 가족가치관에는 일제 식민지 시대, 6·25전쟁, 군부독재, 문민정부 등 지난 반세기 동안 압축적으로 이루어진 굴곡진 역사가 반영되었으므로, 당연히 급격한 사회적 변화가 이끌어낸 다원성이 존재한다. 빠르고 급진적으로 이루어진 사회변화 속에서 각 세대가 경험한 한국사회는 매우 이질적일 수밖에 없다. 이로 인해 오늘날 가족주의는 그 정의 및 속성이 세대별, 성별, 계층에 따라 다양하면서도 상호 상충되기도 하는 다원적이고 복합적인 양상을 보인다는 것이다.

장경섭(2001)은 우발적으로 공존하는 복합적이고 다원적인 가족이념의 예를 크게 네 가지로 정리한 바 있다. 이 네 가지 유형은 유교적 가족이념, 도구적 가족이념, 서정주의적 가족이념, 개인주의적 가족이념 등이다. 첫째, 유교적 가족이념이란 전통적인 유교적 가족가치관의 연장선상에 있는 것으로서 가족 내 부계직계혈연을 중심으로 위계구조 및 효 규범을 강조하는 가족이념이다. 가족 내 성별분업, 남아선호사상, 남녀불평등 가치관 등을 그 특징으로 들 수 있다.

둘째, 도구적 가족이념이란 개인의 생존과 성공을 위한 도구로서 가족을 이용하는 것을 말한다. 가난했던 농경사회에서 산업화사회로 급속히 전환되는 과정에서 개인의 생존과 사회적 성공을 위해서는 가족의 집단적 힘이 필요하였다. 빠르게 변화하는 사회의 흐름 속에서 개인의 삶은 한 치 앞을 내다볼 수 없을 만큼 불안해졌다. 이러한 상황에서 미래를 대비하기 위하여 개인은 '가족'을 생존과 성공을 위한 도구, 즉 하나의 자원으로서 적극적으로 활용한다. 나의 가족의 안위에만 관심을 두는 가족이기주의, 남편의 성공을 위한 부인의 희생과 내조, 자녀교육을 위해 물불을 가리지 않는 치맛바람 등이 여기에 해당된다.

셋째, 서정주의적 가족이념을 들 수 있다. 산업화, 도시화를 통해 이촌향도, 핵가족화 현상이 나타나면서 이웃·친척들과의 정감어린 상호작용이 급속히 줄어든 채 개별적 핵가족은 도시의 외딴섬처럼 고립되어 살아간다. 이처럼 삭막한 사회환경에서 개인이 가족에게 기대하는 애정과 친밀감의 기대치는 더욱 증가할 수밖에 없다. 가족은 삭막한 생존경쟁으로부터 유일하게 개인의 서정적 욕구를 지켜낼 수 있는 '서정적 보호공간'의 역할을 하기 때문에(신수진, 1999), 자녀에 대한 온정적 보살핌과 부부간의 애정과 친밀감 등 가족관계의 질적 차원이 더욱 강조된다.

넷째, 개인주의적 가족이념은 서구의 개인주의적 가치관이 우리 사회에 확산된 것과 관련이 된다. 과연 개인이 가족을 위해 자신의 삶을 희생할 수 있는가의 문제에 직면할 때, 오히려 오늘날의 젊은 세대는 과거와 달리 좀 더 개인주의 가치관에 의해 가족보다 개인의 선택을 더 중시하는 모습을 볼 수 있다. 오늘날 결혼과 출산이 더 이상 결혼의 필요충분조건이 아니며, 개인의 자유로운 선호에 의한 선택의 문제로 간주되는 것은 바로 개인주의적 가족이념이 표출된 예일 것이다.

결국 해방 이후 한국사회가 겪어온 급진적이고 압축적인 역사적 흐름은 유교적 가족주의 전통을 매우 복합적이고 다원적인 맥락과 내용으로 변화시켰음이 분명하다. 위에서 언급한 '압축적 근대성 속에서 형성된 가족이념의 우발적 다원성'이라는 설명은 현대 한국인들의 삶에서 여전히 가족이 중요하며, 한국사회의 가장 큰 특징이 가족을 중시하는 가족중심적인 문화에 있다 하더라도, 오늘날의 가족주의 가치관은 과거의 것과 달리 매우 이질적이고 다원주의적 속성을 지니고 있음을 강조한 것이다. 따라서 현대적인 가족주의 가치관을 보다 정확히 이해하기 위해서는 압축적으로 겪어온 사회환경의 영향이 가족에도 투영이 되었음을 주목해야 한다. 급속한 산업화의 흐름 속에서 현대의 가족주의 이념에 다양한 가치관들이 중층적으로 동시에 쌓아졌으며, 이로 인해 성별, 세대별, 학력별, 거주지역별 한국인들의 다양한 사회·인구학적 특성에 따라 가족이념이 각기 다른 영향력을 발휘하고 있다.

개인에게 '가족'은 삶의 가장 중요한 중심축임이 분명하다. 가족을 위한 삶, 가족이 모두 행복한 삶은 현대 한국인이 가장 원하고 추구하는 삶일 것이다. 그러나 과연 무엇이 진정으로 가족을 위하고, 가족이 모두 행복한 삶일까? 남편이 생각하는 가족의 행복, 아내가 생각하는 가족의 행복, 부모가 생각하는 가족의 행복, 자녀들이 생각하는 가족의 행복이 모두 같은 방향을 향하고 있는 것일까? 현대의 가족주의 이념이 가지고 있는 다원주의적이고 복합적인 속성은 '가족이 중요하다'는 대전제에는 모두 동의하지만, 과연 어떠한 방식으로 가족을 삶의 중심축에 두어야 하는지에 대해서는 가족구성원들끼리 각기 다른 가족가치관을 표출할 수 있음을 시사한다. 그리고 이러한 복합적 가족가치관으로 인해 가족구성원들 간 갈등이 증폭될 가능성이 존재한다.

따라서 오늘날 우리 사회에서 중요하게 이야기되는 '건강가족'에 대한 논의는 바로 현대 한국가족의 모순적이면서도 중층적인 가족이념의 속성을 충분히 이해하는 것에서부터 시작해야 할 것이다. 그리고 '건강한 가족이란 무엇일까?'에 대한 관심은 고정된 '건강가족'의 틀을 찾고자 하는 것이 아니라, 복합적이고 다양한 가족이념의 영향력 속에서 어떻게 가족을 건강하게 만들 수 있을지를 고민하고, 그 방법을 찾으려는 노력에 있음을 다시금 강조하고자 한다.

2. '건강한 가족'이란 어떠한 가족인가?

우리는 앞서 '건강가정'의 의미를 이해하기 위하여 사회적 단위로서 가족의 속성을 인식하는 작업을 시도하였다. 이를 위해 역사적 흐름 속에서 시대적 변화와 더불어 한국가족이 어떠한 역동적 발자취를 남겨왔는지 구체적으로 살펴보았다. 그럼으로써 가족이란 단순히 나와 친밀한 관계로 맺어진 매우 사적인 차원의 집단일 뿐 아니라, 역사적·사회적·정치적 환경 등 '다층적' 맥락 속에서 환경과 상호작용하면서 환경으로부터 영향을 받는 사회적 집단임을 깨달을 수 있었다.

그렇다면 우리는 어떠한 가족을 건강가족이라고 정의할 수 있을까? 위의 논의에 의한다면, 가족은 시대와 상황에 상관없이 어느 한 가지 고정된 형태와 기능을 고집하지 않는다. 그보다 환경의 변화 속에서 그 흐름에 맞게 탄력적이고 유연한 모습으로 함께 변화하여왔다. 따라서 어떠한 가족이 건강한 가족인가에 대한 해답을 찾는 것은 쉽지 않다. 하나의 모범이 되는 이상적이고 보편적인 가족의 상에 집중하는 것보다 변화하는 환경에서 가족이 어떻게 건강성을 유지하는지에 관심을 두는 것이 더 적절할 것이다.

2005년 건강가정기본법의 시행을 전후로 이 법에서 정의하는 '건강가정'이 무엇인지에 대하여 학계에서 뜨거운 논쟁이 있었다(최연실 외, 2012). 이 논쟁의 주요 핵심은 건강가정기본법의 명칭에 내포된 '건강가정'이라는 용어의 의미가 과연 무엇인지에 집중되었다. 특히 '건강가정'이라는 용어가 마치 특정 형태의 가족을 상징하는 것인지, 그럼으로써 건강가정정책이 다양한 가족의 현실을 아우르기보다 오히려 다양한 여건의 가족들을 배제시키고, 특정 형태를 갖지 않는 가족에 대한 고정관점을 증폭시키는지에 대한 비판이 주를 이루었다(이재경, 2004; 김혜경, 2005).

그러나 건강가정기본법에 의하여 건강가정지원센터가 점차 전국 시·군·구에 확산되고, 이러한 센터들을 중심으로 각 지역여건에 맞는 건강가정사업들이 활발하게 개발·시행되는 과정에서 '건강가정'의 의미를 둘러싼 학계의 공방은 점차 줄어들고 있다. '건강가정'이란 어떤 특정의 가족형태를 염두에 둔 것이 아니라 어떻게 하면 가족의 건강성을 증진시킬 것인가에 더 큰 의미를 둔 개념임을 학계와 실천현장의 서비스담당자들이 명확히 인식하기 시작하였다(윤경자, 2008; 최연실 외, 2012).

사회는 시간의 흐름 속에서 끊임없이 변화하고 있다. 사회의 가장 기본 단위로서 가족은 이러한 변화의 흐름에 영향을 받지 않을 수 없다. 그러므로 가장 잘 기능하는 가족으로서 건강가족의 의미를 고정적인 것으로 간주하고 이것에 대한 합의를 이끌어내는 일은 무의미하다. 시대마다, 학자마다, 그 정의는 달라질 수밖에 없기 때문이다. 이제 '건강가족이란 무엇인가'의 관심의 축은 변화하는 환경 속에서도 가족이 건강성을 잃지 않고 행복과 안녕을 유지할 수 있는 비결이 무엇인지, 즉 가족의 건강성을 유지하는 방법을 찾는 것으로 이동하고 있다.

그렇다면 과연 현대 한국사회에서 가족건강성을 유지하고 발전시키기 위하여 어떤 노력이 필요할까? 여러 연구들을 통해 가족건강성을 이루는 요인이 무엇인지를 구체적으로 규명하려는 노력이 이루어져왔으며 이를 정리한 것이 <표 1-2>이다. 이것은 가족건강성을 증진시키기 위한 실천적 지표로서 현장에서 유용하게 사용할 수 있다. 어은주와 유영주(1995)는 '가족건강도' 측정을 위한 척도개발연구에서 가족건강성을 의사소통, 애정과 사랑, 신뢰와 지지, 문제해결능력, 부모역할, 자율성, 유연성, 신념체계 등의 하위영역으로 구체화시킨 바 있다. 조희금 외(2010)는 가족의 경제적 안정과 안정적 의식주생활, 가족원 간의 민주적이고 양성평등한 관계, 휴식과 여가의 공유, 자녀의 성장 · 발달 지원, 합리적 자원관리, 사회적으로 일과 가족의 조화, 지역사회와의 건강한 연결, 건강한 가정생활문화의 유지와 창조 등을 중요한 건강가족의 특징으로 지적하였다. 유혜은(2007)은 가족건강성의 하위요소로서 가족원 간의 유대, 가족원 간의 의사소통, 가족원 간의 가치체계공유, 가족의 문제해결 수행능력 등을 들었다. 김혜신과 김경신(2011)은 친밀감, 애정, 지지를 통한 가족유대형성, 개방적이고 표현의 자유가 있는 원활한 의사소통, 위기상황에서의 협력과 책임감, 융통성을 발휘하는 문제해결능력, 가족원 간의 가치공유 여부를 통해 가족의 건강성을 증진시킬 수 있다고 주장하였다. 이선미(2011)는 가족원 개인의 건강한 발달을 도모하고 가족원 간의 원만한 상호작용을 통해 집단으로서 가치체계를 공유하며, 가족 이외의 친족 및 사회체계와도 원활한 상호작용을 이루며 생활하는 것을 가족건강성을 위한 핵심적 특성으로서 정의 내린 바 있다. 최연실과 동료들(2012)은 가족 내 의사소통의 중요성, 문제에 대해 변화하려는 의지를 가졌는지의 여부, 개별성뿐 아니라 함께함의 균형, 지역사회에 개방적이고 나눔을 지향하는지의 여부 등이 가족의 건강성을 구체화하는 가족이미지임을 규명하였다.

이상의 논의들을 종합해 볼 때, 가족이 변화하는 사회 속에서 건강함을 잃지 않고 행복하게 살아가기 위해 필요한 기능은 가족 내적인 차원에서 가족원 간의 원활한 의사소통, 상호협력, 책임감, 문제해결능력 등의 가족 적응성뿐 아니라, 가족 외적 차원에서도 친족 및 지역사회와의 협력적 관계를 형성하려는 노력 등이 중요하다. 이처럼 건강가족이란, 하나의 고정적인 틀이 아니라 개인과 가족, 지역사회가 모두 상호 협력하면서 개인과 사회가 지속적으로 만들어가는 과정적 개념임을 이해할 필요가 있다.

결국 '건강가정론' 교과목의 또 다른 의미는 가족을 어떻게 하면 건강하게 만들지에 관하여 사회적 관심을 환기시키고 학문적 차원에서 이를 논의해 보려는 노력을 내포한다. 가족이 건강함을 유지할 때 개인의 행복을 찾을 수 있을 뿐 아니라 지역사회 및 더 큰 범위의 사회의 건강과 안정 역시 가능해진다. 따라서 오늘날 건강가족에 대한 이해와 가족을 건강하게 만들기 위한 노력이 더 이상 개인 및 개별 가족만의 문제가 아님을 인식하는 것, 이것이 '건강가정론'의 출발이며 목표임을 충분히 이해하자.

〈표 1-2〉 가족의 건강성을 이루는 요소

연 도	학자명	하위영역
1962, 1976	Otto	① 양육 ② 지지 ③ 부모와 훈육 ④ 가족원의 성장과 그에 대한 격려 ⑤ 정신적인 안녕 ⑥ 원활한 의사소통 ⑦ 문제해결기술 ⑧ 가족외부활동참가
1978	Epstein et al.	① 문제해결 ② 의사소통 ③ 가족기능과 책임분배 ④ 애정 ⑤ 지지 ⑥ 융통성
1979	Barnhill	① 분화 vs 밀착 ② 상호성 vs 고립 ③ 유연 vs 경직 ④ 안정 vs 해체 ⑤ 명확한 인식 vs 불명확한 혹은 왜곡된 인식 ⑥ 명확한 의사소통 vs 불명확한 혹은 왜곡된 의사소통 ⑦ 역할 상호성 vs 불명확하거나 갈등적인 역할 ⑧ 분명한 세대 간 경계 vs 혼재된 혹은 불명확한 경계
1980	Fleck	① 리더십 ② 가족경계 ③ 애정 ④ 의사소통 ⑤ 과업이나 목표수행성
1982	Skinner	① 신뢰 ② 자율성 ③ 의사소통 ④ 부모역할 ⑤ 유연성 ⑥ 상호작용 ⑦ 능동성 ⑧ 격려와 지지
1982	Walsh	① 관계의식과 헌신 ② 자율성 ③ 부부관계 ④ 부모역할 ⑤ 안정성 ⑥ 적응성(유연성) ⑦ 의사소통 ⑧ 문제 및 갈등해결 ⑨ 신념체계 ⑩ 경제적·심리사회적인 자원
1987	Kinston et al.	① 애정상태 ② 의사소통 ③ 경계 ④ 관계 ⑤ 적응성과 안정성 ⑥ 가족능력
1985, 2000	DeFrain & Stinnett	① 헌신 ② 서로에 대한 감사와 애정 ③ 긍정적인 의사소통유형 ④ 같이 즐길 수 있는 시간 ⑤ 영적인 안녕 ⑥ 스트레스 혹은 위기관리능력
1995	어은주·유영주	① 가족 간의 유대 ② 가족 간의 의사소통 ③ 가족원의 문제해결 수행능력 ④ 가족원 간의 가치체계 공유
1996, 1998	허봉렬	① 사랑 ② 규율 ③ 관용 ④ 적응력 ⑤ 자유로운 대화
1998	지영숙·이영호	① 가정환경분위기 ② 부모자녀관계 ③ 부부관계 ④ 경제활동 ⑤ 공동체생활 ⑥ 친척·형제자매관계
1999, 2002	최선희	① 의사소통 ② 유연성 ③ 자율성 ④ 신뢰와 지지 ⑤ 애정과 사랑 ⑥ 문제해결 ⑦ 부모역할 ⑧ 신념체계
2000	유영주	① 감사하는 마음 ② 사랑, 존중, 지지 ③ 관심과 책임 ④ 대화시간 ⑤ 개별성 존중 ⑥ 함께하는 시간 ⑦ 인생목표, 도덕적 가치관 ⑧ 재정관리 ⑨ 가족위기 시 사고와 협동 ⑩ 사회와의 친밀한 유대
2000	Australian Inventory of Family Strengths	① 의사소통 ② 연대감 ③ 역할분담 ④ 애정 ⑤ 지지 ⑥ 수용 ⑦ 헌신 ⑧ 탄력성
2001	양순미	① 의사소통과 문제대응 및 가족정체감 ② 의사결정과 가족일체(유대)감 ③ 가족융통성과 사회적인 지지 ④ 가족의례 창출
2004	유영주	① 가족원에 대한 존중 ② 유대의식 ③ 감사와 애정, 정서 ④ 긍정적인 의사소통 ⑤ 가치관·목표공유 ⑥ 역할충실 ⑦ 문제해결능력 ⑧ 경제적 안정과 협력 ⑨ 신체적 건강 ⑩ 가족사회와의 유대

출처 : 송혜림 외(2011). 건강가정사업 성과지표 개발. 한국건강가정진흥원.

CHAPTER 02

가족을 체계적으로 공부하기

1. 가족을 이해하는 데 보편적으로 활용되는 관점
2. 가족 내 위기를 이해하는 데 도움이 되는 관점

CHAPTER 02

가족을 체계적으로 공부하기

처음 강단에서 가족학을 가르치던 시기에 나는 막 결혼을 한 상황이었다. 앳된 모습의 초보 대학강사에게 의심스런 눈초리로 학생들이 질문을 던졌다. "혹시 결혼은 하셨나요?" 결혼을 했다고 대답하면 곧바로 이어지는 다음 질문, "그럼, 자녀가 있나요?" 학생들에게 '결혼'과 '자녀', 적어도 이 두 가지는 가족학을 가르치는 선생이라면 갖춰야 하는 최소한의 조건이었다.

결혼을 한 지 20년이 넘고, 자녀를 최소한 두 명 이상 키우며, 시부모를 모시고, 가족들과 산전수전 다 겪으면서 살아온 베테랑 주부만큼 가족문제에 통달한 전문가로 인정받을 사람이 또 있을까? 가족처럼 사적이고 친밀한 감정으로 맺어진 집단에게 대체 '전문가'란 어떤 의미인가? 보통의 경우 가족의 문제는 그 가족의 구성원들이 가장 잘 해결할 수 있다고 생각하는 경향이 크다. 가족구성원 자신이야말로 가족의 역사를 함께 하면서 그 가족을 잘 알고 이해하고 있는 명실상부한 가족전문가라는 데 이견이 없을 것이다. 따라서 아무리 전문가라지만 제3자의 입장에서 섣불리 남의 가족의 문제를 참견하고 논하는 것은 매우 조심스러운 일이다.

그러나 앞 장에서 살펴보았듯이, 가족은 매우 개인적인 집단인 동시에 역사적 흐름에 따라 주변의 영향을 받는 사회적 집단이기도 하다. 이것은 우리가 개인적인 경험을 통해 가족을 인식하기도 하지만, 사회로부터 영향받은 가족이미지, 사회적 각본을 통해 가족을 좀 더 객관적이고 보편적인 차원, 즉 제3자의 관점에서 인식할 수 있다는 의미이다. 예를 들면, 텔레비전 드라마를 보면서 드라마 속에서 갈등을 일으키는 부부, 부모, 자녀들에 대해 우리는 이런저런 훈수를 두고 마치 가족전문가라도 된 듯이 드라마 속 가족들을 판단했던 경험이 있었다면 말이다.

나의 가족이 꼭 그 가족과 동일한 경험을 하고, 내가 그 가족구성원과 똑같은 상황에 처하지 않더라도 우리는 어떤 가족문제에 대해 원인을 유추하고 해답을 논의할 수 있는 나름의 어떤 설명 틀을 가진다. 이러한 설명 틀 덕택에 자녀를 키워본 경험이 없는 사람도 '부모교육'을 말할 수 있고, 결혼을 하지 않은 사람도 '결혼생활의 행복'을 이야기할 수 있다. 가족학을 공부하는 입장에서 본다면, 가족문제에 대한 '전문성'을 함양한다는 것은 바로 가족현상을 제3자로서 객관적이고 체계적으로 파악하고 분석하며 설명할 수 있는 다양하고 전문적인 설명 틀을 숙지하고 이를 활용할 수 있는 능력을 갖추는 일일 것이다. 이러한 전문적 설명 틀이란 바로 가족에 대한 이론적 관점이 될 것이다. 그러므로 가족분야의 전문가가 되기 위해서는 가족문제를 좀 더 조직화해서 체계적으로 바라볼 수 있도록 다양한 이론적 설명 틀, 즉 다양한 가족이론을 알고 이것을 충분히 이해하는 것이 필수적이다.

1. 가족을 이해하는 데 보편적으로 활용되는 관점

가족문제에 접근하는 데 있어서 일반적으로 가장 많이 활용되는 이론적 관점이 구조기능론, 상징적 상호작용론, 생태체계론, 가족발달론 등 네 가지이다. 이 각각의 관점들은 가족현상을 설명하는 데 있어서 각기 다른 입장을 갖는 것이지, 이 중 어느 관점이 더 옳고 어느 관점은 맞지 않다고 논할 수 없다. 그보다 가족현상의 다양성을 설명하고 분석할 필요가 있을 때, 전문가적 시각에서 가족현상에 대한 체계적인 설명과 이해를 돕는 개념적 도구로서 각각의 이론적 접근을 유용하게 사용해야 한다(조정문 · 장상희, 2001 : 23).

1) **구조기능론 : "가족의 구조와 기능에 대한 관심"**

어머니, 동생, 영희, 이렇게 세 식구가 영희의 가족입니다. 비록 아버지가 안 계시지만 영희 가족은 모두 열심히, 행복하게 살고 있습니다. 그런데 이런 영희 가족을 가장 힘들게 하는 것은 바로 주변사람들입니다. 영희가 남들보다 더 열심히 공부하고 더욱 밝은 표정으로 살아가려고 노력하는 것은 주변사람들이 "쯧쯧, 아버지가 없으니까"라고 하는 말을 듣기 싫어서입니다. 꼭 아버지가 있어야 온전한 가족이고, 자녀들이 가정교육을 제대로 받으면서 잘 크는 것일까요? 왜 사람들은 한부모가족은 뭔가 부족하고 가족 구성원들이 각자의 역할을 잘 하지 못하면서 불행하게 살 것이라는 편견을 가지고 있을까요? 영희는 이러한 주변이웃들의 편견을 깨기 위해 더 성공하고 싶습니다.

우리는 알게 모르게 '가족'에 대해 많은 고정관념을 가지고 있다. 그중 가장 쉽게 떠올릴 수 있는 것이 바로 '한부모가족'을 둘러싼 선입견일 것이다. 위의 글에서처럼 아버지가 부재한 한부모 가족의 경우, 아버지역할을 수행하는 가족원이 없다는 점 때문에 양부모가 존재하는 가족에 비해 뭔가 부족하고 온전하지 않다는 주변의 따가운 시선을 받기 쉽다. 한부모가족은 양부모가족과 비교할 때 어느 한 부모가 부재하다는 점에서 가족구조상의 구조적 결핍을 갖는다. 그리고 가족구조의 결핍은 곧 가족기능의 결핍으로 연결이 되어서 가족의 경제적 지원, 자녀교육, 돌봄 등 많은 가족기능이 가족 내에서 원활치 않을 것이라는 추측을 가져온다.

(1) 구조기능론의 내용

구조기능론은 제목 그대로 가족의 '구조'와 '기능'에 초점을 두는 이론적 관점이다. 다시 말해서, 구조기능론 학자들은 가족이 잘 기능하기 위해서 가족은 어떠한 구조를 갖추어야 하는지를 주목하고, 그러한 가족구조에서 가족원들은 어떠한 역할을 수행해야 하는지를 규명하는 것에 노력을 집중하는 사람들이나. 그렇다면 구조기능론에서 말하는 '구조'와 '기능'이란 구체적으로 무엇을 의미하는가?

구조기능론의 대표적 학자인 파슨스(1902~1979)는 가족을 이해하는 출발점을 체계이론에서 시작하였다. 그러므로 구조기능론을 이해하기 위해서는 먼저 체계이론의 기본 전제를 충분히 숙지하는 것이 필요하다. 체계이론의 기본 설명은 다음과 같다. 체계이론은 사회를 하나의 커다란 유기체로 간주한다. 그래서 전체 사회를 마치 유기체와 같이 서로 영향을 미치면서 상호 관련이 되어있는 수많은 하위체계들로 이루어진 하나의 체계로 이해하였다. 사회체계의 가장 중요한 목표는 이렇게 전체를 구성하는 각기 다른 수많은 하위체계들이 하나의 커다란 체계의 일부로서 서로 협력하면서 사회 전체의 질서와 안정을 유지하고 체계 내 평형상태를 유지하는 것이다. 즉, 사회의 하위체계들은 각기 다른 기능을 수행하는 듯하지만, 각자의 역할을 다함으로써 궁극적으로 전체 사회의 통합과 안정에 기여한다. 이처럼 전체 질서를 유지하기 위해서 하위체계들에는 각기 고유한 기능이 있다. 그리고 각각의 하위체계들은 맡은 바 고유의 역할을 잘 수행해야 하며, 동시에 사회 내 다른 하위체계들과도 상호 보완적인 관계를 맺도록 역량을 발휘하면서 사회의 질서유지에 기여하는 것이다(양정혜 · 김지경, 2002).

구조기능론의 관점에는 이러한 체계론적 시각이 반영되어 있다. 체계론적 시각을 견지하면서 구조기능론의 특징을 살펴보도록 하자. 첫째, 구조기능론에서 말하는 '가족구조'란 사회를 구성하는 하나의 하위체계로서 가족을 의미하는 것이다. 다시 말해서, 가족이란 사회를 유지하기 위해 필수적 기능을 수행하는 하나의 사회적 단위 혹은 사회제도가 된다(김자영 · 조병은, 2008). 그리고 더 나아가 구조기능론의 학자들은 가족구조에는 그 기능을 가장 잘 발휘할 수 있는 '최선의', 혹은 '가장 완벽한' 형태가 존재한다고 주장하였다(White & Klein, 2008 : 34).

이러한 논리에 의하여 구조기능론은 현대 산업사회에서 가장 기능적이고 사회의 유지와 통합에 가장 적합한 형태의 가족구조를 설정하였는데, 그것은 부모와 미혼자녀로 이루어진 '핵가족'이다. 반대로 한부모가족과 같이 가족구성원 중 일부가 부재한 가족이나, 이혼가족처럼 해체된 가족은 구조기능론의 관점에서 본다면 구조적 측면에서 결핍된 가족, 즉 하위체계로서 제 기능을 수행하는 데 미흡한 가족으로서 간주된다. 다시 말해서, 이러한 형태의 가족들은 가족으로서 맡은 바 역할을 제대로 수행하지 못함을 의미하기 때문에, 전체의 사회체계의 질서를 유지하는 데 기능적이지 않은 구조라고 여겨진다(김자영 · 조병은, 2008).

둘째, 구조기능론에서 '기능'이란 사회적 단위로서의 가족이 전체 사회의 평형을 유지하기 위해 수행해야 하는 역할을 의미한다. 그러므로 '가족이 잘 기능한다는 것'은 가족 내부적으로 가족구성원들의 욕구를 잘 충족시킴으로써 서로 원만한 관계를 이루어나가는 것을 의미한다. 동시에 가족 외부적으로 사회에 잘 적응하는 사회구성원을 키워냄으로써 사회적 차원에서 요구하는 역할까지 수행해야 함을 포괄하는 의미가 내포되어 있다. 이렇게 본다면, 가족은 개인과 사회를 연결하는 중간다리로서 개인과 사회가 모두 잘 기능하게 하여 사회가 통합과 안정에 이를 수 있도록 중재하는 역할을 수행해야 한다(양정혜 · 김지경, 2002).

이처럼 개인과 사회를 연결시키는 대표적인 역할이 바로 가족 내에서 이루어지는 '사회화'이다. 파슨스는 정상가족이라면 사회화 기능을 수행하기 위해 적합한 구조를 갖추고 있는데, 이것을 '핵가족의 기본적 역할구조'라고 명명하였다. <표 2 - 1>은 가족의 사회화 기능수행을 위한 핵가족의 역할구조를 요약한 것이다. <표 2 - 1>에서 보다시피, 핵가족의 기본 역할구조는 크게 두 가지 기준 축을 가지며, 이 기준 축을 통해 다시 각각 네 가지 역할영역으로 구분된다. 이때 두 가지 기준 축은 '과업'과 '위계'이다. '과업' 축은 가족역할의 속성과 관련되며, '위계' 축은 역할의 상 · 하를 의미한다.

먼저 '과업영역'은 각각 '도구적 역할지향'과 '표현적 역할지향'의 두 가지로 나눌 수 있다. 도구적 역할지향이란 경제적 활동을 하고, 자원을 획득하는 등 주로 직업활동을 통해 경제적으로 가족을 부양하는 일과 관련된 역할과업이다. 반면 표현적 역할은 자녀양육, 정서적 지지, 결속, 애정적 유대와 관련된 것으로 주로 집 안에서 가족원을 돌보는 역할과 관련된다. 이때 더욱 주목해야 할 점은 이러한 두 가지 과업들이 성별분업적 성격을 갖는다는 점이다. 즉, 도구적 역할은 남성에게 적합한 것으로, 그리고 표현적 역할은 여성에게 적합한 것으로 인식되었으며, 이들이 각각의 영역에 대해 1차적인 책임을 가지고 그 역할을 담당하도록 기대된다(조정문 · 장상희, 2001 : 27).

다음으로 '역할위계'의 영역은 역할을 상위와 하위의 두 가지 위계적 단계로 구분하는 것으로, 주로 가족 내 세대 간 질서와 관련된 영역이다. 이에 따라 자연스럽게 위계의 상위에는 부모세대가, 그리고 하위에는 자녀세대가 위치한다. 위계의 상위에 위치한다는 것은 역할을 수행하는 데 더 우선적이고 우월한 위치에 있다는 것을 의미한다. 그러므로 부모세대는 도구적 역할과 표현적 역할을 수행하는 데 있어서 하위위계에 속한 자녀세대에 비해 더 능숙하고 우월한 위치에 있음을 알 수 있다.

이러한 역할구조는 가족이 개별 가족구성원을 사회에서 잘 기능하는 유능한 사회적 구성원으로 '사회화'시키는 데 매우 중요한 기능을 한다. <표 2 - 1>을 다시 요약해 본다면, 핵가족은 성별에 따라 과업이 구분되고 세대에 따라 위계가 나누어짐을 알 수 있다. 이렇게 핵가족은 가족구성원들에게 각기 적합한 역할을 배분하는 구조를 가지며, 각 가족구성원은 이러한 역할을 책임있게 수행함으로써 각자의 기능을 다한다. 즉, 자녀세대는 도구적 역할을 수행하는 아버지와 표현적 역할을 수행하는 어머니를 통해 사회의 구성원으로서 성인남녀의 적절한 역할과 책임이 무엇인지를 실제적으로 배울 수 있다. 가족은 바로 이러한 역할 구분과 역할수행을 통해 자녀를 양육하고 사회화함으로써 개별 가족구성원이 자아정체감을 형성하는 것을 돕는 동시에, 사회적 차원에서 잘 기능하는 유용한 사회구성원을 배출한다. 이로써 가족은 전체 사회를 안정시키고 질서를 유지할 수 있도록 하위체계로서 역할을 수행할 수 있는 것이다.

〈표 2-1〉 핵가족의 기본적 역할구조

역할구조		과업지향	
		도구적(instrumental)	표현적(expressive)
위계	상위(superior)	아버지(남편)	어머니(아내)
	하위(inferior)	아들(형제)	딸(자매)

출처 : White, J. M., & Klein, D. M.(2008). Family Theories. CA : Sage, p. 38.

(2) 구조기능론의 유용성

구조기능론은 초기 산업화과정에서 핵가족의 출현과 그 기능을 설명하는 데 유용하게 활용되었다. 산업화과정을 통해 전통가족은 구조적 해체를 경험한다. 구조적 해체는 가족의 외형적 측면과 가족의 기능 측면에서 일어났다. 일단 외형적인 구조적 측면에서 볼 때, 도시화가 진행되면서 가족구성원들이 직업을 구하려고 하거나 더 나은 교육을 받기 위해 농촌을 떠나 도시로 빠져나가게 된다. 이로써 산업사회의 가족형태는 농경사회를 유지하였던 대가족형태의 가족구조 대신에 부부중심의 핵가족형태의 가족구조로 변화하였다.

또한 가족기능의 측면을 본다면, 농경사회에서는 가족이 생존을 하기 위해 친족 및 확대가족 구성원들 간의 친밀한 협력이 필요하였으며, 가족 안에서 자녀 양육 및 교육, 경제적 생산과 소비, 종교 등 많은 기능이 이루어졌다. 이에 비해 산업사회에서는 가족기능의 축소가 이루어진다. 즉, 사회에서 마련된 교육, 경제제도들이 가족을 대신하여 가족구성원들에게 교육과 소비, 생산 등의 기회를 제공하며, 이에 따라 가족은 매우 최소한의 기능만을 담당하게 되었다.

이렇게 해서 남은 최소한의 가족기능의 핵심이 바로 가족의 정서적 지원과 사회화 기능이다. 도시 속의 핵가족은 생존경쟁이 치열한 삭막한 사회로부터 벗어나 개인이 가족구성원들과 친밀감과 유대감을 경험할 수 있는 유일한 정서적 지지의 장으로서 강조되었다. 이에 따라 부부간, 부모-자녀 간의 가족관계의 질을 잘 유지하는 것이 가족에게 무엇보다 중요한 과업이 된 것이다. 결국 산업사회에서 생산노동을 통해 생계를 담당하는 아버지와 가족 안에서 자녀를 출산하고 양육을 담당하는 어머니를 중심으로 자녀를 사회화하고, 경쟁적인 가족 외부의 삶으로부터 가족구성원들이 편히 쉴 수 있는 '안식처'로서의 역할을 수행하는 것이 가족의 가장 핵심적 기능이 되었다. 사회적 차원에서 본다면, 핵가족의 이러한 성별분업적 역할수행과 사회화 기능은 더 큰 사회의 안정과 통합을 유지하는 데 매우 유용한 것이다.

(3) 구조기능론의 한계

가족 내 성별분업에 대한 구조기능론의 설명은 현대의 복잡한 가족현상을 이해하고 분석하는 데 한계가 있다. 이를 좀 더 자세히 살펴보면, 구조기능론에 대한 비판은 크게 다음의 세 가지로 요약된다. 첫째, 과연 구조기능론이 현대사회에서 쉽게 관찰되는 다양한 가족형태를 아우를 수 있는가 하는 점이다. 최근 우리 사회의 가구형태의 변화를 주목해 보자. 2010년 인구주택총조사에 의하면, 특히 1인 단독가구의 증가 등 가족원 수의 감소현상이 매우 두드러졌다(통계청, 2011). 즉, 우리 사회의 가장 보편적인 가구

유형이었던 4인 가구 비율이 2005년도에 비해 4.5%가 줄어든 22.5%를 차지하였던 반면, 1인 가구와 2인 가구의 비율이 전체의 절반을 차지하는 등 가족원 수의 변화가 눈에 띈다. 또한 가족구성의 측면에서의 질적 변화 역시 주목해야 한다. 이혼율의 증가, 여성의 경제활동 참여, 가족가치관의 변화 등으로 인해 독신가족, 한부모가족, 재혼가족, 맞벌이가족 등 다양한 형태의 가족이 증가하였다. 이러한 사회변화 속에서 가족을 구성하는 구성원과 가족의 역할에 대한 변화가 이루어지고 있음을 주의 깊게 바라보아야 할 것이다.

이와 같이 가족구성원의 숫자가 점차 적어지고, 그 형태 역시 전형적 핵가족의 구조가 아닌 다양한 형태의 가족들이 많아지고 있음을 감안하면, 부부와 미혼자녀로 이루어진 '핵가족'만을 사회의 이상적인 가족단위로 상정하는 구조기능론의 설명력은 현대사회의 다양성을 반영하기에 한계가 있다. 구조기능론에서처럼 시회가 단 하나의 최신의 가족형태를 상정하고 이를 사회의 '정상가족'으로 설정한다면, 이러한 '정상가족' 형태에 맞지 않는 다른 많은 가족들은 '비정상가족'으로 낙인이 찍히는 결과를 가져오기 때문이다. 따라서 최근에는 가장 기능적인 최적의 가족형태가 있다는 구조기능론의 입장보다, 어떻게 하면 가족이 잘 기능하며 건강성을 유지할 수 있을지, 학문적·정책적 차원에서 가족의 적응력을 높이는 일에 더 많은 관심을 집중하는 경향이다(윤경자, 2008).

둘째, 구조기능론에서 자녀의 사회화를 위하여 설정한 핵가족의 역할구조가 지나치게 단순한 이분법적 성역할 구분에 따른 것이 아닌가를 생각해 볼 수 있다. 최근 가족이 급격히 변하고 있음을 감지하는 것은 어렵지 않다. 이것은 앞서 언급했듯이 단독가구 및 2인 가구가 급속히 증가하는 등 가족의 외형적 형태에 있어서의 변화로 인한 것일 수 있으며, 맞벌이부부 등의 증가로 인해 가족 내 생활방식에 있어서의 변화 때문일 수도 있다. 그리고 이러한 가족변화로 인해 예전과 달리 가족의 삶에서 양성평등을 지향하고, 성역할 고정관념에서 탈피하여 가족 내 평등한 역할분업을 지향하는 경향을 발견할 수 있다.

이러한 상황에서 남자는 도구적 역할, 여자는 표현적 역할을 담당한다는 식의 단순한 이분법적인 성역할구조가 과연 오늘날의 복잡하고 다양한 가치관과 양성평등적인 가족생활방식을 포괄할 수 있을 것인가를 따져봐야 한다. 따라서 구조기능론의 지나치게 단순화된 성역할구조에 대한 설명만으로 현대사회의 변화된 가족현상을 이해하는 것은 한계가 있다는 비판을 받는다(양정혜 · 김지경, 2002). 현대사회에서 가족이 역할을 잘 수행하고 삶의 질을 유지하기 위해서는 가족 내 성별에 따라 수행해야 하는 당위적인 역할과 기능이 있음을 고집하기보다, 개별 가족의 상황에 맞춰 어떤 가족구성원들이든지 자발적으로 필요한 역할을 수행할 수 있다는 융통적 인식이 더욱 필요한 시점이기 때문이다(정현숙 · 유계숙, 2001).

셋째, 전체체계로서 사회의 가장 큰 목표는 안정과 질서를 추구하는 것이고, 가족은 사회로부터의 '안식처'라는 구조기능론의 전제가 과연 현대사회에서 예측불가능하게 일어나는 변화들과 그에 따른 역동적인 사회의 변화를 어떻게 설명할 수 있을지를 생각해 볼 수 있다(Klein, 2007 : 61). 예를 들면, 구조기능론은 가족을 비인간적이고 삭막한 산업사회에서 찾을 수 있는 유일한 도피처라고 간주하며, 가족을 현대사회의 유토피아로 이상화한다. 그러나 이러한 사고의 틀로써 현대가족의 해체, 가족 내 폭력 등의 문제들을 해석하고 이해하기에는 한계가 있다. 또한 '정상가족' 개념으로써 하나의 이상적인 가족의 이미지와 기능을 고정시킨다면, 시간의 흐름에 따라 역동적으로 변해가는 가족의 모습을 이해하기가 어려울 뿐 아니라, 현 시점에서 사회, 문화, 이데올로기 등 다양한 환경들과 역동적으로 상호작용하는 가족현상을 파악하는 것 역시 어려울 수 있다는 점을 고려해야 할 것이다(양정혜 · 김지경, 2002).

2) 상징적 상호작용론 : "가족원들 간의 상호작용을 통해 만들어가는 상징에 대한 관심"

자녀가 무섭다는 사람들, 자녀가 외계인 같다는 사람들을 위한 친근하고 따뜻한 멘토링 『청소년 사전』. 이 책은 20년 동안 청소년들을 꾸준히 만나왔던 조재연 신부가 전하는 아이들에 대한 이야기 그리고 그 아이들의 부모님과 선생님들을 위한 이야기를 담고 있다. 돈, 폭력, 이혼, 가출, 성적, 친구, 선생님, 게임, 우울, 외모 등 청소년들이 무엇을 고민하는지에 대해 대부분의 부모들은 잘 알고 있다. 다만, 부모와 청소년 자녀들이 내리는 정의가 다를 뿐이다. '성적'은 자녀들에게 '고통'으로 정의내려지지만, 부모에게는 '노력의 결과', 혹은 '자녀의 도리'로 정의내려질 수 있다. 이처럼 서로가 내리는 정의가 상이한 가운데 청소년 자녀와 부모의 갈등은 더욱 깊어간다. 이 책은 바로 부모와 자녀가 상대방의 언어와 표현을 이해하는 데 도움을 준다.

어느 누구도 진공상태에서 살아가지 않는다. 주변사람들과 끊임없이 상호작용을 하면서 서로 어울려 살아가기 마련이다. 그런데 다른 사람들과 어울려 살아가는 것이 생각처럼 쉽지 않다. 서로가 속속들이 너무 잘 알고 있다고 생각하는 가족끼리도 때로 낯섦을 느끼기도 하고 대화가 잘 되지 않아서 힘들어 하기도 한다. 사람들과 대화를 나누고 어울려 살아가는 것이 보기에는 쉬운 듯하지만, 실제로 해보면 생각보다 쉬운 일이 아니다. 아마도 그것은 타인과 대화하고 서로의 의견을 교환하며 자신의 마음을 전달하는 방법은 저절로 습득할 수 있는 것이 아니기 때문일 것이다.

위의 사례에서 보듯이 청소년 자녀를 둔 부모들은 하나같이 "자녀와 대화가 잘 되지 않는다"라는 어려움을 호소한다. 부모와 자녀가 모두 똑같은 언어를 사용하고 오랫동안 같은 집에서 함께 지내오면서 서로가 잘 알고 친밀감을 쌓아왔다. 그럼에도 불구하고, 어째서 서로의 말을 잘 이해하지 못한다고 서운해하고 힘들어 하는 것일까?

(1) 상징적 상호작용론의 내용

우리는 세상을 살아가기 위해서 '어떻게' 주변과 상호작용을 할 것인지를 배워나가야 한다. 상징적 상호작용론은 사람들끼리의 상호작용이 단순히 같은 몸짓과 언어를 사용하고 그것을 교환하는 것에 그치지 않음을 주장한다. 상호작용을 하는 과정에서 상대방 행동의 '의도'를 알지 못한 채 그 행동을 이해하고 설명하는 것은 불가능하기 때문이다(White & Klein, 2007 : 98). 따라서 인간이 누군가와 상호작용하며 반응하는 것은 단순히 외부자극에 대한 기계적인 반응이 아니라 내적이고 정신적인 능력을 발휘하여 상대방의 의도를 파악하고 이해하는 것까지 아우르는 일이다(한국가족학연구회 편, 1993 : 63).

이처럼 상호작용에서 발휘되는 인간의 정신작용을 이해하는데 핵심적 개념이 바로 '상징'이다. '상징'이란 사전적 의미로 본다면, '추상적인 개념, 혹은 일정한 사물을 구체화시킨 단어 혹은 아이디어'를 말한다(조정문 · 장상희, 2007 : 31). 더욱 중요한 것은 상징이란 단순히 어떤 사물을 지칭하는 구체적 단어에 그치지 않고, 그것을 통해 머릿속에 무엇을 떠올리는가하는 매우 추상적이고 정신적인 과정까지 내포한다는 점이다. 예를 들면, '책상'은 일정 형태와 크기를 갖는 사물을 보편적으로 지칭한다. 그러나 어떤 사람에게 '책상'은 단순히 일정 형태를 가진 물체라는 의미를 넘어서, 사람이 그 앞에 앉아서 일을 하거나 공부를 하는 등 어떤 작업을 수행해야 한다는 행동까지 포함하는 단어일 수도 있다. 즉, '책상'을 떠올릴 때 단순히 어떤 모양과 형태를 갖춘 책상의 외형만을 생각하는 것이 아니라, '책상'과 결부되어 있는 수만 가지의 행동, 생각과 의미를 부여할 수 있는 것이다.

이렇게 보자면, 인간은 온통 상징으로 뒤덮인 세계를 살고 있다. 인간의 어떤 행동, 어떤 말 한마디에도 상징이 포함되지 않은 것이 없다. 따라서 상징적 상호작용론은 개인이 주변환경과의 상호작용을 통해 상황에 대하여 어떠한 의미를 부여하는가하는 정신적 작용이 개인과 사회 모두를 이해하는 가장 중요한 매개가 됨을 강조한다(한국가족학연구회 편, 1993 : 64). 즉, 상징적 상호작용론은 사람들이 어울려 살아가면서 상호작용을 통해 상징을 만들어내는 과정인 '상징적 상호작용'에 가장 큰 관심을 둔다.

그렇다면 인간은 어떠한 과정을 통해 '상징'을 만들어내고 이것을 이용할 수 있을까? 우선 인간이 상징을 사용하고 해석할 수 있는 인지적 능력을 가지고 있기 때문에 이것이 가능하다. 이러한 점에서 상징적 상호작용론자들은 인간만이 상징을 창조하고 활용할 수 있다는 점, 그리고 이것이 인간 고유의 정신작용이며 능력이라는 점을 강조한다(조정문 · 장상희, 2007 : 30). 우리는 주변환경에 의미를 부여하는 능력이 있으며, 추상적 기호를 해석하는 능력을 갖는다. 그리고 추상적 기호의 학습과 사용은 언어를 사용할 수 있는 인간의 정신적 능력이기 때문에 가능한 일이다.

둘째, 인간에게 상징이란 단순히 의미를 부여하는 차원에 머무르지 않고, 타인과 상호작용을 할 수 있는 의사소통의 수단으로서 중요하다는 점을 알아야 한다. 그리고 의사소통의 수단으로써 사용되는 상징은 그 속성이 매우 복잡하고 다양하다는 점을 주목해야 할 것이다. 인간은 언어 이외에도 표정, 몸짓, 목소리 톤 등 다양한 상징적 수단들을 사용하여 의사소통을 한다. 이 때문에 의사소통과정에서 사용되는 다양한 상징을 이해하고, 그것을 해석하여 상대방의 의도를 파악하는 일이란 쉽지 않다.

셋째, 인간이 타인과 의사소통하는 과정에서 가장 중요한 것은 서로가 교환하는 상징의 의미를 상호 공유해야 한다는 점이다. 즉, 의사소통을 통해 주고받는 언어적 표현, 몸짓, 표정 등이 무엇을 의미하는지를 서로가 잘 알고 있어야 서로의 마음을 읽고, 서로의 반응을 예상하며 서로의 행동에 적응할 수 있다. 미드(Mead)는 인간이 갖는 이러한 능력을 '역할취득(role-taking)'이라고 불렀다. '역할취득'이란 자기 자신을 타인의 입장에 놓고 타인의 관점을 취하는 것을 말한다. 상징적 상호작용 이론가들은 이러한 역할취득이 인간의 상호작용을 가능하게 만드는 가장 중요한 메커니즘이라고 강조한다. 상징을 만들어내고, 그것을 이해할 수 있을 뿐 아니라, 타인의 입장에서 그 상징을 해석하는 능력이야 말로 인간의 의사소통을 원활히 만들 수 있는 핵심적인 일이다.

넷째, 상징적 상호작용은 비단 개인 내적인 정신작용과 개인과 개인 간의 상호적 관계에서 창출되는 상징에만 국한되지 않는다. 상징적 상호작용을 통해 인간은 더 넓은 세상에 대한 의미를 얻으며, 자기가 속한 환경 속에서 사회적으로 자신에게 적절한 역할이 무엇인지를 찾아나가게 된다(한은주 · 최배영, 1997). 그렇기 때문에 상징적 상호작용론적 관점에서 본다면, 인간의 정신(mind)이 아주 개인적 차원이라 할지라도 이것이 궁극적으로 '사회적'임을 이해할 필요가 있다(White & Klein, 2008 : 100).

따라서 상징적 상호작용론은 가족 안에서 만들어지는 인간의 자아형성과정과 사회화 과정을 연계시켜 설명한다. 즉, 개인이 개인 내적으로 어떻게 상징을 배우고, 이것을 사회와 관련시켜서 어떻게 상징을 해석하며, 상징을 창출해가는지를 가족 내 사회화 과정을 통한 자아형성과 관련시켜 설명하고자 하였다. 상징적 상호작용론의 주요 개념인 자아, 사회화, 역할을 요약하면 다음의 <표 2-2>와 같다.

〈표 2-2〉 상징적 상호작용론의 주요 개념과 그 내용

주요 개념	내 용
정 신	• 미드는 인간이 동일한 환경 안에서 모든 사람들이 공유하는 상징을 지각하고 이해하고, 이런 상징들을 이용하여 타인의 관점을 취할 수 있으며, 이를 토대로 다른 사람들과 어떻게 잘 어울려 갈 수 있을지를 머리에 상상하여 그려볼 수 있을 때, 주변 사람들과 협동적 상호작용을 할 수 있다고 주장하였다. 미드는 이러한 작용을 할 수 있는 것은 바로 인간이 '정신'을 가지고 있기 때문이라고 믿었다.
자 아	• 인간의 자아는 어린 시절부터 서서히 점진적으로 형성되어간다. 미드는 이러한 자아의 형성은 개인이 I(주체적 자아 - '주어'로서의 자아)와 Me(객체적 자아 - '목적어'로서의 자아)를 모두 의식하면서 이루어진다고 하였다. 여기서 자기 자신을 Me(객체적 자아)로 의식한다는 것은 곧 자신의 행동을 타인의 관점에서 바라보는 것을 의미한다. 이처럼 타인의 관점에서 자신을 바라보는 것은 우리가 특정한 타인의 역할을 취득할 때 가능하다. 그리고 이것은 단순히 타인의 역할을 보고 배우는 것에 그치지 않으며, 이 과정에서 보다 폭넓게 일반적으로 사회에서 통용되는 가치와 역할을 습득하게 된다. • 자아가 사회의 문화와 가치를 단지 수동적으로 받아들이지 않는 것은 바로 자아가 객체적 자아에 의해서만 형성되는 것이 아니기 때문이다. 자기를 타인의 관점에서 객관적으로 보고 일반화된 자아개념을 확립하는 과정에서 주체적 자아가 보다 능동적으로 자아개념을 조정해나가기 때문이다.
사회화	• 사회화란 우리의 문화 속에서 사용되는 상징, 믿음, 태도를 습득하는 과정을 말한다. 그런데 미드가 말한 사회화의 개념은 인간의 인지적 사고과정과 관련된 보다 상징적이고 어려운 것이다. 인간에게 있어서 완전히 객관적인 실체란 없다. 이 세계는 사람들이 만들어낸 상징들로 가득차 있으며, 우리는 이러한 상징들을 주관적으로 해석하면서 이 세상을 경험한다. 개인은 타인과의 상호작용을 통해 사회의 규범과 가치, 역할, 태도를 배우기도 하지만, 내부의 정신작용을 통해 사회에 대한 주관적 의미를 부여하면서 사회 속에서 적절한 역할과 태도를 습득하기 때문이다. • 사회화란 인간의 자아가 사회의 역할을 취득하는 정신과정을 통해 이루어지는 것이므로, 미드는 사회화 과정 속에서 나타나는 인간의 정신, 자아, 역할취득의 상호관련성에 관심을 두었다.
역 할	• 상징적 상호작용론에서 역할취득은 인간의 사회화 과정에 중요하게 작용한다. 역할취득은 아동기 사회화 과정에서 ① 놀이단계와 ② 게임단계를 거쳐 이루어진다. 아동은 놀이단계에서 마치 누구인 것처럼 흉내내는 놀이를 하다가, 게임단계에 이르면 자기가 게임을 하기 위해 무엇을 해야 하는지를 알기 위해 다른 사람들의 행동과 역할을 파악하는 수준에 이르게 된다. 이 과정에서 아동은 '일반화된 타자(generalized other)'를 인식하기 시작한다. 게임을 수행하기 위해서는 게임의 규칙을 알아야 한다. 그런데 규칙이라는 것은 특정인이 아닌 모든 사람들이 공유하고 동의하여 만들어낸 것이므로, 규칙을 인식하는 순간 나를 둘러싼 모든 사람들, 즉 일반화된 타자를 의식하게 되기 때문이다. • 미드는 역할이란 위의 게임단계에서 배우는 규칙의 개념과 같은 의미로 받아들였으며, 역할취득이란 개인이 따라야 한다고 '기대되는' 규칙을 배우는 것으로 간주하였다.

출처 : 강상철 · 최건수(1988), White & Klein(2008 : 100-102) 재구성.

(2) **가족학 연구에의 적용**

그렇다면 상징적 상호작용론을 가족연구에 어떻게 활용할 수 있을까? 가족학 연구에 있어서 '역할긴장' 혹은 '역할갈등'과 관련된 논의들은 상징적 상호작용론이 잘 적용될 수 있는 연구분야이다. 앞서 이야기하였듯이 인간의 역할취득은 아동기 때 가족 내에서 부모와 원활한 상호작용을 통한 사회화 과정 속에서 이루어진다. 사회화 과정에서 아동은 자신에게 어떤 역할이 기대되는지를 지각하고, 자신에게 기대되는 역할이 어떻게 수행되는지를 관찰하면서 이후의 행동을 예상하며 주어진 역할을 습득하게 된다. 그런데 이러한 역할수행이 가능하기 위해서는 우선 행위자와 타자 모두가 기대하는 역할이 존재하여야 한다. 그리고 그 역할에 대한 기대가 행위자와 타자 모두에게 분명하고 명확하여야 한다. 예를 들어, 어느 한 쪽만이 규칙을 이해한다면 제대로 게임을 수행할 수 없다. 게임에 참여한 모두가 그 게임의 규칙을 정확히 알고 있어야 하고, 규칙 역시 이들에게 명확하여야 한다. 그래야 각 게인은 게임을 수행하기 위해 맡은 역할을 잘 수행할 수 있으며, 결국 게임을 성공적으로 마칠 수 있을 것이다.

이러한 원리를 가족 내 맞벌이 어머니의 역할수행이라는 연구주제에 적용하여 보자. 로시와 버크(Rossi & Berk, 1985)는 역할 혹은 규범의 중요한 속성 중 하나로서 역할에 대한 기대가 일단 구성원들 간의 동의를 거쳐 공유되어야 한다는 점을 지적한 바 있다. 그리고 버와 동료들(Burr et al., 1979)은 가족구성원들이 가족 내 어떤 역할에 대하여 가지고 있는 기대가 일치된 경우, 그 구성원들이 역할갈등을 경험할 가능성은 더욱 낮아진다고 하였다(White & Klein, 2008 : 105 재인용).

만약 맞벌이를 해야 하는 부부가 있다면, 이 가족에서 맞벌이 아내가 어머니로서 할 수 있는 역할은 분명 전업주부와 질적으로 다른 성격을 지닐 수밖에 없다. 이때 가족구성원들이 맞벌이를 하는 어머니에 대하여 어떤 것을 기대하는지를 가족 내에서 분명히 확립하고, 맞벌이 어머니 역시 가족구성원들이 무엇을 원하는지를 잘 인식하고 있다면, 어머니로서 역할을 수행하는 데 있어서 덜 스트레스를 느낄 것이다. 반대로 가족 안에 맞벌이 어머니의 역할에 대한 모호한 역할기대, 혹은 불일치된 역할기대가 있다면, 이 어머니는 가족 안에서 역할긴장을 경험할 가능성이 높다. 우리 사회의 경우, 전통적으로 모성이 강조되는 사회였다. 이 때문에 어머니는 이러이러해야 한다는 매우 분명한 이미지, 혹은 고정관념이 존재하였다. 그런데 맞벌이를 해야 하는 현대사회의 어머니처럼 생산활동과 어머니 역할을 동시에 수행해야 하는 다중적 맥락에 처한 여성의 경우, 전업주부와 비교해 볼 때 전통적으로 기대되는 어머니의 역할을 제대로 수행하기 어려운 경우가 많다. 전통적 어머니 역할에 대한 기대와 상징이 분명한 것과 달리, 현대 우리 사회에서 맞벌이 어머니에게 기대되는 가족역할에 관한 상징은 모호하며, 때로는 여러 상징들이 서로 상충적으로 나타나기도 한다. 따라서 상징적 상호작용론 관점에서 본다면, 우리 사회 맞벌이 어머니가 역할수행을 하는 데 있어서 일관적이고 분명한 기대와 규칙이 매우 부족하다. 이러한 역할의 모호성은 가족 안에서 개인에게 갈등과 스트레스를 유발할 수 있다.

정리하면, 상징적 상호작용론은 개인적 측면에서 가족구성원의 개별적인 자아발달을 설명할 뿐 아니라, 사회적 차원에서 가족구성원으로서 개인이 어떻게 사회와 상호작용을 하여 사회구성원으로서 정체감을 가지고 적절한 역할을 수행할 수 있는지를 설명하는 데 유용하게 사용된다. 더 나아가 상징적 상호작용론은 개인이 사회문화적 존재로 형성되어가는 과정에서 인간을 단지 사회의 영향을 일방적으로 받는 수동적인 존재로만 간주하지 않는다. 인간의 정신작용, 즉 능동성, 주체성, 창조성을 통해 사회를 해석하고 이것이 다시 사회의 생성, 유지, 변화에 영향을 미친다는 쌍방향적 영향력을 확인시키고 있기 때문이다(이용환, 1991).

(3) 상징적 상호작용론에 대한 평가

가족학 연구에 있어서 상징적 상호작용론의 유용성은 최근 가족생활교육의 영역에서 잘 나타난다(White & Klein, 2008 : 113). 가족생활교육의 가장 중요한 목표가 가족구성원들이 가족생활 속에서 좀 더 현실적 기대감을 갖고 일상생활에서 필요한 기술들을 증진시킴으로써 가족관계의 질을 높이는 것임을 감안할 때, 가족생활교육은 상징적 상호작용론의 기본적 전제에 매우 잘 맞아 떨어지는 영역이다. 예를 들면, 카플란과 헤논(Kaplan & Hennon, 1992)은 재혼을 준비하는 사람들을 위해 상징적 상호작용론을 토대로 Personal Reflections Program을 개발하였다. 이 프로그램은 재혼가족을 이룰 경우, 가족구조 안에서 재혼으로 인해 새롭게 재편되는 역할과 기대에 대하여 재혼을 앞둔 부부가 충분히 인식하고, 이를 함께 공유하는 훈련을 통해 재혼 이후 경험할 수 있는 가족 내 역할에 대한 상호 비현실적인 기대감을 조절하는 데 중요한 목적을 둔다.

그러나 상징적 상호작용론에 대하여 다음과 같은 점에서 비판이 제기되어왔다(이용환, 1991; 한국가족학연구회 편, 1993 : 82; Klein, 2008 : 116-117). 우선 가장 많이 지적받는 것이 상징적 상호작용론의 개념들이 매우 모호하고 명확히 정의되지 않는다는 점이다. 사회화, 자아, 역할 등의 용어는 이미 심리학 등 다른 이론들에서 빈번하게 언급된 개념들인데, 이러한 개념들이 같은 명칭을 가지고 상징적 상호작용론에서 어떻게 활용되고 있는지, 그 미묘한 차이에 대한 설명이 불분명하다. 그러나 이에 대하여 상징적 상호작용론은 상징에 대한 의미가 구성되는 '과정'을 강조하는 이론이기 때문에, 어떤 용어와 개념을 명확히 정의하려는 노력보다 그것들이 어떻게 사용되는지에 관심을 둔다는 점을 강조하였다.

또 하나의 중요한 비판점은 상징적 상호작용론이 과연 보편성 혹은 범문화적인 특성을 가질 수 있는가하는 점이다. 상징적 상호작용론에서 어떤 행위의 해석은 상당부분이 그 행위자가 속한 맥락에서 통용하는 상징들의 의미와 관련이 된다. 즉, 개인의 행동에 대한 해석은 그 행위자의 주관적 측면에도 달려있지만, 이와 동시에 행위자가 살아가면서 영향을 받는 문화와 상황에 달려있기도 하다. 이러한 지적은 상징적 상호작용론이 다른 과학적 이론들처럼 검증가능한 보편적 법칙들을 만들어낼 수 있는가를 의심할 수 있는 부분이다.

그러나 상징적 상호작용론이 가족을 연구하는 방법을 폭넓게 확장시키는 데 중요한 영향을 미쳤으며, 이로 인해 가족을 이해하는 지평이 더욱 넓어졌다는 점은 의심할 여지가 없다(한국가족학연구회 편, 1993 : 80). 즉, 상징적 상호작용론을 토대로 하여 가족학 내 현장관찰, 사례연구, 인터뷰 방법 등 다양한 연구방법이 활용이 되었다. 그리고 이러한 연구방법들을 통해 개인 간의 상호작용의 이면에 작용하는 내재된 과정을 주목하고, '상징'을 만들어내고 받아들이는, 눈에 보이지 않는 인간의 행동을 관찰함으로써 행동의 심층적 의미와 주관성을 간파하려는 노력들이 이루어졌다.

3) 생태체계론 : "개인과 가족, 그리고 이것을 둘러싼 다층적 환경에 대한 관심"

주말 저녁에 인기리에 방영되었던 드라마에서 자녀출산을 둘러싼 며느리와 시어머니의 긴장감이 중요한 에피소드로 다루어졌다. 드라마 제작사 피디로서 활발히 사회활동을 하는 며느리는 의사인 남편과 함께 자녀출산을 차일피일 미루어왔다. 이 부부는 자녀를 낳지 않고 사는 것에 대해 서로가 충분히 대화를 나누고 이해한 상태이기 때문에 자녀출산을 하지 않는 것이 이들 부부에게 전혀 갈등과 문제요인이 아니다. 그런데 문제는 시댁어른들과의 관계이다. 시댁어른들은 아들부부가 자녀 없이 사는 것에 대해 전혀 이해하지 못할 뿐 아니라, 이를 매우 못마땅하게 생각하기 때문에 자녀출산 문제로 사사건건 아들부부를 간섭하게 된다. 그러나 맞벌이를 하는 아들부부에게 자녀출산은 시댁어른들이 기대하는 것처럼 부모로서의 발달과업이라는 당위적인 일로서 단순히 받아들일 일이 아니다. 자녀출산을 위해서 아들부부는 서로의 직장문제, 자녀출산 후 양육문제 등 해결해야 할 문제들이 한두 가지가 아니기 때문이다.

최근 사회적으로 저출산 논의가 뜨겁다. 출산이란 매우 개인적이고 생물학적 차원의 것이라 말할 수 있다. 그러나 우리 사회의 저출산 문제에 접근하고자 할 때는 단순히 개인적이고 생물학적 차원을 넘어서야 한다. 저출산 현상은 가족, 직장, 지역사회 등 다양한 생태환경을 고려하여 그 원인과 영향을 논의하여야 하는 보다 복잡하고 포괄적인 사회문제이기 때문이다. 가족친화환경 조성, 육아휴직제 활성화, 보육시설 증설 등 우리에게 낯설지 않은 가족정책들은 바로 출산이라는 개인적 문제가 사회환경과 어떻게 관련되어 사회적 문제로 자리매김하였는지를 보여주는 좋은 예일 것이다. 이러한 가족정책들은 이제 우리 사회에서 자녀를 출산하고 양육하는 것이 가족 내 여성만이 담당하는 일이 아니라, 직장, 지역사회 등 가족 이외의 사회환경에서 그 구성원 모두가 관심을 가지고 발 벗고 나서야 하는 사회적 차원의 일임을 적극적으로 보여준다.

(1) 생태체계론의 내용

생태체계론은 체계론적 관점과 생태학적 관점이 결합된 개념으로서, 인간의 성장과 발달은 인간을 둘러싼 다층적 환경과의 상호작용을 통해 인간과 환경이 서로 영향을 미치면서 이루어짐을 설명하는 이론적 관점이다(곽미정 · 문신용, 2011). '생태체계'는 바로 인간을 둘러싸고 있으면서 인간의 삶에 영향을 받거나 영향을 미치는 다층적 환경을 말한다.

홀리(Hawley, 1986)는 생태체계의 주요한 특성을 '전체성'의 개념으로 설명한 바 있다(White & Klein, 2008 : 249 재인용). 생태체계란 마치 유기체와 같아서, 생태체계 내부는 상호 영향을 미치는 상호 의존적인 여러 개의 하위체계들로 구성되어 있고, 이 하위체계들의 작동은 상호 유기적 관련성 속에서 이루어진다. 즉, 이 하위체계들은 마치 하나의 단위처럼 함께 작동하는 것이다.

우리가 인간의 몸을 떠올린다면, '전체성'에 대한 이해가 보다 쉬워진다. 예를 들어, 인간의 몸에는 뇌, 심장, 위, 장 등 수많은 기관들이 하위체계들로서 존재한다. 이러한 하위체계들은 각기 개별적 기능과 역할이 있으면서도, 전체 몸의 건강을 유지하기 위해서는 상호 긴밀한 협조가 필요하다. 이것을 다르게 표현한다면 하위체계들이 상호 의존적 속성을 가졌다고 말할 수 있을 것이다. 우리가 몸의 건강을 잃었을 때, 그 원인을 단 한가지로써 설명하기 어려운 것은 바로 우리 몸의 많은 기관들이 상호 의존적으로 연결되어 있기 때문이다. 상호 의존성은 어떤 하위체계에서의 변화가 이웃한 다른 하위체계, 혹은 그것이 속한 상위생태체계에도 영향을 미친다는 의미로써 설명이 된다.

그러므로 생태체계를 이해하기 위해서는 항상 상호 의존적인 하위체계의 속성을 고려하여 생태체계의 전체적 맥락을 견지해야 한다. 이러한 점에서 생태체계는 '전체성'을 갖는다고 설명하였다. 결국 생태체계적 관점에서 볼 때 어떤 하위체계의 역동성을 이해한다는 것은 그 하위체계 하나만의 속성에만 초점을 두는 것이 아니라, 그것과 관련이 있는 다른 하위체계들과의 관련성과 상호 영향력을 포괄적으로 고려해야 함을 의미한다.

정리해 보면, 생태체계론이란 인간과 환경이 상호 의존하여 만들어가는 역동적 교류에 초점을 둔 관점이다(이준기 · 정경용 · 김용수, 2012). 이것은 개인과 가족을 이해하는 데 있어서 그것을 둘러싼 환경에 대한 이해뿐 아니라, 가족의 삶에 영향을 미치는 환경의 존재를 인식하는 전체적 관점이 필요함을 강조한다. 생태체계적 관점은 가족이 사회와 별개로 존재하지 않으며, 가족은 생태학적 환경의 일부이자 생태환경과 영향을 주고받는 역동적 체계임을 분명히 한다.

이를 출산의 문제에 적용해 보자. 출산은 매우 개인적이고 생물학적인 행동이다. 그러나 맞벌이 부부에게 있어서 자녀출산을 결정한다는 것은 단순히 개인행동의 차원에 그치지 않는다. 그보다 가족의 여건, 직장여건, 지역사회의 육아환경 등 부부를 둘러싼 다양한 생태체계로부터의 간섭과 이것들로부터의 영향을 고려해야 하는 복잡한 결정인 것이다.

또한 출산의 결과 역시 단순히 개인과 가족구성원에게만 해당하는 문제가 아니다. 사회구성원들이 출산을 꺼림으로써 사회 전체의 출산율이 눈에 띄게 감소할 경우, 경제적 차원에서 이것이 사회 전체에 미치는 파급효과 역시 크다. 출산율 감소는 노동생산인구의 감소와 연결이 되며, 이것은 노인부양비를 악화시킴으로써 사회의 고령화를 촉진시키고, 결과적으로 사회의 생산성에 부정적 영향을 미치기 때문이다.

따라서 오늘날 우리 사회에서 자녀출산의 문제는 단지 개인의 선택의 문제에만 해당하지 않는다. 개인의 삶에 미치는 사회의 영향력과, 사회에 미치는 개인의 영향력을 모두 한꺼번에 고려해야 하는 복잡한 문제이다. 최근 저출산 문제를 해결하기 위하여 사회 내 다양한 생태환경의 차원에서 출산을 촉진하기 위한 방안을 함께 고민하는 것도 바로 개인과 사회의 쌍방향적 상호 관련성 때문일 것이다.

그렇다면 우리가 속한 생태체계는 어떠한 것들이 있을까? 우리를 둘러싼 생태체계는 매우 다양하다. 생태체계를 구성하는 여러 수준의 다층적인 하위체계들을 어떻게 구분지어서 명명할지에 대하여 학자들마다 다양한 접근이 존재한다. 그중에서 보편적으로 가장 많이 알려진 것이 브론펜브레너(Bronfenbrenner, 1977)의 분류이다. 브론펜브레너는 생태체계를 미시체계(microsystem), 중간체계(mesosystem), 외체계(exosystem), 거시체계(macrosystem) 등 네 가지 수준으로 구분하였다. 이를 보다 자세히 살펴보면 다음과 같다(Bronfenbrenner, 1977).

'미시체계'는 인간이 접한 가장 직접적인 환경을 말하며, 유의미한 타자와 직접적이고도 구체적인 상호작용을 경험하는 곳이다. 예를 들면, 부모와 자녀의 상호작용이 일어나는 가족환경, 또래와의 상호작용이 일어나는 학교 혹은 또래집단, 그리고 직장동료들과의 상호작용이 일어나는 직장환경 등은 개인에게 매우 구체적이고 직접적이므로 미시체계라고 말할 수 있다.

'중간체계'는 두 개 혹은 그 이상의 미시체계들이 상호 관련을 맺으며 만들어낸 체계인데, 이때의 미시체계들은 개인에게 의미 있는 중요한 삶의 환경들을 말한다. 예를 들면, 보통의 12살 아이에게 중간체계는 가족, 학교, 친구들이라는 다양한 미시체계 간의 상호작용이 일어나는 체계이다. 이 미시체계들은 12세의 아이에게 의미가 있는 생활환경이며, 각각의 환경들은 상호 관련성을 가지고 아이의 삶에 영향을 미칠 수 있다. 결국 중간체계는 미시체계들이 모여서 만든 더 큰 하나의 체계이다.

'외체계'란 중간체계가 확대된 것으로, 개인과 직접적 상호작용은 하지 않지만 개인의 미시체계 혹은 중간체계에 간접적 영향력을 미치는 체계를 말한다. 예를 들면, 지역사회 내 주요 기관들을 들 수 있다. 직장, 이웃, 대중매체, 정부기관, 유통, 교통망, 비공식적 사회적 관계망 등이 해당된다. 이러한 외체계들은 개인이 속한 미시체계들에 영향을 미치거나, 이것들을 포함하면서 개인의 삶에 간접적으로 영향을 미친다. 부모가 속한 직장영역의 경우, 자녀가 그것에 직접적으로 접근할 기회가 거의 없지만 자녀의 성장과 발달에 영향을 미치는 자녀의 '외부'체계이다.

마지막으로 '거시체계'란 가장 큰 범위의 생태체계로서 위에서 설명한 모든 하위생태체계들을 둘러싸고 있다. 거시체계가 다른 생태체계와 근본적으로 상이한 점은 다른 생태체계처럼 개인의 삶에 영향을 미치는 구체적 맥락이 아니라는 점, 그리고 우리의 눈에 보이지 않는다는 점이다. 거시체계는 문화 내에 존재하는 일반적 원형(prototype)들을 의미하며, 매우 추상적 속성을 갖는다. 이러한 원형들은 눈에 직접적으로 드러나지 않지만, 일상적인 생활의 장에서 흔히 일어나는 활동들에 일정한 패턴을 제공하는 역할을 한다. 예를 들면, 어떤 사회 내에서 학교마다 관찰되는 교실

풍경들은 마치 동일한 사진을 보듯이 매우 유사하다. 교실의 배치, 책상배치, 교수방법, 학급분위기 등은 학교가 다르다 할지라도 비슷한 모양새를 보인다. 이처럼 한 문화권 내 존재하는 유사한 교실풍경을 '교실문화'라고 부른다. 바로 어느 사회에서든지 전형적으로 관찰되는 교실문화를 우리는 거시체계라고 부를 수 있다. 거시체계는 법, 규제, 규칙 등 가시적 형태로 존재할 수 있지만, 비공식적이고 암묵적 형태로 존재하는 경우가 더 흔하다. 그리고 사회구성원들의 마음속에 이데올로기로서 전달되며, 가장 심층적이면서 광범위한 생태체계로서 거시체계를 통해 우리의 문화는 다른 문화와 구분되는 독특성을 지닌다.

(2) 가족학 연구에의 적용

가족학, 아동학, 사회복지학 등 가족연구뿐 아니라 여러 학문영역에서 생태체계론은 매우 활발하게 적용되고 있다. 개인의 성장과 발달에 영향을 미치는 요인을 어느 한 가지로써 단정짓기 어렵다. 생태체계론은 다양한 생태체계 수준별로 개인의 삶과 관련된 복합적인 영향력을 체계적으로 고려할 수 있다는 점에서 인간의 발달과 복지를 연구하는 지평을 넓히고, 그 유용성을 인정받아왔다.

보육환경이 영유아에게 미치는 영향에 관한 연구의 예를 들어보자. 생태체계론이 가장 효과적으로 가족연구에 적용된 대표적인 예로서 벨스키와 동료들(Belsky et al., 1984)이 수행한 '펜실베이니아 영유아 가족발달 프로젝트(Pennsylvania Infant and Family Development Project)'를 들 수 있다. 이 프로젝트는 브론펜브레너가 제안한 미시, 중간, 외체계의 변수들을 활용하여 영유아와 어머니의 애착을 연구한 것이다. 이후 최근까지도 여러 연구자들에 의해 다양한 생태체계요인들이 분석에 포함되면서 아동의 성장과 발달에 미치는 보육의 영향에 관한 논의가 심화되어가고 있다.

또한 아동의 발달에 있어서 가족과 가족 이외의 다양한 보육환경 간의 관련성을 보여주는 연구들은 자연스럽게 아동기 이후 청소년, 성인, 노인의 발달을 이해하는 데 유용하게 활용이 되었다(Bronfenbrenner, 1986). 개인의 성장과 발달에 따라 개인의 삶에 중요한 영향을 미치는 미시체계들은 변해가는데, 생태체계론은 이러한 다양한 생태환경들과 가족구성원의 삶이 서로 영향을 미치면서 만들어가는 상호 관련성에 주목하기 때문에, 개인의 삶이 갖는 복합적 측면을 이해하는 데 유용하다.

이처럼 생태체계론은 개인과 가족의 삶에 영향을 미치는 요인들로서 또래관계, 학교환경, 직장환경, 지역사회, 대중매체, 문화 등 개인과 가족 외부에서 작용하는 다층적 환경들의 효과를 포괄적으로 논의할 수 있도록 이론적이고 체계적 설명 틀을 제공한다. 이 때문에 생태체계론은 단순히 학문적 영역에서 연구의 차원에만 활용되는 것이 아니라 가족을 직접적으로 대하는 현장에서도 유용하게 적용될 수 있다. 가족을 이해하는데 가족 내부의 욕구와 상황뿐 아니라, 가족이 영향을 주고받으면서 살아가는 가족 외부의 생태환경과의 관련성을 복합적으로 고려할 수 있기 때문에 가족생활교육, 가족정책 및 서비스개입 등 실천적 서비스 분야에서 클라이언트의 상황을 보다 현실적으로 이해하는 데 효과적으로 활용된다(김동배 · 이희연, 2003; 정현숙, 2008 : 109; White & Klein, 2008 : 267).

아동, 청소년, 노인 등 가족구성원들이 직면한 문제들을 해결하고, 이들의 삶의 질을 증진시키기 위해서는 이들의 삶과 연결되어 있는 교육, 경제, 문화, 복지 등 다양한 생태환경의 영향력을 고려해야 한다. 그래야 이들의 삶을 지원하는 더 폭넓은 자원과 효과적 서비스에 관한 아이디어를 창출할 수 있다. 따라서 생태체계이론은 직접적인 서비스를 제공하는 복지서비스 실천현장에서 복잡한 상황에 처한 개인을 이해하고, 이들에게 보다 현실적이고 효과적인 도움을 주는 데 유용하다(김동배 · 이희연, 2003).

또한 사회적 · 정책적 차원에서 건강가정을 논의하는 데 생태체계론은 매우 유용한 이론적 토대가 된다. 2004년 2월에 제정되고 2005년부터 시행된 건강가정기본법은 건강한 가족을 만들기 위하여 국가 및 지방자치단체의 책임을 명시하고, 가족구성원을 지원할 수 있는 정책을 강화하는 것을 분명한 목적으로 밝힌 바 있다. 즉, 건강가정기본법은 이제까지 가족을 사적 영역으로 인식하여 가족의 문제를 가능한 가족에게 맡겼던 것과 달리, 사회와 국가가 가족문제에 적극적으로 개입하여 문제를 해결하고 가족문제를 예방하려는 취지에서 만들어졌다. 건강가정기본법은 이제까지 우리 사회의 소극적 가족정책을 보다 적극적인 패러다임으로 변화시키는 데 중요한 역할을 하였는데(윤경자, 2008), 이러한 사회적 책임의 강화는 가족을 둘러싼 중요한 생태체계로서 국가와 지역사회의 역할을 인식하고 이를 강조한 결과라 할 것이다.

(3) 생태체계론에 대한 평가

생태체계론은 가족을 둘러싼 외부환경의 중요성을 강조한다. 가족이 주변환경과 어떻게 상호작용하면서 상호 영향력을 미치는지에 초점을 두기 때문에 사회적 차원에서의 개입이 얼마나 필요하고 유용한지에 대한 중요한 근거를 제공한다. 생태체계관점은 가족생활에 영향을 미치는 요인을 다양한 생태체계환경에서 살핌으로써 가족의 건강성과 복지를 증진시키기 위하여 사회가 어떤 노력을 할 수 있는가에 대해 다양하고도 효과적인 해답을 제시할 수 있다. 예를 들어, 우리 사회의 저출산의 문제를 직장 내 육아휴직, 보육시설, 아버지의 양육참여 등 다양한 관점에서 접근하는 것 역시 가족의 출산결정을 가족과 사회의 상호적 관계에서 보고, 서로의 영향을 고려하는 생태체계적 관점을 적용한 결과라 하겠다. 결국 생태체계적 관점은 가족이 잘 기능하고 적응해가기 위하여 외부체계들로부터 어떤 서비스가 필요하고 어떤 프로그램이 가족생활에 개입되어야 하는지, 그리고 법과 제도 등 가족을 둘러싼 거시체계는 어떤 역할을 할 수 있을지를 논의하는 데 중요한 실마리를 제공한다는 점에서 유용하다(조희금 외, 2011 : 51).

또한 생태체계론은 개인과 가족의 문제를 단선적 인과관계의 틀에서 보지 않고, 다중적 체계들 간의 복합적 상호 관련성으로 설명한다. 단선적 인과관계에 근거한 설명은 얼핏 보기에 보다 명확하게 보일 수 있지만, 현실적으로 인간의 삶은 단선적 인과관계로써 설명이 가능할 만큼 그렇게 단순하지 않다. 어떤 것이 원인이고 어떤 것이 결과인지 상호 간의 인과관계의 방향성 자체가 불명확한 경우가 대부분이기 때문이다. 따라서 개인을 둘러싼 다양한 생태체계들 간의 상호교류와 다중적 영향력을 설명하는 생태체계론은 겉보기에는 모호하고 불확실한 측면을 보일지라도, 단선적 인과관계론보다 개인과 가족의 문제를 파악하는 데 있어서 더 현실적이다. 이 때문에 오히려 가족문제에 개입할 때 보다 폭넓고 복잡한 변수들을 고려함으로써 다양하고 효과적인 방법을 도출할 수 있다는 점에서 유용하다 할 것이다(이상균, 2005).

4) 가족발달 관점 : "시간이 흘러가면서 변화하는 가족모습에 대한 관심"

영훈이는 올해 중학생이 되었습니다. 엄마는 부쩍 말수가 줄어든 영훈이 때문에 걱정이 많습니다. 혹시 학교에서 안 좋은 일이 있는 것인지, 몸이 아픈 것인지, 여러 가지 걱정이 되어서 영훈이에게 이것저것을 물어보지만, 돌아오는 것은 짜증스러운 영훈이의 반응뿐입니다. 작년 이맘때만 하더라도 조근조근 말도 잘 하고, 엄마 말도 잘 듣던 영훈인데 불과 1년 사이에 대체 영훈이에게 무슨 일이 일어난 것일까요? 얼마 전, 영훈이 엄마는 학교에서 열린 '따뜻한 부모가 되는 효과적인 대화방법'이라는 특강을 다녀왔습니다. 그 특강에서 만난 친구 엄마들 역시 영훈이 엄마와 똑같은 고민을 하고 있었습니다. 영훈이의 변화가 영훈이 가족만의 문제만이 아니라는 것에 놀랐던 동시에 안도감을 느끼면서, 엄마로서의 역할, 엄마의 마음가짐에도 '변화'가 있어야 한다는 것을 알았습니다. 영훈이가 과묵하고 무뚝뚝한 태도를 보인 것은 부모에 대한 반항이나 불만을 표출하려던 것이 아닌, 그 나이 또래가 겪는 자연스러운 사춘기 현상이라는 점을 받아들이고, 따뜻한 부모가 되는 방식 역시 이러한 영훈이의 발달적 변화에 맞추어 바뀌어야 한다는 것을 깨달았습니다.

가족발달 관점은 가족현상을 분석하는 데 있어서 가족이 어느 한 시점에 고정되어 있는 것이 아니라 마치 인간처럼 시간이 흐름에 따라 성장·발달하는 존재라는 점에 관심을 둔다. 에릭슨, 피아제, 프로이트 등 발달심리학자들의 인간발달이론이 인간의 탄생에서 죽음에 이르기까지 연령이 증가하면서 경험하는 일련의 보편적 발달단계를 제시하였던 것처럼 가족발달 관점은 가족의 형성 이후 성장, 소멸에 이르는 소위 가족생애과정이 있음을 제안한다. 또한 인간발달이론에서 각 발달단계마다 개인이 성취해야 하는 발달과업이 있듯이, 가족발달 관점 역시 가족생애과정에는 질적으로 구분되는 발달단계가 있으며, 이 단계마다 가족이 완수해야 하는 가족발달과업이 존재한다고 주장한다(조정문 · 장상희, 2007 : 37).

그러나 심리학의 인간발달이론이 개인 내적인 성장과 발달에 관심을 두었던 것과 달리 가족발달 관점은 개인들이 모인 집합체로서 가족의 발달에 주목한다는 점에서 차이가 있다. 이 때문에 가족구성원들이 시간이 흘러가면서 서로 어떻게 영향을 미치면서 가족 내 다이내믹을 변화시키는지, 그리고 사회의 규범은 이러한 가족의 변화에 어떻게 관여하는지에 연구의 초점을 둔다(White & Klein, 2008 : 122).

앞에서 제시된 예를 보자. 영훈이는 중학생이 되면서 개인 내적으로 발달적 변화를 경험한다. 청소년기에 접어들면서 부쩍 말수가 줄어들었으며, 부모를 대하는 태도가 달라졌다. 그런데 이러한 영훈이의 변화가 비단 영훈이의 삶에만 국한되지 않는다. 이에 따라 영훈이의 부모가 영훈이를 대하는 방식이 변화할 것이고, 영훈이와 부모의 상호작용에는 예전과 다르게 질적 변화가 생길 것이다. 이제 영훈이 부모는 영훈이가 더 이상 초등학생이 아니라는 점을 받아들이고 자녀와의 관계가 새로운 국면에 왔음을 인정해야 한다. 청소년 자녀를 둔 부모로서 새로운 부모역할을 인식하고, 그것에 적응할 필요가 있는 것이다. 이처럼 영훈이의 발달적 변화는 가족 내 상호작용을 변화시키며, 이것은 자연스럽게 영훈이 가족이 새로운 가족발달단계로 진입하도록 유도한다. 그리고 새로운 발달단계에 진입한 영훈이 가족은 이전 단계의 가족과 질적으로 다른 상호작용과 발달과업을 수행해야 한다.

(1) 가족발달 관점의 내용

가족발달 관점에서 가족이 성장·소멸하는 발달적 변화, 혹은 가족발달과정은 매우 중요하다. 이것은 가족현상을 분석하는 데 있어서 시간의 흐름에 따라 가족이 어떻게 변해가는지에 대한 관심을 의미하는 것이기도 하다. 이처럼 가족구성원, 그리고 이들 간의 상호작용의 속성, 가족구조, 가족역할에 대한 기대 등 가족 내 다이내믹이 시간이 흐르면서 변해가는 과정을 살펴보는 것은 가족을 시간과 함께 움직이는 보다 역동적인 존재로 인식하도록 하며, 가족연구에 새로운 관점과 유용한 해석 틀을 제공하였다.

그렇다면 우리는 시간에 따른 가족의 발달적 변화를 구체적으로 어떤 개념을 통해 이해할 수 있을까? 일반적으로 가족발달적 관점을 설명하는 대표적인 개념 틀로서 가족생활주기와 가족생애과정이 있다. 여기서 이 두 가지 관점을 비교하면서 가족발달 관점을 이해해 보자.

① 가족생활주기(family life cycle)

가족생활주기(family life cycle)란 시간의 흐름에 따라 가족이 보편적으로 경험하는 생애단계를 '생애주기'라는 개념으로써 설명한 것이다. 가장 대표적인 가족생활주기로서 듀발과 힐(Duvall & Hill, 1948)이 제안한 것을 들 수 있다. 듀발과 힐은 시간의 흐름에 따라 가족 내 구성원들의 조합(composition)이 변해가는 것에 주목하고, 이것에서 아이디어를 얻어서 9단계의 '가족생활주기'를 고안해내었다. 그리고 이후 첫 자녀연령과 자녀의 학교단계, 그리고 생계부양자의 은퇴시기를 고려하여 단계들을 추가함으로써 시간적 단계 구분을 세분화시켜나갔다(Aldous, 1990). 이 외에도 학자들에 의해 다양한 가족생활주기가 제안되었다.

우리나라에서 가장 많이 사용된 가족생활주기분류는 듀발과 밀러(Duvall & Miller, 1985)가 제안한 8단계 가족주기분류이다. 이것은 첫 자녀연령을 중심으로 다음과 같은 8단계로 구분한 바 있다. 1) 신혼기(자녀출생 전), 2) 영아기(첫 자녀출생 이후 30개월까지), 3) 미취학 아동기(첫 자녀 30개월부터 6세까지), 4) 학령기(첫 자녀 6세부터 13세까지), 5) 사춘기(첫 자녀 13세부터 20세까지), 6) 진수기(첫 자녀가 집을 떠난 후 막내자녀가 집을 떠날 때까지), 7) 중년기(부부의 빈둥지 시기부터 퇴직까지), 8) 노년기(퇴직부터 사망까지) 등 8단계이다(전효정, 2007; 조정문 · 장상희, 2001 : 37).

이처럼 학자마다 정의내리는 가족생활주기의 기준과 내용이 조금씩 다를 수 있다. 그러나 그 명칭과 내용이 가족생활이 '순환(cycle)'된다는 어감과 의미를 내포하는 점은 궁극적으로 동일하다. 어떤 사회이든지 대부분의 가족들이 시간의 흐름에 따라 경험하는 사건들이 비슷하기 마련이다. 결혼, 자녀양육, 자녀독립, 노년기에 이르는 보편적 경험들은 하나의 시간표처럼 가족의 삶에 순서적으로 존재한다는 점에서 '생활주기(life cycle)'라는 개념을 사용하였다(White & Klien, 2008 : 132).

또한 각 생활주기에는 가족원에게 기대되는 역할기대 혹은 사회적 규범이 반영되어 있다. 이처럼 각 단계마다 가족에게 기대되는 역할기대를 '가족의 발달과업'이라고도 부른다. 예를 들면, 일반적으로 중년기의 가족은 자녀를 떠나보내고 중년의 부부만이 가족에 남는 시기이다. 어느 사회이든지 이 시기의 중년부부는 노화에 따른 신체적 · 정서적 변화 등 개인의 발달적 변화에 적응하면서, 동시에 자녀가 떠난 빈 자리와 사회로부터의 은퇴에 대비하여 경제적 · 심리적 적응과 준비를 해야 한다.

결국 가족생활주기는 개인이 연령에 따라 성취해야 하는 개인

발달과업과, 가족의 차원에서 요구되는 가족단위의 역할기대를 함께 조화시켜나가야 함을 보여준다(한국가족학회 편, 1991 : 182). 각기 다른 연령대의 가족구성원들은 서로의 발달적 시간표에 영향을 받으면서, 동시에 직장 혹은 학교 등 가족 이외의 사회적 영역에 영향을 받는다. 그리고 개별 가족구성원들의 발달과제는 전체 가족의 발달과제와 자연스럽게 연결이 되지 않을 수 없다. 따라서 가족생활주기는 상호 연결된 개별적 구성원들의 생애가 집합처럼 모여서 전체 가족이 되고, 이들이 함께 만들어가는 삶이 보여주는 일정한 패턴을 의미하는 것이다(Aldous, 1990).

가족생활주기는 나름의 유용성을 가지고 가족연구와 현장에서 활발하게 활용되어왔다. 특히 가족생활주기는 가족이 살면서 경험할 수 있는 변화와 문제점이 무엇인지 미리 예상하고 이를 파악하여 대비하는 데 유용하다(문숙재 · 정지영, 1997). 동일한 생활주기단계에 있는 가족들은 가족발달 특성상 요구되는 기대와 규범이 비슷하다. 다시 말해서, 각기 다른 모습의 가족이라 하더라도 유사한 생애단계에 있는 가족이라면 상호 비슷한 발달과업을 가질 것을 예상할 수 있다. 그러므로 가족생활주기 개념은 시간의 흐름에 따라 가족이 생애단계에서 경험할 수 있는 보편적 변화와 도전 및 과제들을 미리 예측하게 한다는 점에서 학문적 차원과 복지실천현장에서 매우 유용한 개념이다.

반면 현대사회에서 가족생활주기 개념이 갖는 한계점 역시 지적된다. 최근 가족은 외적으로 보나 내적으로 보나 빠르게 변화하고 있다. 외형적으로 볼 때 한부모가족, 재혼가족, 무자녀가족 등 다양한 형태의 가족들을 그리 어렵지 않게 찾아볼 수 있다. 또한 가족 내부의 시간표 역시 예전과 달리 일정한 패턴을 보이지 않고 매우 혼란스런 모습이다. 예를 들면, 혼전동거, 혼전임신, 무자녀가족 등의 현상을 본다면, 출산의 타이밍이 결혼 이전과 결혼 이후에 모두 가능하며, 때로는 결혼기간 내내 출산이 이루어지지 않을 수 있음을 관찰할 수 있다. 이것은 현대사회에서 출산의 시점과 출산 여부가 더 이상 고정적이고 보편적인 규칙을 따르지 않고 다양화되고 있음을 보여준다. 이처럼 다양하고 복합적인 현대가족의 특성을 고려한다면, 고정적이고 보편적인 발달과업과 시간표를 제시하는 가족생활주기 개념은 최근의 복잡한 가족현상을 분석하고 설명하는 데 많은 한계가 있을 것이라 예상할 수 있다.

이와 관련하여 가족생활주기는 원래 핵가족 가치, 즉 가족 내 부모가 모두 존재하며, 아버지는 생계부양자 역할을 하고 어머니는 자녀를 돌보는 남녀 간 고정적인 성역할 분업의 가치관이 지배했던 시절에 적합한 개념이므로, 초기 산업화단계의 핵가족에게 적용되기에 적합하다고 설명한다(Aldous, 1990). 힐과 동료들(Hill et al.)이 이를 보완하고자 모자가정, 독신가족, 재혼가족 등을 위한 가족생활주기를 개발하였으나, 오늘날 다양해지는 가족현상을 분석하거나, 예기치 않게 돌발적으로 일어나는 가족사건들이 가족에게 미치는 영향을 연구하는 데 가족생활주기 개념은 여전히 적절하지 않다는 지적이 크다(조정문 · 장상희, 2001 : 39). 또한 사회계층, 혹은 인종별로 각 생애단계의 평균적 타이밍과 기간이 다양한데, 가족생활주기 개념은 이러한 다양한 사회구조적 · 문화적 특성을 반영하기에 한계가 있다는 비판을 받는다(Aldous, 1990).

② 가족생애과정(family life course)

가족생애과정(family life course) 관점은 가족의 생애를 시간의 흐름 속에서 파악한다는 점에서 가족생활주기 개념과 매우 유사하다. 그러나 가족생애를 시간개념과 더불어 개인, 가족, 역사 등 다양한 맥락으로 다층화시켜서 각 맥락에서 기대되는 역할들을 가족구성원들이 어떻게 상호조화를 시키면서 살아가는지를 분석한다는 점에서 가족생활주기 개념과 차이가 있다. 즉, 가족생애과정 관점은 생애과정이론(life course theory)을 가족단위에 적용시킨 것이라 하겠다. 따라서 가족생애과정 관점을 잘 이해하기 위해서는 먼저 생애과정 관점이 무엇인지를 파악해 볼 필요가 있다.

생애과정 관점은 개인의 삶을 현재 혹은 과거의 어느 한 시점이 아니라, 과거와 현재, 그리고 미래의 연속선상에서 어떠한 경로를 만들어가는지에 초점을 둔다. 그리고 개인의 생애경로는 개인과 사회의 상호작용을 통해 형성되어가는 것이다. 이 때문에 생애과정 관점은 시간의 흐름에 따른 '생의 다양한 측면의 상호관련성'에 주목한다(한경혜 · 노영주, 2000). 생애과정 관점의 주요 개념을 정리하면 다음과 같다.

첫째, 생애경로의 개념을 이해하기 위해서 역할, 역할전이(transition), 역할궤적(trajectories) 등의 개념을 이해하여야 한다(MacMillan & Copher, 2005). 역할이란 가족, 학교, 직장 등 사회제도 안에서 개인이 차지하는 위치를 말한다. 일정한 사회적 위치에 속한 개인은 그 위치에서 어떻게 행동을 해야 하는지에 대한 사회적 기대를 갖는데, 이것이 바로 역할이다. 역할전이란 개인이 차지하는 여러 역할 중 어떤 역할에서 다른 역할로의 변화를 경험하는 것이다. 예를 들면, 직장을 얻고, 결혼을 하고, 아기를 낳는 일을 통해 개인은 새로운 역할을 얻으며, 그럼으로써 개인은 역할전이를 경험한다. 역할궤적이란 시간이 흐르면서 역할이 시간적 지속성을 가지고 자리를 잡아나가는 것을 말한다. 예를 들면, 성인이 된 개인은 직업을 얻고, 결혼을 하고, 부모됨을 경험하는 등 생애과정을 따라 일련의 역할전이를 경험하며, 이러한 역할전이들이 모여서 시간의 순서대로 그려가는 궤적을 역할궤적이라 한다. 이러한 역할궤적을 분석하다 보면, 개인의 삶을 시간의 흐름에 따른 과정으로써 파악할 수 있는 장점을 갖는다. 앞서 일어나는 역할전이들이 이후의 경험과 사건에 영향을 미칠 수밖에 없으므로, 시간의 흐름에 따른 역할궤적에 관심을 두는 것은 개인의 삶을 분석하는 데 매우 중요하다(Quick, 1998).

둘째, 생애과정 관점은 개인의 생애경로가 개인 혼자만의 몫이 아닌 개인과 가족, 사회, 역사적 환경이 상호작용한 결과라는 점을 강조한다. 개인은 생애주기상의 개인발달과 가족경험, 그리고 사회적·역사적 환경과 상호작용하며 살아간다. 이처럼 각 개인은 그들을 둘러싼 다양한 생활영역과 연계된 삶을 살아가면서 생애과정을 만들어간다(MacMillan & Copher, 2005).

가족생애과정 관점은 위의 생애과정 관점을 가족단위의 삶에 적용한 것이다. 즉, 시간이 흐름에 따라 가족구성원들이 그들을 둘러싼 다중적 맥락과 상호작용하면서 형성해가는 가족생애과정에 관심을 둔다. 가족생애 관점을 보다 잘 이해하기 위해서 벵스톤과 앨렌(Bengston & Allen, 1993)이 제안한 가족생애주기 관점의 네 가지 핵심적 가정을 숙지할 필요가 있다(Bengston & Allen, 1993 : 480-484). 네 가지 핵심과정을 요약하면 다음과 같다.

첫째, 가족생애주기 관점을 이해하기 위해서는 가족에 작용하는 개인발달시간(ontogenetic time), 가족시간(generational time), 역사적 시간(historical time) 등의 세 가지 차원의 '다중시간(multiple time clock)' 개념을 이해해야 한다.

가족구성원으로서 개인은 연령에 적합하게 발달·성숙해가며, 이러한 발달수준에 맞추어 행동을 한다(개인발달시간). 그런데 가족구성원으로서 개인은 살아가면서 꼭 개인발달시간인 연령과 일치하는 발달과업을 수행하는 것이 아니다. 예를 들면, 청소년기에 부모됨을 경험할 수도 있고, 중년기에 조부모됨을 경험할 수도 있다. 즉, 개인은 개인발달시간에 따르는 인간발달적 연령이 아닌 가족구성원으로서의 관계(예 출산)를 통해 새로운 어떤 역할을 부여받을 수 있다(가족시간). 또한 전쟁, 경제적 위기 등과 같은 역사적 사건들은 가족 전체의 삶에 영향을 미치며, 이것은 다시 가족 내 개인들의 행동에 영향을 준다. 엘더(Elder, 1974)의 '대공황기 아이들' 연구는 역사적 사건이 가족구성원의 행동에 어떠한 영향을 미쳤는지를 보여주는 가장 대표적 연구이다. 이 연구는 미국의 대공황기라는 거시적 차원의 경제적 변화가 가족경제에 얼마나 고통을 주었으며, 이러한 가족 전체의 경제적 궁핍으로 인해 가족구성원들이 경험하는 갈등이 아이들의 발달과 삶에 어떠한 영향을 주었는지를 밝힌 연구이다(Elder, 1994).

둘째, 가족생애과정에 작용하는 '생태학의 원리'를 이해해야 한다. 가족을 가족 외부의 더 큰 사회구조적 맥락으로 확장하여 더 큰 생태체계 내에서 가족이 어떤 위치에 있는가를 살필 필요가 있다. 왜냐하면 가족이 속한 다양한 생태체계 내에서 가족이 어떠한 위치를 차지하는가는 가족구성원이 경험하는 사건들에 영향을 미치기 때문이다. 예를 들면, 소득수준 등 가족의 계층적 지위에 따라서 대공황과 같은 사회경제적 위기가 가족 및 가족구성원의 삶에 미치는 영향이 달라질 수 있다. 또한 결혼, 출산, 은퇴 등 가족이 일반적으로 경험하는 공통된 생애사건이라 할지라도 가족이 어떤 문화권에 속해있는지, 혹은 가족이 처한 시대적 환경이 어떠한지에 따라 이러한 일반적인 가족생애사건에 대한 의미와 해석이 다를 수 있다.

셋째, 가족에 대한 '통시적 분석'이 필요하다. 통시적 관점에서 가족을 본다는 것은 가족을 어느 한 시점이 아닌 시간의 연속선상에서 가족의 변화와 적응력 등을 분석한다는 의미이다. 그런데 이것은 단순히 시간성에만 초점을 맞추어 시간이 지남에 따른 가족의 변화를 본다는 의미가 아니다. 여기서의 시간의 연속선이라는 것은 가족이 살아온 시대적 분석, 즉 가족이 걸어온 시대적 발자취까지도 고려한다는 의미이다. 예를 들면, 가족 내 세대차이를 설명하는 데 있어서 가족생애 관점은 각 세대마다 겪어온 상이한 시대경험의 차이를 주목한다(코호트효과). 즉, 서로 다른 연령대의 사람들은 매우 상이한 시대적 배경에서 태어나 각각의 시대적 배경의 인생궤적을 만들어왔다. 이처럼 각 세대는 서로 다른 시대적 배경에서 자라왔기 때문에 서로 다른 생애경험과 가치관을 형성했으며, 그것이 결국 세대차이를 가져온 이유라고 설명한다.

넷째, 가족생애 관점은 '일탈'과 '다양성'을 주목한다. 가족의 평균적 모습뿐 아니라 평균에서 벗어난 패턴에도 주목하면서 이러한 일탈이 가족이 속한 다양한 환경과 어떠한 관련성이 있는지를 살피는 데 관심을 둔다. 이때 가족생애과정에서 나타나는 다양성을 사회가 얼마나 수용할 수 있는가는 주어진 시점에서 가족생활에 사회적 규범이 얼마나 강하게 작용하는가를 판단할 수 있는 지표가 될 수 있다.

예를 들면, 중국가족은 정부의 한자녀 정책으로 인해 한 명 이상의 자녀를 갖기 어렵다. 이 때문에 중국가족의 출산은 매우 일률적이고 동일한 패턴을 보인다. 중국의 한자녀 정책은 공식적으로 사회가 가족이 몇 명의 자녀를 낳을 수 있는가를 규제하는 것이다. 다시 말해서, 중국사회의 가족들이 한자녀 정책을 따르며, 일률적인 출산패턴을 보이는 것은 출산에 대한 사회적 규범이 매우 강력하게 가족에게 작용함을 시사한다(White & Klein, 2008 : 132).

그런데 만약 중국의 경우와 반대로 사회가 세워놓은 규범적인 생애과정에서 벗어난 시간표에 의하여 가족의 생애경로를 선택하는 것이 비교적 자유롭다면, 그것은 무엇을 의미하는가? 이때도 역시 우리는 그 가족이 속한 사회의 특성을 주목해 보아야 한다. 가족이 규범을 따르기보다 규범에서 벗어난 선택을 할 때 더 큰 보상을 받을 수 있다고 인식하면, 더 많은 가족들이 규범적 순서를 따르지 않고 새로운 생애경로를 선택하는 데 주저하지 않을 것이다. 그러다 보면 더 이상 기존의 사회규범이 규범으로서의 역할을 하지 않게 된다. 결국 사회에는 기존의 규범보다 새롭게 선택된 규범들이 주류를 이룰 것이고, 그것을 통해 사회는 변화해갈 것이다. 생애과정 관점은 이처럼 가족이 변화하는 모습 이면에 작용한 사회적 맥락에 주목한다. 시간이 흐름에 따라 가족이 어떻게 규범을 일탈하였으며, 결국에는 이러한 가족의 변화가 모여서 어떻게 사회변화의 큰 흐름을 만들어가는지를 관찰한다.

정리하면, 가족발달 관점은 가족이 마치 살아 숨쉬는 유기체와 같이 시간이 흐름에 따라 변한다는 점을 주목하고, 과연 시간의 흐름 속에서 사회와 가족이 어떠한 상호작용을 하면서 변해가는지를 체계적으로 설명하고자 한 것이다. 이때 가족생활주기(family life cycle)와 가족생애과정(family life course)은 가족발달을 구체적으로 이해할 수 있는 대표적인 개념 틀이다. 가족생활주기가 가족이 보편적으로 성장·발달해가는 순환적인 발달단계에 분석의 초점을 두었다면, 가족생애과정(family life course)은 가족이 시간의 흐름에 따라 개인-가족-사회(역사)의 다중적 맥락 속에서 어떻게 상호영향을 주고받으면서 생애경로를 형성해가며, 이러한 생애과정에 개인발달, 가족여건, 역사적 시간이 어떻게 반영되어 있는지에 관심을 둔 것이다.

(2) 가족발달 관점의 유용성

가족발달 관점은 가족이 어떻게 건강함을 유지하고 삶의 질을 높일 수 있는지에 관하여 풍부한 이론적인 통찰을 제안할 뿐 아니라, 서비스 실천현장에서도 실제적이고 구체적인 가이드라인을 제시하기 때문에 가족정책가와 건강가정사들에게 활용도가 높다. 가족발달 관점이 건강가족을 이해하는 데 어떻게 기여하는지를 구체적으로 말하자면 다음과 같다.

첫째, 가족발달 관점은 가족을 어느 하나의 고정된 신화에 사로잡혀서 분석하지 않고, 가족발달단계와 생애과정을 통해 만들어 내는 수없이 다양한 가족패턴에 주목한다. 이것은 건강가정기본법이 어느 하나의 이상적인 건강가족상이 아니라 어떻게 하면 가족이 건강하게 기능할 수 있을지를 찾는 것에 지향점을 두는 측면과 잘 맞아 떨어지는 부분이라 하겠다.

둘째, 가족발달 관점은 시간이 흐르면서 가족이 거쳐야 하는 발달단계마다 어떤 발달과업이 필요한지를 파악함으로써 가족이 직면하는 보편적이고 잠재적인 갈등과 스트레스를 미리 예측하게 한다. 즉, 가족발달단계는 모든 가족들이 보편적으로 경험하는 것이므로, 가족발달단계에 대한 이해를 통해 가족은 발달과업과 긴장을 미리 예상해 볼 수 있다. 이것은 보통의 가족을 대상으로 하는 예방적 사업에 효과적으로 활용될 수 있는 측면이다. 따라서 가족생활주기의 개념은 특히, 건강가족사업에 있어서 가족생활교육을 개발하고 실행하는 데 유용한 이론적 틀로서 활발히 사용되고 있다(조희금 외, 2011 : 65). 뿐만 아니라 가족치료와 상담의 영역에서도 가족발달단계, 규범적 혹은 비규범적 가족사건, 타이밍, 가족의 스트레스 맥락 등의 개념은 가족문제를 파악하고 치료적 개입을 하는 데 있어서 치료자가 좀 더 현실적인 전략을 세우는 데 도움을 줄 수 있다는 점에서 유용하다(White & Klien, 2008 : 145).

셋째, 가족발달 관점은 시간의 흐름에 따라 변화하는 가족의 역동성에 관심을 둔다. 이러한 역동성은 가족 내 개인의 발달적 특성, 가족의 역할, 사회 혹은 역사적 타이밍 등 각 생태체계들이 복합적으로 작용하여 상호 영향을 미치면서 만들어가는 것이기도 하다. 그러므로 가족발달 관점은 다양한 문화와 민족, 젠더(사회적 성) 등을 고려할 수 있는 장점이 있다. 특히 오늘날처럼 가족과 사회의 변화가 급격한 상황에서 역동적으로 변해가는 가족을 대상으로 가족정책의 방향을 세우고, 구체적인 가족지원사업을 고안하고자 할 때 이러한 다층적 영향력을 유념해야 할 것이다.

2. 가족 내 위기를 이해하는 데 도움이 되는 관점

인간은 누구나 행복을 추구하고자 한다. 그러나 삶의 모든 측면에서 드라마틱한 변화를 겪고 있는 현대사회에서 행복을 찾고자 하는 인간의 노력이 그 어느 때보다 쉽지 않다. 학업 스트레스, 취업 스트레스, 경제적 스트레스, 고독과 같은 정서적 스트레스 등 이미 우리에게 낯설지 않은 수많은 명칭의 스트레스들은 오늘날 개인의 삶이 얼마나 많은 도전과 어려움들로 꽉차있는지를 보여주는 분명한 예일 것이다.

마찬가지로 가족의 차원에서도 가족해체와 가족폭력 등 가족의 존폐를 가르는 문제부터, 실직과 빈곤 등의 경제적 불안정, 그리고 맞벌이로 인한 육아문제 등에 이르기까지 다양한 내용과 강도의 어려움들에 직면하였다. 이러한 상황에서 가족이 어떻게 행복할 수 있을까하는 물음 못지않게, '어떻게 어려움을 극복해나갈 것인가' 역시 매우 중요한 질문이 아닐 수 없다. 아래에 소개하는 두 가지 이론적 관점, 즉 가족적응유연성 개념과 가족스트레스 이론은 바로 가족이 '어떻게 역경을 헤쳐나갈 것인가'에 대한 정답을 모색하는 과정에서 유용하게 활용될 수 있다.

1) 가족적응유연성(Family resilience) : "위기에 대처하는 가족의 힘에 대한 관심"

적응유연성(resilience)이란, 살면서 중대한 어려움에 직면했을 때 이것에 잘 대처하여 오히려 위기 이후에 더 성장하는 긍정적 결과를 이끌어내는 것을 말한다. 따라서 적응유연성을 이해하기 위해서는 '발달과정을 위협하는 심각한 위험'과 '심각한 위험에도 불구하고 그것을 극복하고 이전보다 더 나아진 긍정적 적응'이라는 두 가지 전제조건을 유념해야 한다(Luthar, Cicchetti, & Becker, 2000).

처음 적응유연성에 대한 관심은 동일한 역경에 처한 사람들이 왜 동일한 결말을 맞지 않는지에 관한 호기심에서부터 시작하였다(Kaufman & Ziegler, 1987). 어째서 똑같이 어려운 상황에 처하더라도 어떤 사람들은 이를 성공적으로 극복하는 반면, 어떤 사람들은 그렇지 못한 것일까? 이 물음에 대한 답을 찾기 위해 위기와 역경에 직면하여 이것을 이겨내고 다시 튀는 힘, 즉 개인의 적응유연적 반응이 어떤 것인지에 지난 20년간 학자들이 관심을 집중하여왔다. 역경을 잘 극복할 수 있는 힘이야말로 인간이 행복을 누리고 성장하는 데 가장 필요한 자원이 아닐 수 없다.

그러나 적응유연성이 구체적으로 무엇을 의미하는지에 대해 그 정의가 여전히 모호한 측면이 있다. 적응유연성을 어떻게 정의내릴 것인지에 관하여 학자들 사이에서 의견이 분분한데(Patterson, 2002), 과연 적응유연성을 위기극복 이후 성취한 긍정적 적응능력, 즉 '결과'로 볼 것인지, 아니면 위기를 극복하는 과정에서 발휘되는 적응력, 즉 위기적응 '과정'으로 볼 것인가에 대한 논의가 크다. 다만, 최근 들어서 적응유연성을 개인이 타고난 특질 혹은 어느 한 시점에 나타나는 특성으로 받아들이기보다, 시간이 흐르면서 개인과 환경이 상호작용하며 만들어가는 '과정'이라는 점에 의견이 일치되는 듯하다(Bauman, Adams, & Waldo, 2001; Gutheil & Congress, 2000; Luthar, Cicchetti, & Becker, 2000; Saleebey, 1996). 다시 말해서, 적응유연성은 단순히 어느 한 시점, 어느 하나의 특성으로 발휘되거나 머무는 것이 아니라 시간이 흐르면서 개인과 환경이 상호작용을 통해 유연적으로 만들어가는 복합적 구조물이라는 데 의견이 모아지고 있다(Johnson, 1999 : 226).

가족적응유연성(family resilience)은 적응유연성을 개인의 단위가 아니라 가족단위에 적용하여 가족차원에서 적응유연성을 발휘하는 것을 말한다. 가족이 위기상황에 직면하였을 때 가족구성원이 모두 함께 이것에 적절히 대처하면서 위기를 극복하고, 그럼으로써 가족 전체의 건강성을 유지하는 가족단위의 위기극복과정이다. 그러므로 가족적응유연성은 위기를 가족을 불행으로 이끄는 '문제'로 간주하고, 가족은 이 위기를 줄이거나 없애는 데 최선을 다해야 한다는 입장에 반대한다. 오히려 가족적응유연성은 위기란, 가족을 더 나은 '성장'으로 이끄는 하나의 도전과제로서 간주한다. 위기를 통해 가족이 그동안 깨닫지 못한 가족원들의 잠재력과 문제해결능력을 발견할 수도 있다. 이러한 장점을 발휘하면서 위기를 극복하기 위한 최선의 노력을 다한다면, 가족에게 위기는 이제까지 인식하지 못했던 가족의 자원을 발견할 수 있는 '기회'가 될 수 있다.

결국 가족적응유연성은 어떤 가족이 문제가족이며, 그 문제가 무엇인가를 규명하는 데 치중하지 않는다. 그 대신 가족이 어떻게 문제를 해결하고 위기를 극복하는지, 즉 위기극복을 어떻게 할 수 있을지의 '과정'에 초점을 둔다. 이 때문에 가족적응유연성 관점은 위기에 직면한 가족을 특별하게 보지 않는다. 어느 가족이든지 평생을 평탄하고 평화롭게만 살아갈 수 없으며, 위기가 닥치게 마련이기 때문이다. 따라서 가족적응유연성의 관심은 위기와 역경 자체에 집중하기보다 역경에 직면한 가족들이 어떠한 과정을 거쳐서 그것을 성공적으로 극복했는지의 위기극복과정과 위기극복요인을 밝히는 데 있다(Walsh, 2002).

그렇다면 과연 가족이 어떻게 가족적응유연성을 발휘하는 것일까? 가족적응유연성을 좀 더 구체화하기 위해서는 우선 무엇이 가족적응유연성을 구성하는지 그 구성요소를 이해하는 작업이 필요하다. 학자마다 다양하게 가족적응유연성의 구성요인을 제시하였으나, 이 장에서는 월시(Walsh, 1998)가 제안한 가족적응유연성의 개념을 소개하기로 한다. 월시의 개념 틀은 무엇이 가족적응유연성을 발휘하게끔 하는지에 대한 구체적 요인들을 상세하게 설명한다. 이를 통해 어떻게 가족역기능의 위험을 줄이고, 스트레스에 대처하며, 오히려 위기경험으로부터 성장을 도모할 수 있을지에 관한 역동적인 가족과정을 구체적으로 떠올릴 수 있다. 이러한 측면에서 월시의 개념 틀은 가족상담과 치료 등의 상담현장에서 유용하게 활용되고 있다.

월시(Walsh, 1998)는 역경을 극복해내는 가족의 힘, 즉 가족적응유연성이 가족 내에서 어떻게 발휘되는지를 다음의 세 가지 차원, 즉 신념체계, 조직유형, 의사소통과정으로 구분하여 설명하였다. 그리고 세 가지 차원을 활성화시키는 좀 더 세부적인 적응유연성요인들이 무엇인지를 <표 2 - 3>에 제시하였다. 이 각각의 적응유연성 차원을 보다 자세하게 살펴보자.

첫째, 가족신념체계(family belief systems)이다. 신념체계는 세상을 인식하는 가장 중요한 틀이며, 개인의 마음 가장 깊은 곳에 위치한다. 즉, 우리가 세상을 어떻게 바라보고 살아가야 하는지를 좌우하는 중심축으로서 역할을 한다. 마찬가지로 가족단위에 적용되는 신념체계는 가족이 경험하는 모든 것들을 가족원들이 어떻게 인식할 것인지, 그리고 수많은 선택상황에서 과연 무엇을 우선순위에 둘 것인지에 중요한 영향을 미치면서 가족적응유연성을 발휘하는 데 가장 핵심적 역할을 담당한다(정수경, 2010). 따라서 가족이 공통된 신념체계를 공유하는 것은 가족적응유연성을 위해 중요하다. 구체적으로 다음의 세 가지 작용, '역경에 대한 의미 부여하기', '긍정적으로 조망하기', '초월과 영성'은 가족이 공통된 신념체계를 갖는 것을 촉진하며, 이러한 과정은 궁극적으로 가족을 적응유연적으로 이끌 수 있다(Walsh, 2002).

'역경에 대한 의미부여(making meaning of adversity)'란 위기에 직면한 가족들이 위기를 어떻게 해석하고 그것에 어떠한 의미를 부여하느냐와 관련된 과정이다. 예를 들면, 가족이 처한 어려운 상황을 '위기'가 아니라 함께 헤쳐나갈 수 있는 '도전'으로 의미부여한다면, 가족의 위기상황은 가족이 감당할 수 있는 문제가 되면서, 그 의미가 좀 더 명료화된다. 또한 위기에 직면한 것은 우리 가족만이 경험하는 특별한 것이 아니라 어느 가족이라도 살아나가면서 언제든지 경험할 수 있다고 스스로를 위안할 수 있다. 이처럼 가족이 도전해야 하는 과제가 명료화되고 위기를 자연스러운 인생과정으로 받아들이게 되면, 가족들은 위기상황이 초래된 것에 대해 서로 비난하고 죄책감과 수치심을 느낄 필요가 없어진다. 그 대신에 가족원들은 역경을 극복할 수 있다는 강한 신념과 믿음을 가질 수 있다.

'긍정적으로 조망하기(positive outlook)'란 역경에 처한 가족이 좌절과 절망에 휩싸이지 않고 삶에 대해 낙관적이고 긍정적 태도를 유지하는 것이다(양옥경 · 김연수, 2003). 가족원들이 자부심, 확신, '할 수 있다'는 긍정적 신념을 유지한다면, 어려운 상황에 처했을 때 좌절감과 우울감에 휩싸여서 그것에 에너지를 소모하느라 아까운 시간을 낭비하지 않는다. 어려움 가운데에서도 긍정적이고 희망적 부분을 바라봄으로써 가족의 강점을 최대한 이끌어내어 역경을 이겨내기 위한 노력에 가족의 에너지를 집중할 수 있다.

'초월과 영성(transcendence and spirituality)'이란 인생을 살아가는 데 있어서 현재의 것에 얽매이지 않고 삶의 더 큰 가치와 더 높은 목적과 꿈을 향해 나아가는 것을 말한다. 당장 눈에 보이지 않지만 우리 삶을 좌우하는 보다 큰 계획과 비전에 집중하고 그것에 의지한다면, 지금의 어려움과 역경은 어느새 매우 사소하고 아무렇지 않은 일이 되어버릴 수 있다. 비록 아직까지 역경극복을 위한 자원으로서 영성의 가치가 과학적 연구들과 실천현장에서 많이 다루어지지 않았으나, 일부 연구들을 통해 기도, 명상, 교회 등 영적·종교적 자원을 갖는 것이 개인이 치유의 능력을 갖는 데 도움이 된다고 보고된 바 있다(Walsh, 2002).

둘째, 가족적응유연성의 또 다른 구성요소로서 가족조직유형(organizational patterns)을 들 수 있다. 조직유형이란 가족이 하나의 체계로서 얼마나 잘 통합이 되며, 가족이 내적·외적 상황에 적합하도록 가족구조를 얼마나 융통적으로 잘 적응시킬 수 있는지와 관련된다. 가족조직유형은 스트레스와 변화하는 상황에 맞추어 가족이 탄력적으로 재구조화될 수 있는가 여부, 즉 일종의 위기 완충장치로서 충분한 기능을 하는지의 여부를 의미한다(양옥경, 2002 : 141; Walsh, 1998). 이때 완충장치로서의 기능을 효과적으로 수행하기 위해서 구체적으로 '융통성', '연결성', '사회 및 경제적 자원'의 역할이 중요하다.

'융통성(flexibility)'이란 변화와 도전에 잘 적응하기 위하여 서로 돕고, 협동하며, 가족 모두가 책임감을 가지고 리더십을 발휘하는 과정을 말한다. 이 과정을 통해 가족은 실패로부터 다시 일어서며, 그럼으로써 가족을 재구조화한다. 결국 가족은 다시 안정과 영속성을 얻을 수 있다(Walsh, 2002).

'연결성(connectedness)'이란 가족원들이 각각 한 명의 개별적인 인간으로서 가치있는 존재(individuality)인 동시에, 가족에 속한 집단의 구성원으로서 서로가 의존하고 연결되어 있는 존재(togetherness)라는 점을 깨닫는 것을 말한다. 이처럼 '연결성'을 인식하는 것은 개별 가족구성원의 욕구와 차이점을 존중하면서도, 동시에 서로 같은 배를 탄 공동운명체임을 인식하기 때문에 가족구성원들은 상호지지하고, 협력하고, 책임감과 헌신하는 태도를 유지할 수 있다. 특히 '연결성'은 경제적으로나 건강이 취약한 가족구성원이 있을 경우 가족의 기능을 활성화시키고 삶의 질을 유지하는 데 중요하다. 예를 들면, 아픈 가족원이 있다거나 어린 아이들을 보살펴야 할 경우 가족원 간의 탄탄한 유대관계가 더욱 요구된다. 이들의 보호와 양육을 위해서 누군가 혼자의 희생만으로는 가족을 지탱해나가는 것이 힘들다. 나머지 가족원들이 서로 책임감을 가지고 협력하며 더욱 강력한 공동체의식을 발휘하는 '연결성'을 발휘함으로써 가족 모두의 안녕과 건강성을 유지할 수 있을 것이다(Walsh, 2002).

'사회 및 경제적 자원(social and economic resources)'이란, 가족이 문제를 해결하기 위하여 가족 외부로부터의 자원을 활용하는 것을 말한다. 예를 들면, 친구, 친척, 이웃, 지역사회 등으로부터 받는 도움이 이것에 해당한다. 가족은 이러한 외부의 도움을 통해 가족에게는 역부족인 일을 대신해 줄 수 있는 역할모델 혹은 멘토를 찾을 수 있으며, 가족과 일을 조화시킬 수 있는 방안을 찾을 수 있다(양옥경, 2002 : 170; Walsh, 1998).

셋째, 가족적응유연성의 마지막 구성요소로서 적응유연성을 이끄는 의사소통과정(communication process)을 들 수 있다. 가족구성원들이 상호 원활한 의사소통을 할 수 있다는 것은 가족이 잘 기능한다는 분명한 증거이다. 의사소통은 서로가 원하는 것이 무엇인지 알고, 상대방의 감정을 읽을 수 있으며, 갈등을 해결하는 중요한 통로가 될 수 있다. 그러므로 가족 내 의사소통이 잘 이루어지는 것은 가족기능을 활성화하고 가족의 건강성을 지키는 데 매우 핵심적이다.

가족을 적응유연적으로 만드는 의사소통은 크게 다음의 세 가지 특징을 갖는다. '명료성(clarity)', '개방적 정서표현(open emotional sharing)', 그리고 '상호 협력적 문제해결(collaborative problem solving)' 등의 세 가지이다. 가족적응유연성을 발휘하기 위해서는 가족이 모호한 상황을 명확히 정의내릴 수 있는 '명확한' 의사소통능력이 있어야 한다. 의사소통이 애매하거나 왜곡되면 가족들 간에 오해와 불신이 쌓이게 되고, 이것은 스트레스 상황에서 가족갈등을 더욱 증폭시키고 가족을 혼란에 빠뜨릴 수 있기 때문이다(김안자, 2009). 또한 가족 간에 서로 감정표현을 '개방적'으로 할 수 있다는 것은 각 가족원들의 감정을 존중하고, 공감하며, 차이를 존중하는 의미를 갖는다. 이를 통해 친밀감을 느끼고 긍정적 상호작용을 촉진함으로써 가족원들이 서로를 신뢰할 수 있는 토대를 마련할 수 있다. 그리고 이러한 신뢰감은 가족이 어려움에 직면하였을 때 서로 협력하여 역경을 효과적으로 극복할 수 있는 가족역동성을 이끌어낼 수 있다. 문제를 해결하기 위해 가족원들이 브레인스토밍을 하고, 의견을 협상하고 타협하는 과정에서 협력적 의사소통의 힘은 더욱 크게 발휘될 것이다.

결국 가족적응유연성 관점에서 보는 건강한 가족이란, 위기가 전혀 없는 평화로운 가족이 아니라, 위기상황에도 불구하고 성공적으로 대처하여 문제를 해결하려는 노력과 의지를 발휘하는 가족이다(양옥경 · 김연수, 2003). 이것은 가족적응유연성 개념이 누구든지 위기를 극복할 수 있는 잠재력과 자원을 가졌으며, 극복과정을 통해 더 큰 성장을 할 수 있다는 강한 믿음으로부터 출발하였다는 점에서 기인한다. 따라서 가족적응유연성 관점에 의한다면 건강가족이라는 하나의 고정된 이미지가 존재하는 것이 불가능하다. 오히려 가족적응유연성을 발휘하여 위기를 성공적으로 극복하고 가족의 안녕과 건강성을 잃지 않는다면, 어떤 가족이든지 건강가족이 될 수 있다는 점을 강조한다.

가족적응유연성의 관점은 오늘날 우리 사회의 가족정책과 건강가정기본법이 궁극적으로 지향하는 방향과 잘 맞아 떨어진다. 특히 건강가정기본법에서 지향하는 건강가족의 의미가 특정의 건강한 가족형태를 설정하는 데 있는 것이 아니라, 가족이 어떻게 기능하는지에 따라 건강한 가족이 결정이 된다는 데 있다. 이 점을 감안한다면, 건강가정기본법은 자연스럽게 가족이 잘 기능할 수 있는 조건과 환경이 무엇인지에 관심을 두기 마련이다. 가족적응유연성 관점에서 제시하는 적응유연성의 요인들은 건강가족을 이끌 수 있는 조건과 환경이 무엇인지에 대한 구체적 시사점을 제공한다. 따라서 어떠한 조건하에서 가족이 잘 기능할 수 있을지를 살피고, 그러한 환경을 마련하기 위한 노력에 초점을 맞추는 건강가정정책에 가족적응유연성 개념은 매우 유용하다 할 것이다.

〈표 2-3〉 가족레질리언스 구성요소

신념체계

- **역경에 대한 의미부여**
  - ·제휴가치 : 관계에 기초한 레질리언스
  - ·가족생활주기 오리엔테이션 : 역경과 고통의 정상화 및 개념화
  - ·결속력 : 의미있고, 이해할 수 있고, 관리할 만한 도전으로서의 위기
  - ·위기, 고통, 회복의 평가 : 활성화 대 강요된 신념
- **긍정적 시간**
  - ·적극적 주도성과 인내
  - ·용기와 격려하기
  - ·희망과 낙관적 관점의 유지 : 불평등을 극복하는 자신감
  - ·강점과 잠재력에 초점 두기
  - ·가능성 정복하기 : 변화할 수 없는 것 수용하기
- **초월과 영성**
  - ·보다 큰 가치와 목적
  - ·영성 : 믿음, 친교, 의식들
  - ·영감 : 새로운 가능성 계획하기, 창조성, 영웅들
  - ·변화 : 역경으로부터 학습과 성장

조직유형

- **융통성**
  - ·변화능력 : 시간의 경과에 따른 도전에 적합한 복귀, 재조직, 적응하기
  - ·안정성에 의한 평형 : 혼란을 통한 지속성, 의존성
- **연결성**
  - ·상호지지, 상호협력, 책임
  - ·개인적 욕구, 차이, 경계의 존중
  - ·강력한 리더십 : 아동과 상처 입기 쉬운 가족구성원에 대한 양육, 보호, 안내
  - ·다양한 가족형태 : 상호협력적 양육/ 팀 보호 제공하기
  - ·부부/ 공동양육관계 : 동등한 파트너
  - ·고통스러운 관계의 재연결, 재화해 탐색
- **사회 및 경제적 자원**
  - ·확대가족과 사회적 지지의 이동 : 지역사회망
  - ·재정적 안정성 확립 : 직장과 가족긴장의 조화

의사소통과정

- **명료화**
  - ·명확하고 지속적인 메시지(말과 행동들)
  - ·애매한 상황의 명료화 : 진실찾기/ 진실말하기
- **개방적인 정서표현**
  - ·감정의 범위 공유(기쁨과 고통, 희망과 공포)
  - ·상호 감정이입 : 차이에 대한 관용
  - ·자신의 감정, 행동에 대한 책임감 : 비난피하기
  - ·유쾌한 상호작용 : 유머
- **상호 협력적 문제해결**
  - ·창조적인 브레인스토밍 : 자원
  - ·공유된 의사결정 : 협상, 공정성, 상호관계
  - ·갈등해결
  - ·목적에 초점두기 : 구체적인 단계 밟기, 성공 위에 세우기, 실패로부터 배우기
  - ·예방적 자세 : 문제, 위기예방, 미래의 도전에 대한 준비

출처 : 양옥경 · 김미옥 · 최명민 공역(2002). 가족과 레질리언스. 서울 : 나남출판.

2) 가족스트레스 이론 : "스트레스를 해결하기 위한 가족의 대처과정에 대한 관심"

가족스트레스 이론은 가족의 위기가 무엇이며 무엇이 가족에게 문제인가를 규명하기보다, 스트레스에 직면하였을 때 그것을 어떻게 다루고 해결해가는가의 과정에 관심을 둔다. 이 점에서 앞의 가족적응유연성 관점과 유사하다고 할 수 있다. 그러나 가족스트레스 이론은 적응유연성이 발휘되는 보호과정의 다이내믹에 좀 더 관심을 둔다는 점에서 가족적응유연성 관점과 다소 차이가 있다. 즉, 가족적응유연성 관점이 가족적응유연성의 구체적인 구성요소를 파악하는 데 초점을 둔다면, 가족스트레스 이론은 가족이 스트레스에 대처하기 위하여 어떠한 자원을 가지고 있으며, 이것을 어떻게 활용하여 위기에 적응적으로 대처할 수 있을지 구체적인 위기적응과정을 탐색하는 데 더 큰 관심을 둔다. 결국 가족스트레스 이론은 위기에 대하여 가족을 보호할 수 있는 보호요인들이 무엇이며, 가족보호의 메커니즘이 어떠한 방식으로 이루어질 수 있는지를 상세히 보여주고 있다. 다시 말해서, 위기에 대한 대처방법으로서 가족보호과정을 논의의 중심에 두고 이를 보다 구체적으로 설명한다.

여기서는 가족학 분야에서 빈번히 활용되고 있는 가족스트레스 이론으로서 이중ABCX(Double ABCX) 모델과 FAAR(Family Adjustment and Adaptation Response) 모델을 소개하고자 한다. 가족단위에서 스트레스에 대한 적응이 어떠한 과정을 통해 이루어지는지를 이 두 가지 모델을 토대로 자세히 살펴보도록 하자.

첫째, 이중ABCX(Double ABCX) 모델이란, 일찍이 힐(Hill, 1958)이 제안한 ABCX 모델을 근간으로 하여, 이것을 수정・발전시킨 것이다. 힐의 ABCX 모델은 가족스트레스에 관한 이론들의 토대가 되었던 것으로서, 가족이 위기상태에 직면하기까지의 과정을 A(가족에게 위기를 가져오는 스트레스원 : stressor event), B(가족의 대처자원 : existing resources), C(스트레스원에 대한 자각 : perception of a stressor), X(가족의 위기상태 : crisis)로써 구조화시켰다. 이 과정은 가족이 위기와 갈등을 유발하는 스트레스원(A)에 직면하였을 때, 이 위기에 대처할 수 있는 가족의 대처자원(B)과 가족원들이 스트레스원에 대해 부여하는 의미(C)가 상호작용을 하면서 결국 가족이 총체적 위기(X)를 만들어간다는 것을 설명한다(Crosbie-Burnett, 2001). 이로써 ABCX 모델은 동일한 스트레스원에 직면한 가족이라 하더라도 가족이 가지고 있는 대처자원과 가족구성원들이 스트레스원에 어떠한 의미를 부여하느냐에 따라 가족이 최종적으로 직면하는 위기상태는 상이할 수 있음을 보여주었다.

이중ABCX(Double ABCX) 모델은 기존의 ABCX 모델의 개념들을 그대로 가져오되, 추가적으로 시간과 환경의 변화를 고려하여 위기에 대한 가족의 적응과정을 좀 더 역동적으로 설명한 모델이다. 이 과정에서 가족 내적 맥락뿐 아니라, 가족을 둘러싼 외부환경 속에서 가족이 얻을 수 있는 대처자원을 고려할 수 있다. 또한 시간이 흐르면서, 위기에 반응하면서 가족에게 누적된 대처행동의 과정과 결과를 다이내믹하게 보여준다는 점에서 기존의 ABCX 모델보다 더욱 흥미롭다는 평가를 받는다(Lavee et al., 1985). | 그림 2-1 | 은 가족이 어떻게 위기에 적응해가는지를 역동적으로 설명한 이중ABCX(Double ABCX) 모델을 도식화한 것이다.

| 그림 2-1 | 에서 보듯이 이중ABCX(Double ABCX) 모델에서 스트레스원은 누적스트레스원(aA : pile up of stressors)을 의미한다. 이것은 시간이 흐름에 따라 위기 전후에 누적되어 쌓인 스트레스원

을 의미한다. 여기서 스트레스가 누적된다는 뜻은 스트레스가 어느 한 시점의 단일자극이 아니라 시간이 흐르면서 스트레스가 또 다른 스트레스를 유발할 수 있으며, 이 때문에 위기상황은 단일한 시점에 단일하게 존재하지 않고 조건과 맥락에 따라 변화할 수 있는 복잡한 과정이라는 뜻을 내포한다.

가족누적대처자원(bB : family adaptive resources) 역시 ABCX 모델에서의 대처자원(B)보다 좀 더 폭넓은 의미를 갖는다. 가족누적대처자원(bB)은 누적스트레스원과 마찬가지로 기존에 가족이 가지고 있는 대처자원 이외에도 가족이 위기 이후 발전시키고 강화시켜서 좀 더 확장된 가족의 대처자원까지 아우르는 폭넓은 개념이다. 이러한 가족누적대처자원은 개인 내적 자원, 가족체계 내 응집성과 같은 가족단위의 자원뿐 아니라 가족 외부로부터의 사회적 지원 등 개인과 가족과 사회의 다층적 맥락으로부터 얻을 수 있는 다양한 자원들을 포함한다.

상황에 대한 누적지각(cC : family definition and meaning)은 가족이 처한 전반적인 상황에 대해 가족구성원들이 어떠한 해석과 지향점을 가지고 있느냐를 의미한다. 이때 전반적 상황이란 스트레스, 누적스트레스원, 그리고 가족이 가지고 있는 자원들을 모두 아우른다. 가족은 상황에 대한 누적지각(cC)과정을 통해 위기상황을 보다 포괄적으로 받아들이고 이해한다. 이러한 과정을 통해 가족이 현재 처한 상황을 정의내리고 이것을 어떻게 받아들여야 할지를 판단할 수 있다.

가족적응(xX : family adaptation)은 가족이 위기와 스트레스들에 대하여 어떻게 반응하였는가의 총체적 결과물을 말한다. 그 결과 가족적응은 부적응(maladaptation)과 성공적 적응(bonadaptation)을 양 끝점으로 하는 연속선 중 어느 한 지점에 위치하게 된다. 부적응이란 가족이 계속적으로 누적되어온 요구와 스트레스에 잘 대응하지 못해서 가족기능과 가족원의 심리적 복지가 훼손된 부정적 결과를 가져온 상태이다. 성공적 적응이란 부적응과 반대로 가족이 스트레스에 잘 대처하고 적응하여 가족기능이 위기를 딛고 균형감을 찾은 경우를 말한다.

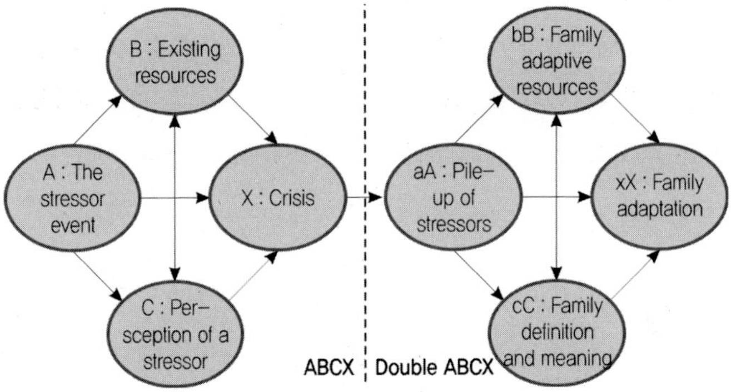

| 그림 2-1 | ABCX 모델과 Double ABCX 모델(Nachshen & Mines, 2005)

둘째, FAAR(Family Adjustment and Adaptation Response) 모델은 위의 이중ABCX 모델과 마찬가지로 위기에 반응하는 가족과정에 초점을 둔다. 그러나 가족의 위기에 대한 반응을 성공적 적응상태에만 국한하여, 이것을 다시 조절(adjustment)과 적응(adaptation)의 두 가지로 나누어 설명하였다는 점에서 앞서 설명한 이중ABCX 모델과 차별화된다(조성연 외, 2009 : 133). 즉, FAAR 모델은 가족이 긍정적 적응상태에 초점을 맞추어, 가족이 조절 혹은 적응에 도달하기 위하여 경험하는 적극적이고 능동적인 과정을 좀 더 자세히 설명하고자 하였다.

FAAR 모델에서 설명하는 가족적응과정이란, 가족이 직면하는 각종 스트레스와 요구들을 가족이 가진 능력(capabilities)으로 다룰 수 있어야 하는데, 이 요구와 능력이 서로 올라갔다 내려갔다 하는 시소작용을 통해 균형감을 찾음으로써 가족이 위기에 적응해 가는 것을 의미한다. 그런데 이러한 요구와 능력 간 균형을 찾으려는 시소과정에서 가족의 의미부여(meanings)기능이 작용하는데, 이것은 가족적응을 위해 매우 중요하다. 의미부여과정은 가족원들이 위기상황을 판단하고, 위기에 대처하기 위하여 개별적 존재로서가 아니라 가족구성원으로서 집합적인 가족정체감을 발달시키면서 단합된 힘을 발휘하는 것을 의미한다. 이러한 의미부여는 위기에 대처하기 위한 시소작용이 균형을 유지하게끔 하는 데 기여한다.

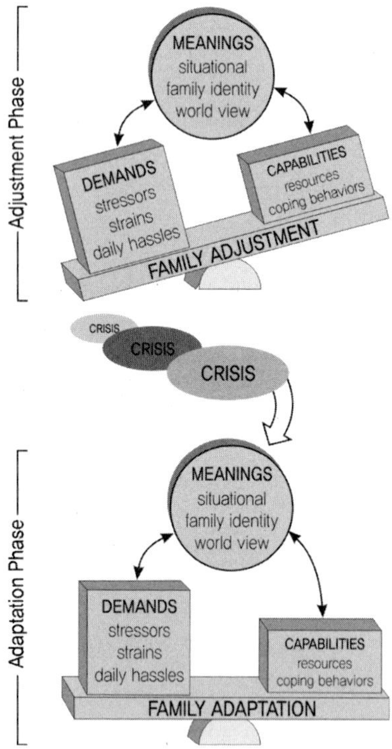

| 그림 2-2 **|** FAAR **모델**(Patterson, 2002)

| 그림 2 - 2 | 는 FAAR 모델을 알기 쉽게 도식화한 것이다. | 그림 2 - 2 | 를 토대로 FAAR 모델의 구성요소를 보다 자세히 설명하면 다음과 같다(Patterson, 2002).

| 그림 2 - 2 | 에서 '가족요구(demands)' 요인은 규범적 · 비규범적 생활사건, 해결되지 않은 채 매일매일 진행 중인 긴장과 불안, 소소하게 성가시게 하는 일 등을 포함한다. '가족능력'(capabilities) 요인은 가족이 가지고 있는 가시적 자원, 심리사회적 자원, 가족이 할 수 있는 대처행동 등을 포함한다. 이때 가족요구(demands)와 가족능력(capabilities)이 개인, 가족, 지역사회 등 다중적 생태체계 맥락에서 다층적으로 발생할 수 있음을 주목해야 한다. 그러므로 FAAR 모델은 가족이 왜 스트레스를 받고 있는지, 그리고 이러한 스트레스에 어떻게 반응할 수 있는지를 이해하기 위해서 가족을 둘러싼 지역사회 및 문화적 맥락까지를 고려하고 있음을 알 수 있다.

가족의미(meaning) 요인은 FAAR 모델에서 매우 중요하다. 이것은 세 가지 차원에서 이루어진다. 첫째는 현재 시점에서 가족요구와 가족의 능력 등 가족의 상황이 어떠한지를 정의하는 차원이다. 둘째는 가족구성원이 가족에 소속이 된 한 개인이자, 동시에 가족의 일부로서 가족정체감을 확립하는 것과 관련이 된다. 셋째는 세계관과 관련된 것으로서 자신의 가족이 외부세계의 체계들과 어떠한 관련성을 맺고 있는지를 간파하는 것이다.

정리하면, 이중ABCX 모델과 FAAR 모델은 가족이 위기에 능동적으로 대처하는 힘에 관심을 두었다는 점에서 앞서 설명하였던 가족적응유연성 이론과 매우 유사하다. 그러나 가족적응유연성 이론이 적응유연성을 이끌어내는 자질, 즉 가족적응유연성을 구성하는 요인이 무엇인지를 규명하고 그 개념을 설명하는 데 좀 더 초점을 둔 반면, 가족스트레스 이론은 스트레스에 반응하여 적응유연성을 일으키게 하는 구체적 과정, 즉 가족단위에서 적응유연성을 유발하는 구체적 메커니즘을 설명하는 데 더 큰 관심을 두었다는 점에서 차이가 있다.

3) **건강가족에의 적용**

가족적응유연성 관점과 가족스트레스 이론들은 건강가족관점을 이해하는 데 매우 유용하다. 이 이론들은 무엇이 성공한 가족이고 건강한 가족인지를 단일한 청사진으로서 제시하기보다, 어떻게 하면 가족이 건강하고 위기에 탄력적일 수 있는지를 설명하고자 하였다는 점에서 건강가정기본법에서 정의한 '건강가족'의 의미와 일맥상통한다. 일생을 통해 어려움을 한 번도 겪지 않는 가족은 없다. 개인과 마찬가지로 가족 역시 살면서 위기와 역경에 직면하기 마련이다. 따라서 가족이 행복감을 찾고 삶의 질을 유지하기 위해 더욱 중요한 것은 역경에 직면하여 어떻게 그것을 극복할 수 있으며, 이를 위해 어떻게 개별 가족의 능력을 강화시킬 수 있는지를 모색하는 일일 것이다.

특히 가족스트레스 이론은 가족의 능력을 강화시키는 보호요인들이 가족 내부뿐 아니라 가족을 둘러싼 환경, 즉 지역사회까지 확장되어 존재함을 밝히고 있다. 이것은 오늘날 건강가족법과 가족정책을 통해 가족 외부의 체계가 가족의 문제에 적극적으로 개입하고 가족에게 서비스를 지원하는 일을 강화하는 것이 가족을 보호하는 자원으로서 충분한 의미가 있음을 학문적으로 증명하는 것이다.

또한 이 이론들은 가족상담과 가족치료, 가족생활교육 등 서비스 실천현장에서 역시 매우 유용하게 사용된다. 무엇이 가족적응 유연성 요인이며, 가족이 위기에 처했을 때 어떠한 보호기제를 통해 가족이 위기에 잘 적응해갈 수 있는가를 설명하는 위의 이론들은 실천현장에서 개별 가족들의 상황에 따라 가족보호요인들을 찾아내고, 이것을 어떻게 활성화시켜서 가족이 역경에 처했음에도 불구하고 잘 기능할 수 있는 방법을 모색할 것인가를 안내하는 데 매우 유용하기 때문이다.

인간은 항상 평탄한 삶을 살 수 없다. 인생에는 우여곡절이 있기 마련이며, 가족의 삶 역시 마찬가지일 것이다. 이러한 맥락에서 볼 때, 위기를 극복하는 과정을 구체적으로 안내해 주는 가족적응 유연성 개념과 가족스트레스 이론들은 가족이 건강함을 유지하고 삶의 질을 증진시키는 데 매우 실제적인 도움을 준다. 어려움에 직면한 가족에게 위기가 반드시 실패를 가져오는 것이 아니며, 그 가족에게 오히려 위기가 기회가 될 수 있다는 희망과 위안을 제공함으로써 가족이 역경에 굴복하지 않고 그것을 헤쳐나갈 수 있는 자원과 능력을 발휘하는 데 좀 더 집중하도록 이끌 수 있다.

CHAPTER 03

가족을 위한 제도 이해하기

CHAPTER 03

가족을 위한 제도 이해하기

1. 가족정책

선거철이 되면 정당 간의 정책을 둘러싼 논쟁이 치열해진다. 정책(policy)을 넓은 의미로 정의하자면, 국가가 국민에게 목적을 가지고 영향을 미치는 모든 활동을 의미한다. 정책을 지칭하는 다양한 용어 가운데, 요즘 매체에서 자주 등장하는 개념을 뽑아보면, 보편적 정책, 선별적 정책, 제도적 정책 그리고 잔여적 정책이라는 말이 있다.

용어의 의미부터 간단히 파악해 보자. 보편적 · 선별적 정책에 관한 내용은 실질적으로 정책이 혜택을 주고자하는 대상을 정해 놓았는지 여부라고 간단하게 정리해 볼 수 있다. 즉, 누구에게 의미있는 정책을 수행하고자 하는가의 문제이다. 보편적 정책의 입장은, 국민 모두를 정책대상자로 파악하고자 한다. 이러한 평등주의 원칙을 강조하는 보편적 제도 아래에서는, 소득이 높아도, 혹은 소득이 낮아도 어떠한 차별 없이 정책의 수혜대상자가 된다. 그와 비교해서 선별적 정책은 사회구성원 중에서 특별히 국가가 챙기고 살펴야 할 대상 - 많은 경우 취약계층 - 이 있다고 전제하고, 그들을 위한 특별한 정책을 표방하는 것을 말한다.

조금 다른 의미를 지칭하는 제도적 · 잔여적 정책은 국가의 모든 활동을 얼마나 법제화했는가를 의미한다고 쉽게 풀어볼 수 있다. 가령 사회정책에 소요되는 비용을 제도적으로 규범화하여 GDP의 일정 비율을 투여하겠다고 정해놓았다고 한다면, 그것은 제도화된 정책의 한 가지 표현이라고 볼 수 있다. GDP의 증가/감소에 따라 복지지출의 절대액수에는 차이가 있을 수 있지만, 적어도 전체생산에서 일정부분을 취약계층을 위한 지출로 확보하겠다는 의지를 표방한 것이다.

잔여적 정책은 이러한 제도적 장치가 명확하지 않거나 존재하지 않는 경우를 말한다. 국가재정이 충분할 때는 잉여자본을 활용하여 선심성으로 취약계층을 위한 지출을 늘릴 수 있지만, 만약에 국가재정이 충분하지 못할 때는 지출비용이 정해지지 않았기 때문에, 임의로 지출규모가 적어지기도 하며, 때로는 아예 지출을 유보할 수도 있다. 또한 제도화되어 있지 않기 때문에 정치적인 환경에 따라 일관성 없는 지출이 이루어질 여지가 있다.

보편적 정책과 제도적 정책이 짝을 이루어 사용되고 있으나, 엄밀하게 따져보면 여러 가지 조합이 가능하다. 국민 모두를 대상으로 하는 보편적 정책을 수행한다고 하더라도 제도화하지 못한 채 잔여적일 수 있으며, 반대로 선별적 정책을 취하면서 그것을 제도화해 놓을 수도 있다. 그러나 현재의 복지국가의 역사적인 변천과정을 살펴보면, 앞으로 복지국가에서 도달해야 할 지점은 국민 모두를 복지수혜의 대상으로 인식하고, 이와 관련된 정책을 제도화하는 방향임에는 분명해 보인다.

이러한 정책에 대한 용어를 접하면서 학생들이 꼭 알아두어야 할 점은 대부분의 경우 사회정책이 정치적인 결정의 산물이라는 점이다. '선택을 한다'는 것은 서로 다른 의견이나 방안들이 있을 때, 하나를 희생하고 다른 하나를 택하는 것을 의미한다. 여러 가지 상호 대치되는 가치관들이 충돌하고, 협상되는 과정을 거쳐서 최종적으로 선택된다. 사회정책은 그 시대의 진리나 정의가 아닌 선택이다(마이클 샌델, 2010).

이 장에서 우리가 살펴보려는 가족정책 역시 예외가 아니다. 가족을 둘러싼 정치적 선택과정을 거쳐서 그 방향성이 결정된다. 어떤 가족이 사회정책의 혜택을 받아야 하는지(할당), 국가는 개별 가족의 복지증진을 위해 무엇을 주는 것이 바람직한지(급여), 국가가 가지고 있는 다양한 자원 가운데 어떤 자원을 투입할지(재정), 그리고 어떠한 경로(전달체계)를 통해 받아야 하는지와 같은 많은 선택의 지점들이 있다(닐 길버트 · 폴 테렐, 2010).

이 장에서는 사회정책의 분석틀을 네 가지로 제시한 닐 길버트와 폴 테렐의 분석 틀(2010)을 활용하여 가족정책의 내용을 검토하고자 한다. 가족정책의 대상과 실질적인 정책적 혜택이 무엇인지는 제1절에서 다루어질 것이다. 제2절에서는 현재 우리 사회에서 가족정책의 전달체계가 어떻게 제도화되어 있으며, 재원조달을 어떻게 명시하고 있는지 법제적 내용을 검토하게 된다. 제3절에서는 가족정책을 실행하는 건강가정지원센터의 기능과 프로그램에 대해 살펴보게 된다.

1) **가족정책, 누가 어떤 혜택을 받게 되는 것인가?**

우리는 모두 가족이다. 엄마와 아빠와 형제들이 함께 살아도 가족이고,
엄마나 아빠 누구 하나와 살고 있어도 가족이다.
할아버지와 할머니와 살고 있어도 가족이며,
삼촌과 이모 혹은 형제들끼리 살고 있어도 가족이다.

심지어 너와 네 강아지가 함께 살더라도
너를 사랑하는 사람과,
혹은 네가 사랑하는 사람과 살고 있다면 그것은 모두 가족이다.

미국 한 아동 프로그램(Sesame Street. www.sesamestreetworkshop.com)에서 등장하는 가족에 관한 노래의 일부분이다. 저자가 처음 이 노래를 접한 것은 1990년대 말이었다. 석사과정에 다니면서 마침 가족에 대한 다양한 이론을 배우고 있던 시기였기 때문에 어쩌면 더 충격이 컸는지도 모르겠다. 우선은, 너무나 논쟁적인 가족학 이슈를 담아낸 이 노래가 유아 프로그램에서 나올 수 있다는 점에 놀랐고, 또한 1990년대 중반에 이미 가족개념이 변화한 미국 사회에 대해 다시 한 번 놀랐다.

앞의 첫 소절까지는 우리가 흔히 떠올리는 가족의 모습과 가히 다르지 않다. 그러나 두 번째 소절 뒷부분부터는 조금 의아하게 생각이 될 수 있다. 왜냐하면 얼마 전까지만 해도 우리 사회에서 이혼한 커플은 이미 가족이 아니며, 부모 없이 살아가는 아이들, 편부모 밑에서 자라나는 아이들은 모두 결손가족, 한마디로 중요한 무엇이 부재한 상황, 불안전한 제도로 인식되었기 때문이다. 물론 최근에 가족을 공부한 사람들은 한부모가족, 조손가족에 대한 소개가 사회 전반적으로 이루어지기 때문에 한부모(조손가족도 포함)가족의 호칭을 부여하는 데 크게 어려움 없이 수긍할 수 있을 것이다.

그런데 소위 그러한 가족들도 우리가 모두 가족이라는 이름으로 품고 간다고 하더라도, 그 뒤 소절부터 등장하는 삼촌과 이모와 살아가는 사람들, 형제들끼리 살아도, 심지어 강아지와 단 둘이 살고 있어도 가족이라는 가사내용에는 고개를 갸우뚱할 수 있다.

그리고 마지막에 가족의 정의에는 "정말 그러한가?", "도대체 우리가 생각하는 가족은 어디까지인가?" 하는 생각이 들 수 있다.

가족정책을 다루면서 느닷없이 이 노래를 소개하는 것은, 우리가 가족을 어떻게 정의하는가에 따라 가족정책의 수혜대상자들이 달라지기 때문이다. 일반적으로 사람들이 생각하는 이상적인 가족은 어쩌면 '가족사진'으로 떠올리는 가족의 모습인지도 모르겠다. 부모 둘 다 등장하고, 아이는 두세 명 정도 등장하며, 종종 할머니, 할아버지도 등장한다. 모두들 웃는 모습으로 행복한 표정을 지은 사진 속의 가족, 그것은 우리의 현실을 얼마나 반영하는가? 가족에 대해 공부하다 보면, 이상적인 가족이 아닌 현실적인 가족, 다양한 욕구를 가지고 있는 가족, 개인과 개인의 합으로 이루어진 집합체가 아니라, 그 자체로 발달하고, 의사결정을 내리며, 선택을 하는 가족들을 보게 된다. 과연 누가 국가로부터 이루어지는 가족정책의 주된 수혜자가 되어야 하는지, 가족정책이 표방하는 목적은 무엇인지, 그리고 어떠한 방법으로 수혜가 이루어져야 하는지 고민하는 시간이 될 것이다.

(1) **가족정책, 누구를 위한 정책인가?**

"정상가족"(The family)과 "다양한 가족들"(Families)의 논쟁

이미 우리는 이론적 접근을 통해 가족을 바라보는 다양한 시각에 대해 공부하였다. 이번 정책과 법제 파트에서는 더 구체적으로 가족에 대한 시각차이가 얼마나 상이한 가족정책으로 구현되는지 살펴보게 된다. 그리고 그 시작점은 매우 원론적인 질문으로부터 출발한다. 과연 무엇이 가족인가?

가족학 내에서도 가족에 대한 뿌리깊은 논쟁이 있다. 바로 정

상가족(the family)/ 다양한 가족(families)에 대한 논쟁이다. 인간 가족의 원형과 그 변형에 관한 이 논쟁이 시작된 역사도 오래되었지만, 그 시발점이 된 인간 가족의 역사는 사실 더 오래되었다.

인류는 진화의 역사를 거쳤음에도 가장 태초의 원형으로서 가족형태를 아직까지 간직하고 있다. 가족이 가지고 있는 본래의 기능과 역할에 관심을 둔 구조기능론에서는 가족형태에 내재된 기능과 구성원의 역할에 주목한다(임인숙, 1999). 그런가 하면, 다양한 가족들을 주장하는 경우는 인구학적 차원에서 예상 외로 우리 사회에 이 태고의 '가족'의 모습을 하고 살아가는 수가 많지 않음을 주장한다. '가족'이라고 인식되는 형태는 하나의 이미지일 뿐 실체는 다양한 모습으로 분화되어 있다고 강조한다(임인숙, 1999). 학생들이 이론 파트에서 살펴본 가족발달이론에서는, 개인이 생애과정을 통해 형태상으로 '정상가족'을 포함한 '다양한 가족'을 경험한다고 보고 있다. 즉, 가족은 그 형태상 고정된 것이 아니라 인간의 삶의 일부로 그 형태 역시 변화하는 역동성을 갖는다는 것이다.

정상가족이라는 말은 다양한 가족이라는 용어가 등장하면서 그 대칭점에서 '설정'된 용어라고 볼 수 있다. 다양한 가족이라는 말이 나오기 전에 가족은 모두 정상가족(the family)이어야 했다. 정상가족의 모습을 가진 경우에만 특별하게 '가족'이라는 이름을 가질 수 있었다. 이 가족이라는 이름을 사용하기 위해서는 몇 가지 전제가 되는 조건이 필요했다. 우선 결혼이라는 과정을 거쳐서 두 남녀가 만나야 하고, 결혼관계 내에서 태어난 혈족관계에 있는 인간관계가 가족으로 인정되었다. 가족은 아버지와 어머니 역할의 분리를 통해 아이들을 양육하는 최적의 상태를 유지하는 가장 작은 단위를 의미하였다. 이러한 형태를 갖지 못한 경우, 가령 결혼 밖에서 출생한 아이, 계부모는 만화영화에서 등장하는 것처럼, 불행한 삶을 살게 되거나, 구박과 핍박을 당하는 '문제있는 가족'으로 그려지곤 했다. 결혼과 혈연의 조건은 정상적인 가족을 이룰 수 있는 필요조건이었던 것이다.

그런데 한번 분석적으로 이 문제를 들여다 보자. 과연 가족사진에서 나타나는 가족처럼 모든 가족원들이 함께 살아가는 것이 현대사회에서는 얼마나 가능한 일인가? 주말부부, 분거가족이 늘어나고, 가족들이 전 세계에 뿔뿔이 흩어져 있고, 이혼과 재혼으로 '헤쳐 모여'를 반복하는 가족들은 모두 문제가 있고, "가족"이라고 이름을 붙일 수 없을까?

이러한 질문이 가능하게 된 것은 우리 사회가 다양한 가족의 존재를 인식하게 되면서부터이다. 다양한 가족이란, 말하자면 앞서 살펴본 '가족'의 모습을 하지 못한 채 살아가는 사람들이다. 그런데 한번 생각해 보자. 다양한 가족의 형태는 현대사회에 들어오면서 갑자기 생긴 것일까? 전통사회에서는 그럼 모두 정상가족의 모습으로 살아왔을까?

실제로 정상가족의 모습은 가장 오래된 가족형태임에는 분명하지만, 보편적이었는가하는 부분에서는 의심을 해봐야 한다. 즉, 남녀가 가족을 이루고 자녀를 생산하는 그 한 시점만 보면, 정상가족의 모습을 띠게 되지만, 과거의 인구학적 사실들을 생각해 보면, 전통가족이라고 해서 이 정상가족의 형태를 한 세대 내에서 지속적으로 유지하며 살았던 것은 아니다(김두섭 · 김정석 · 송유진 · 최양숙, 2006). 오히려 과거에는 높은 사망률로 인해 가족의 해체와 가족원의 결손 및 부재는 더 빈번하게 일어났고, 죽음의 사건은 가족의 일부였다. 과거 사망률이 높았던 시기에는 양부모가 함께 살면서 아이들을 키우는 가족은 얼마 되지 않았다. 전쟁을 겪거나 전염병으로 인해 아버지가 없는 가족, 어머니가 없는 가족은 의외로 그 수가 많았다. 설사 양부모가 다행히 전쟁에 휘말리지 않고, 병으로 사망하지 않더라도, 아동이 부모와 함께 살아가는 기간은 지금처럼 길지 않았다. 자녀가 부모로부터 독립하는 시기가 빨랐기 때문에, 모든 형제자매들이 한집에서 가족의 이름으로 살아가는 기간 역시 의외로 길지 않았다. 가족생활주기로 보자면, 가족의 생성 후 해체까지 20년을 채우지 못하는 경우가 더 많았다고 볼 수 있다(김두섭 · 김정석 · 송유진 · 최양숙, 2006; 한경혜 · 성미애 · 진미정, 2006).

간혹 명절 특집방송을 보게 되면, 5대가 한지붕에서 살고 있는 화목한 가족이 소개된다. 마치 이상적인 가족은 그렇게 친밀한 혈족관계를 갖는 사람들이 모여서 함께 살아가야 화목한 것으로 소개되는 경우도 있다. 그러나 과거의 평균수명을 생각해 보면, 전통사회에서는 꿈에도 꿀 수 없는 상황이다. 양부모가 살아있는 가족, 조부나 증조부와 방계가족이 모두 함께 친밀함을 나누며 살아가는 모습은 과거 전통사회에서도 극히 드문 풍경이었으며, 계층적으로도 그러한 인구학적 혜택을 누릴 수 있었던 일부계층에 국한한 이야기라는 점을 알아둘 필요가 있다.

여러 세대가 공존하는 대가족을 이룰 수 있는 조건은 인구학적으로 제2차 인구변천이 이루어지기 시작한 시기, 즉 사망률이 극적으로 감소하기 시작한 1950년대 후반에서 1960년대 초반에 이르러 가능하였다(권태환 · 김두섭, 2002). 이렇게 여러 세대가 한꺼번에 생존하는 것이 가능해지면서, 종적으로 세대가 나열해 있는 상황을 빗대어 콩깍지 세대(bean pole generation)라고 지칭한다.

한편 한국사회에서는 이혼율이 급격하게 상승하기 시작한 1990년대 후반에 오면서 가족해체와 소규모가족의 문제가 본격적인 논쟁거리가 되기 시작했다(김두섭 외, 2006). 구성원의 죽음만이 가족해체를 가져올 수 있다고 믿었는데, 구성원 스스로 가족을 해체하는 사례가 증가하면서 이혼문제, 한부모가족과 같이 형태는 다르지만 친밀감을 실천하면서 살아가는 다양한 가족을 '더 문제있다'고 보기 시작한 것이다. 이혼으로 인한 가족해체 이외에도 가족을 둘러싼 중요한 변화 - 결혼거부, 가족 내 다양한 차별성의 혼조 - 가 다양한 가족의 논쟁에 포함되기 시작하였다. 바로 가족을 이루지 않는 싱글족의 증가와 다문화가족의 등장이다.

이러한 다양한 가족들의 존재는 개인의 삶에서 결혼을 통한 가족형성이 필수적인 것으로 인식되었던 것과 다르게, '가족 같은' 이미지를 재생산하며 정상가족과 나란히 위치한다. 여기에서 가족 같은 환경은 친밀감과 사랑, 신뢰를 바탕으로 한 인간관계 네트워크를 말한다. 한편 다문화가족의 등장은 가족구성원의 국적이 다르다는 문제를 넘어서서 새로운 논쟁점들을 제공했다. 가족 내에서 그동안 터부시해왔던 계층의 문제, 성차별, 그리고 가족의 자녀사회화 기능의 부재문제가 다문화가족에서는 여과 없이 터져나왔기 때문이다. 정상가족/ 다양한 가족에 대한 논의로 인해 우리가 무엇을 '가족'이라고 부를 수 있는지, 개인과 사회를 연결하는 교두보인 가족을 우리는 어떻게 바라볼 것인지에 대한 끝을 알 수 없는 논쟁이 시작된 것이다.

(2) 가족정책의 등장배경과 가족정책의 정의

사적인 영역인 가족에 대한 국가의 개입은 근래에 갑자기 이루어진 것은 아니다. 가족은 역사적인 사건, 자연환경의 변화에 적응해왔으며, 국가라는 거시적인 체계가 들어선 이후에도 여전히 긴밀한 상호관계에 있었다. 한국의 가족사에서 나타난 바와 같이,

전쟁 후에는 전쟁의 치유가 가족을 통해 이루어졌고, 국가 역시 개개인의 삶에 대한 통제를 가족을 경유하여 수행해왔다(최재석, 1983). 다만, 과거와 달라진 점은 현대사회에서는 가족정책이 등장하면서 국가가 공식적으로 가족의 삶에 개입할 수 있는 창구가 열렸다는 것이다.

그럼 왜 오늘날 가족은 국가, 혹은 공적 영역의 도움을 필요로 할까? 현대사회로 진입하면서, 노동시장환경, 교육환경, 그리고 인구학적 환경은 매우 달라졌다. 전통사회에서는 성역할의 분리로 대표되는 생존전략(남성부양자, 여성돌봄자)이 상당히 적응적인 기제로 작동하였으나, 인구고령화, 여성의 취업으로 인한 맞벌이 환경에서는 더 이상 그러한 형태의 가족이 기능적이지 못한 상황이 된 것이다. 가족이 수행했던 돌봄노동(carework)의 공백이 발생하고, 가족원의 삶 역시 경제상황에 따라 취약해져 사회적 위험이 증가하자, 이를 사사로운 가족의 역량으로는 더 이상 해결할 수 없다는 데 공감대가 형성된 것이 가족정책의 시작이다. 따라서 최근의 가족정책은 과거 국가권력이 가족을 재편성하고, 가치관을 부여했던 방식과는 질적으로 다르다고 할 수 있다. 오히려 공공의 힘으로 함께 가족이 처한 사회적 상황을 타개하고자 하는 노력의 일환으로 이해할 수 있다.

그렇다면 다시 우리의 질문으로 돌아가 보도록 하자. 과연 누가 가족정책의 수혜자가 되어야 하는가?

가족학 내에서 정상가족과 다양한 가족에 대한 첨예한 논의가 있었다면, 이와 유사한 쟁점이 가족정책의 정책단위를 누구에 둘 것인가를 둘러싸고 이루어지고 있다. 즉, 정책초점을 개인에게 둘 것인지, 아니면 가족에게 둘 것인지로 첨예하게 대립하고 있다. 개인을 단위로 정책을 수행해야 한다고 보는 입장에서는 정책에서 특별히 가족형태를 고려할 필요성은 없다고 본다. 개인에게 직접 효과를 주게 되면 결과적으로 가족으로 살아가는 사람들의 삶의 질이 향상될 것으로 본 것이다. 탈가족화 정책의 핵심은 정책의 수요자가 개인이 되어야 한다는 데 있다. 특정 가족단위의 수혜가 이루어지면, 그러한 가족형태를 유지할 수 있는 특정 계층이나 인구집단에 정책혜택이 몰리기 때문에 사회적으로는 양극화가 나타날 수 있다고 보고 있다. 다만, 탈가족화(defamilialization)라고 해도 그것은 가족해체(anti-familism)를 의미하는 것은 아니다.

반면에, 단위로서의 가족을 위한 정책이 따로 필요하다고 보는 입장에서는 가족용어를 적극적으로 사용한다. 간혹 특정 가족형태 - 대부분 양부모와 자녀가 있는 전통적 핵가족 형태 - 를 지키려는 의도로 오해를 받을 수도 있을 것이다. 단위로서의 가족을 위한 정책은 개개인의 합이 가족이 아니라는 점을 강조한다. 최근에 학자들이 주장하는 가족정책의 개념은 사회변화에 보다 적응적인 가족으로 거듭나기 위해 재구조화를 시도하는 노력으로 풀이될 수 있다(이승미 · 송혜림 · 이완정 · 진미정 · 이현아, 2012; 윤홍식 · 송다영 · 김인숙, 2009).

이러한 정의를 보더라도 가족정책은 개인을 위한 정책과는 차별적이다. 사회 내 하나의 단위를 이루고 살아가는 '가족'이라고 불리는 존재를 인정하면서, 그 개별 가족들이 사회변화에 적응하는 데 따르는 갈등과 부담을 줄여주자는 것이 가족정책의 핵심이다. 후기산업사회와 인구구조의 변화에 걸맞은 가족재구조화의 차원에서의 접근이라고 보면 좋을 것 같다.

개인을 위한 정책이든 가족을 - 그것이 정상가족이든, 다양한 가족에 대한 논의이든 - 단위로 하는 정책이든, 국가에서 어떠한 시선으로 개별 가족들을 바라볼지 그 입장을 정리할 필요성은 분명히 있다. 다만, 가족정책의 필요성에 대한 합의와 선택이 이루어지더라도 여전히 이 가족의 정의와 가족정책의 수혜대상에 대한 인식은 쉽게 해결되지 않는 숙제로 남을 것이다. 정책혜택을 둘러싸고 얼마든지 개별 가족들이 그 이익에 대해 정치적으로 첨예해질 수 있다. 그리고 사실상 정책결정이 이루어진 후에는 그 정책이 제시하는 암묵적인 가이드라인으로 인해 정책의 실질적 수혜자가 결정된다는 점에서 소외된 집단을 보듬을 수 있는 방안도 생각해 보아야 한다. 가족정책을 구상한다는 것은 장기놀이에서처럼 수를 앞서 읽어내야 하는 작업이다.

(3) 가족정책의 주요 내용 : 어떤 혜택을 주고자 하는가?

어떤 사회에서는 가족정책이라는 구체적인 용어를 통해 아동양육 전반에 걸친 체계적인 서비스 체계를 발전시켰다. 그런가 하면, 또 다른 사회에서는 가족정책이라는 용어를 사용하지 않았으나 각종 아동양육과 관련한 사회적 지원을 일관되고 체계적으로 구축하기도 한다. 이러한 개별 사회의 다양성을 염두에 두고 가족정책이 어떤 구성을 갖는지 급여내용을 통해 살펴보도록 하자.

일반적으로 가족정책에서 추구하는 급여내용은 전통적인 현물지원(서비스)과 현금지원, 그리고 시간지원 이렇게 세 가지로 구분해 볼 수 있다(홍승아, 2011). 먼저 최근 우리 사회에서 급격히 확산된 현물급여, 즉 서비스 지원에 대해 살펴보자. 그중에서도 가장 이슈가 되어온 대표적인 형태인 보육서비스에 대해 살펴보도록 하자.

① 현물지원의 예시 : 보육서비스

보육서비스는 국가재원을 투입하는 공보육서비스, 국가재원을 일부 투여하는 민간보육지원, 그리고 모든 보육시스템을 시장에 일임하는 완전 민간보육지원으로 구분할 수 있다. 보육서비스가 이루어진 배경은 나라마다 조금씩 다르다. 북유럽의 경우 여성의 취업이 증가하면서, 국가차원에서 여성취업을 지원하기 위한 방편으로 실시되었다. 모성과 아동을 보호하는 의미도 물론 중요하였다. 그러나 보육서비스를 구축해야 했던 더 근본적인 이유는 여성이 출산과 취업을 순차적으로 병행[1]하지 않고, 동시적으로 수행할 수 있도록 국가가 지원을 한 것이다. 특히 북유럽의 경우 완전고용을 통한 사회보장시스템을 구축하고 있기 때문에, 여성의 취업은 이후 연금제도나 건강보험과 같은 사회보장제도를 운영하는 데 상당히 중요한 역할을 하게 된다.

국가차원에서 여성취업을 독려해야 했던 또 다른 이유는 이들 사회의 동거문화(cohabitation)와 관련이 있다. 느슨한 결혼관계를 가지고 있기 때문에, 개인수준에서는 언제든지 관계가 깨질 수 있다는 전제가 설정되어 있었고, 때문에 무엇보다도 개개인의 생계수단의 확보, 주거안정성, 그리고 경제적 독립이 중요했다.

한편 유럽국가들에서 보육서비스가 가족정책의 급여내용으로 활용되는 것을 볼 수 있는데, 그 근본 시발점은 사회화 과정을 조금 더 일찍부터 시작하여, 시민사회에 기여하는 인간형을 양성하는 목적이 있었다(송승민, 2007). 공적 기관을 통한 일관된 교육과

---

1) 일과 가족을 순차적으로 병행한다는 말은 쉽게 설명해서 여성의 M자형 취업곡선을 떠올리면 된다. M자형 취업곡선은 x축을 연령으로 보면 20대 초반까지 여성의 취업률이 상승하고 가족생성기인 30대부터 점차 감소하여, 취업률이 최저에 이르다가 50대 이후 다시 상승하여 이후 은퇴기까지 점진적인 감소를 갖는다는 것을 말한다. 이는 여성의 생애과정을 종단적으로 인식할 때, 직업역할과 가족역할이 번갈아 이루어지는 형상과 같다고 하여 순차적(일 - 가족 - 일 - 가족)으로 이루어지고 있다고 표현한 것이다. 이는 일과 가족 양립이 어렵기 때문에 취업여성들이 취할 수 있는 전략(박경숙 · 김영혜, 2003)이라고 인식하였다.

정을 도입하는 공교육을 만 5세, 최근 들어서는 이 연령대가 만3세로 낮아지면서, 사실상 아동교육은 가정이 아닌 공교육 위주로 이루어지고 있다. 이는 어린 시기에 교육 및 인지능력 함양의 불평등성을 완화하여 생애과정 전체로 누적될 수 있는 교육불평등성을 해소하고자 하는 정책적 의도도 깔려있다.

최근에는 보육서비스뿐만 아니라 가족 내 돌봄노동의 또 다른 분야인 노인돌봄에 대한 서비스까지 가족정책의 영역이 확대되는 추세에 있다. 인구고령화 사회에서 가족은 고령노인에게도 가장 직접적인 환경을 이루기 때문이다. 우리 사회에서도 2008년 이후 노인장기요양보험제도와 재가복지서비스 그리고 노인돌봄에 대한 인센티브 등 다양한 노인돌봄사업들을 전개하고 있다.

② 현금지원

가족정책의 급여에서 가장 오래된 방식은 현금, 즉 가족에게 돈을 주는 것이었다. 특히 아동수당과 같이 현금을 통해 경제적 지원을 하는 형태가 가장 역사가 깊은 급여방법이라고 볼 수 있다. 많은 현금지원 중에서도 특히 아동수당이나 양육수당, 양육지원비는 그 성격상 빈곤·취약계층을 위한 사회지원정책과는 차이가 있다. 빈곤·취약계층에 대한 공적 부조는 어느 특정 집단을 '빈곤하다' 혹은 '취약하다'고 정의하는 사회적 규정이 필요하다. 그래야 그 집단이 빈곤으로부터 벗어날 수 있는 적절한 지원금액을 결정할 수 있기 때문이다.

아동수당이나 양육수당은 인구학적 특성, 즉 아동의 존재 여부 및 연령(보통 만 18세 이하)에 따라 지급하기 때문에 특별한 자산조사가 필요없다. 또한 연금처럼 보험료 기여나 소득수준에 대한 평가 없이도 아동의 존재 여부만으로 수급권이 인정된다는 점에서 대표적인 보편적 제도로 인식되고 있다. 이렇게 직접적으로 현금을 지원하는 아동수당 이외에도 조세나 세금공제혜택을 통한 간접적인 현금지원도 존재한다. 직접 다달이 현금을 지원하는 형태는 아니지만, 연금에서 출산크레딧, 부양가족공제 및 세금감면은 아동이 있는 가족에게 가용한 소득을 확보하도록 도와준다는 점에서 간접적인 지원책이라고 할 수 있다. 이 현금지원과 관련해서는 뒤에 아동수당 부분에서 더 자세히 다루도록 하겠다.

③ 시간지원

세 번째로 가족정책에서 제공되는 급여방법에는 노동시간제도로 대표되는 시간자원을 지급하는 방법이 있다. 탄력근무제, 시간제 근무의 확대, 근무시간 단축, 출산 및 육아휴가제도 실시와 같은 시간관련 정책과 제도를 구축하는 것이다. 대표적으로 육아휴직제도는 육아를 위해 직업역할에 할당할 시간을 가족역할 쪽으로 전환하여 활용하도록 한 정책이다. 노동보다도 가족역할이 개인의 행복에 더 우선된다는 것을 전제하며, 따라서 가족이 새로운 가족원을 키우고 양육하는 동안에는 노동을 보류하면서, 자녀양육을 할 수 있도록 보장해 주어야 한다는 취지가 깔려있다. 부모가 아이양육을 가장 잘 알고, 부모야말로 아동양육에 책임을 질 권리가 있다고 보는 입장이다.

그런데 이 제도에 대한 비판도 따른다. 국가가 개인으로 하여금 자녀양육만큼은 그들 스스로 책임지도록 하는 것으로 보일 수도 있기 때문이다. 즉, 국가가 부모 개개인의 부모권을 인정하는 것으로 보일 수도 있으나, 아주 손쉽게 육아휴직이라는 제도를 활용함으로써 거대한 사회투자 없이, 약간 보조금과 노동권 보장이라는 항목만 가지고도 아동양육이 가능한 환경을 만들겠다는 의미일 수도 있다.

육아휴직제도가 최근이 아닌 사회민주주의가 형성되는 초반에 유행처럼 시도되었다는 데 주목할 필요가 있다. 그 당시에는 주로 여성, 즉 모성보호 쪽에 초점이 맞추어졌다. 정책이 확대되면서 모성위주의 휴가가 주를 이루다가, 가족해체의 증가시기에는 부성에 대한 인식이 커지면서 남성까지 이 휴가제도 속에 참여시키는 양성평등의 모습으로 발전하게 된다. 현재는 북유럽의 육아휴직제도에 대해 부러움의 눈길을 보이고 있지만, 이 제도는 이미 공보육 확대와 함께 축소되고 있는 정책 중 하나이다(Craig, 2005).

학생들은 일, 가족 병행 및 성역할 분리 타파라는 명분을 가지고 육아휴직에 대한 내용들이 소개되고 있다는 점, 특히 시간지원은 부모권을 강조하는 논리와 연관이 있다는 점을 기억하고 있으면 좋을 것 같다. 이에 대한 자세한 소개는 뒤에 국가별 비교에서 더 구체적으로 다루도록 하겠다. 다만, 한 가지 분명한 것은, 우리 사회에서는 제도적으로는 이러한 정책이 존재함에도 불구하고 실천면에서 제대로 실현되지 못하고 있다는 점으로, 그 이유에 대해 고민해 볼 필요가 있다.

육아휴직제도가 가족정책이며, 시간정책의 한 축으로 주요하게 다루어지고 있는 국가들을 보면, 대체로 가족정책을 국가 이외에 민간부문까지 일정 부분 역할을 분담케 하기 위한 논리로 활용되는 것을 보게 된다. 특히 최근의 자본주의가 발달한 국가들에서는 국가가 보육서비스나 현금지원과 같은 형태로 가족들을 지원하더라도, 결국 노동시장 및 기업에서 가족을 고려하지 못할 경우, 다른 어떤 지원책을 내놓아도 별다른 효과를 내지 못한다는 점을 인식하고 있다. 따라서 민간과 기업도 가족을 위한 정책에 일정 부분 기여하도록 독려하는 차원에서 기업이 시간자원을 지원할 것을 강조하는 구도이다.

실제로 프랑스의 경우는 시간정책을 기업뿐 아니라 도시설계에까지 확대하고 있는 추세이다. 기업 출근시간과 보육서비스기관의 시간연계, 초·중·고 교육시스템과 기업 출퇴근 시간의 연계 프로그램들이 바로 그것이다. 이미 우리 사회는 가족친화제도 및 기업복지제도와 각종 사회보험제도를 통해 고용보험에 가입한 가임여성의 출산휴가, 유급휴가를 법제화하였다. 최근 한국통신이나 서울특별시, 그리고 일부 사기업에서 탄력근무제, 재택근무제, 스마트 오피스 제도(근거리 사무실) 등을 활용한 시간정책을 적극적으로 수행하고 있다.

(4) 가족정책의 사례 : 아동수당을 둘러싼 정치성

가족정책이 얼마나 복잡한 개념인지, 어떠한 선택과 어떠한 가치들을 담아내야 하는지는 아동수당을 둘러싼 다양한 논의를 통해 점검해 보고자 한다.

아동수당(child care allowance, home care allowance)은 나라마다 이름이 다르지만, 대체로 아동수당, 양육수당의 용어를 쓰는 경우가 대부분이고, 프랑스 같은 경우는 이를 가족수당이라고 지칭한다. 아동수당의 도입취지는 어린 자녀를 양육하는 가족의 소득보존을 위해 경제적 지원 차원에서 현금을 지급하는 데 있었다. 정의대로 생각한다면, 크게 어려운 개념이 아니다. 그런데 몇 가지를 꼼꼼하게 따지자면, 아동수당을 지급하는 정책을 세울 때 고려할 점이 한두 가지가 아니라는 사실을 알게 된다. 여기에서는 아동수당과 관련된 주요 이슈와 관련된 논쟁들을 살펴보고자 한다.

① 아동수당, 양육수당, 수급권 : 누구의 주머니로 들어가는가?

아동수당의 주요 대상인 아동과 관련된 부분이다. 너무 흔한 질문이지만, 막상 질문을 받고 나면 답을 말하기에 망설여지는 질문이 있다. 아동(child)은 몇 살부터 몇 살까지를 의미할까? 아동의 연령을 어떻게 보는가에 따라 사실상 아동수당의 목적 자체가 크게 달라진다. 아동수당(혹은 양육수당)을 지급할 때 아동은 몇 세까지를 지칭할까? 아동기를 지칭하는 만 5세 이상 만 12세 이하일까? 혹은 아동복지법에 따라 영유아와 청소년까지 포함하는 개념일까?

아동수당은 대체로 수급권리가 아동에게 있다고 보며, 그 아동의 생존권을 확보하면서 빈곤퇴치와 기회균등을 제공하고자 하는 데 정책목적이 맞추어져 있다. 아동수당에서 언급하는 아동은 0세에서 성장기인 만 18세[서구의 경우 만 18세까지 의존적 자녀(dependent child)로 보며, 한국의 경우 아동복지법은 18세 미만, 즉 우리나라 나이로 볼 때 17세까지를 지칭한다]까지 지급하는 것을 원칙으로 하는 국가가 많다.

이와 관련하여 아동수당에 대해서는 다양한 쟁점들이 등장한다. 아동을 위해 주는 경제적 재원이 아동의 복지가 아닌 엉뚱한 곳에 지출되는 것에 대한 우려이다. 아동수당은 아동의 의식주 해결, 교육을 위한 재원으로 사용되어야 하나, 이를 통제할 방법은 사실상 없다. 가령, 아동수당이 가구총소득으로 흡수되기 때문에 실제로 어떤 용도로 사용이 되었는지 확인할 길이 없다. 지급된 아동수당이 성인의 오락이나 식음료비로 쓰였다고 하여도 이를 확인할 방법이 마땅치 않다.

한편 양육수당은 상대적으로 어린 영유아기(0~5세) 아동을 양육하는 경우에 지급하게 되는데, 아동수당과는 약간 의미가 다르다. 양육수당은 영유아를 양육하는 돌봄노동에 대한 대가로 지급하는 것이 일반적이다. 따라서 수급권의 입장에서 본다면, '가족'이 받는 것처럼 보일 수 있지만, 엄밀하게 따지자면, 양육수당은 영유아가 아니라, 영유아를 돌보는 돌봄노동의 주체에게 지급하게 된다.

스웨덴의 경우, 최근에 여성의 취업률 증진과 모성보호의 차원에서 아동수당제(당시는 가족수당제)를 1934년에 처음 도입하였다. 그러나 아동수당제는 아동이 성장할 때까지 지급해야 하기 때문에 국가재정의 입장에서는 부담이 될 수밖에 없었다. 이에 스웨덴에서는 아동수당의 범위를 점진적으로 축소하였고, 그 대신 보육서비스 확대와 양육수당으로 정책이 취업모를 지원하는 방향으로 변모하게 된다. 최근의 법 개정을 통해 스웨덴에서는 양육수당은 여성이 출산으로 취업을 중단했을 때에 대한 경제적 보조의 성격으로 제한하였다. 양육수당을 받을 수 있는 여성은 비취업상태에 있는 영유아를 둔 여성으로 제한하고 있다.

그에 반해 프랑스의 경우, 명칭부터 가족수당으로 같은 현금지급을 원칙으로 하나, 정책목적은 스웨덴과는 조금 상이하다. 자녀를 두 명 이상(대체로 둘째 자녀 이상부터 지급) 양육하고 있는 가족에게 자녀(0~18세)와 관련된 수당을 지급한다. 북유럽과는 아동수당을 주는 조건이 약간 다른 것이다. 실제로 프랑스는 가족수당의 정책목적이 여성의 취업률보다는 출산력을 증가시키는 데 강조점이 있었기 때문에 자녀의 수가 아동의 연령이나 여성의 취업 여부보다 더 우세하게 고려되었다.

② 아동수당 지급단위 : 누구에게 유리한가?

아동수당을 지급하는 단위에 대한 논쟁은 정책차원에서 아동에 대한 정의보다 더 뜨거운 감자이다. 원칙적으로는 아동에게 지급하게 되나, 경제권을 가지지 못한 아동이 수급을 할 수는 없기 때문에, 아동이 성장하고 있는 적절한 지급단위를 결정해야 한다.

아동과 생계를 같이하는 단위라고 하면 아마도 학생들은 아주 손쉽게 '가족'을 떠올릴 것이다. 부모가 결혼관계에 있고, 그 속에서 태어난 아동을 상상하는 것이 일반적이다. 따라서 부모가 어린 자녀를 키우는 단위, 그러한 가족에게 아동수당을 지급하겠다는 것으로 들린다. 별 문제가 없어 보이지만, 이는 위에서 우리가 살펴본 다양한 가족논의와 충돌한다. 한부모가족, 조손가족은 아동수당을 받는 수급권 단위에서 제외시켜야 하는가? 혹은 그들도 아동과 생계를 공유하는 단위이니 모두 아동수당을 지급해야 할까?

여기에는 두 가지 딜레마가 있다. 만약 가구의 구성에 관계없이 아동을 키우고 있는 모든 가구에 아동수당을 지급한다고 하면, 이는 다양한 가족형태를 그 사회가 인정한다는 것을 의미한다. 그렇게 되면, 일반적으로 생각되는 한부모가족과 조손가족은 물론이고, 동거가족 내의 아동, 미혼모와 그 자녀, 동성애가족에 입양된 아동까지 모두 포함할 것인지를 고민해야 한다. 또한 하나의 가구에서 살아가는 모든 아동에 초점이 맞추어진다면, 아동 하나마다 아동수당을 지급할 것인지, 아니면 다산을 고려해서 일정 수 이상의 아동이 있는 경우에만 아동수당을 지급할 것인지도 생각해야 한다. 여기에는 추가출산이 가능한 가구(부부가구)와 그렇지 못한 가구(한부모가구, 조손가구)의 형평성은 어떻게 할지도 고민해야 한다. 인구구성에서 그에 맞는 재원확충도 필요할 것이다.

그런데 가족의 범위를 정상가족으로 좁히게 되면, 정책은 '특정한 형태의 가족'에게 혜택을 주는 형식을 띠게 된다. 약간 억지 같은 느낌도 있으나, 아동수당을 받기 위해 어떤 경우는 이혼이나 별거를 꺼려서 가족해체를 일정부분 막아내는 효과를 가질 수도 있다. 또한 재원조달 면에서도 모든 가구에게 지급하는 것이 아닌 특정한 형태적 조건을 가진 가족만 지원하기 때문에 국가입장에서는 재원확보 면에서 유리할 수 있다. 다만, 애초에 아동수당이 가지고 있는 본래의 정책취지, 즉 아동의 빈곤해소에는 별 도움을 주지 못할 수 있다. 왜냐하면 빈곤아동, 취약아동은 양부모가 생존해 있는 핵가족 형태보다는 다양한 가족형태에서 살아갈 가능성이 높기 때문이다. 아동수당의 대상을 다양한 가족으로 확장할 것인지, 혹은 핵가족에게만 그 혜택을 지켜낼 것인지의 문제는 결국 어디까지를 아동수당의 혜택을 받는 '가족'으로 인식할 것인지에 대한 정책인식의 지표가 된다.

③ 얼마나 지급해야 아동빈곤이 해소될 수 있을까?

세 번째 이슈는 아동수당의 금액을 어느 정도 수준으로 지급할 것인가, 즉 적절성의 문제이다. 과연 아동수당은 그 액수가 어느 정도가 되어야 애초에 정책목표였던 아동빈곤문제, 아동의 다양한 권리문제가 해결이 될까? 특히 아동수당(혹은 양육수당)과 관련해서는 아동수당을 반대하는 목소리 중에서 여성학계의 주장을 살펴볼 필요가 있다. 아동수당은 아동의 빈곤퇴치를 위해 고안되었으나, 또한 아동을 양육하는 대상에게도 경제적 혜택이 가도록 하는 정책적 배려이다(홍승아, 2011).

특히 양육수당처럼 돌봄노동 자체에 보상을 하는 경우 아이를 양육하는 여성이 아동양육의 책임을 도맡고 있다고 해석될 수 있다. 즉, 여성의 생애과정에서 특정 시기에는 아동양육에 할애하라는 무언의 메시지를 주고 있는 것이다. 아동수당의 급여수준이 어떻게 되는가에 따라 여성은 노동시장에서 소득활동을 할지, 아니면 출산을 통해 아동수당을 받을지 선택의 기로에 서게 된다(윤홍식 · 송다영 · 김인숙, 2011). 여성학계에서 아동수당이나 양육수당을 결정할 때 제기하는 문제가 바로 여기에 있다. 양육수당이나 아동수당은 여성의 취업의지는 꺾으면서, 전통적인 성역할을 강요하는 결과를 초래하게 될 가능성이 있다고 본 것이다. 따라서 아동수당은 여성의 취업을 독려하면서도, 급여수준 자체가 아동의 빈곤을 해소할 수 있는 적정수준이 되어야 한다는 아주 어려운 문제에 봉착하게 된다.

아동수당의 액수문제는 또한 노인정책이나 청년정책과 정면충돌할 여지가 있다. 사회가 아동의 빈곤을 해소한다는 좋은 취지를 가지고 있다고 하더라도, 결국 수혜를 받게 되는 아동이 크는 가족은 가족생활주기(family life cycle)상 가족형성기나 양육기에 속하는 '젊은 가족'이다. 반면에 노인으로만 이루어진 단독가구는 이러한 아동수당을 받는 혜택에서는 제외가 될 수밖에 없다. 또한 미혼의 싱글집단 역시 아동수당에서는 제외되는 인구집단이다. 최근의 대표적인 인구학적 변화 가운데 하나가 인구고령화로 인한 노년층의 증가와 단독가구의 증가이다.

결국 사회가 아동수당을 지급한다는 것은 이러한 노년층과 미혼집단에게 할당될 수 있는 가용자원을 다른 집단에게 제공한다는 것을 의미한다. 이 때문에 노년층의 정치적 파워가 커지면 아동수당에 대한 논의는 묻혀버리는 경향이 있다. 선거권이 있는 유권자의 수로 보면, 노년층이나 자녀가 없는 집단, 혹은 미혼자집단을 결코 무시할 수 없기 때문이다. 아동수당에 대한 논의가 조심스러워지는 이유는 바로 이러한 정치적 이해관계와 결부되기 때문이다.

④ 아동수당 이외의 대안모색 : 다른 방법들은 없을까?

네 번째는, 아동수당의 본래 취지와 관련된 이슈이다. 아동의 빈곤퇴치와 질 좋은 양육보장을 위해 아동수당이라는 현금급여 외에 다른 대안은 없을까? 그럼 미국이 겪었던 내용을 잠시 살펴보도록 하자.

미국의 경우 AFDC(Aid to Families with Dependent Children)가 철회되고 TANF(Temporary Aid to Needly Families) 체제가 된 후 근로연계세제가 강화되면서, 아동수당제도를 크게 손질한 바 있다(Seccombe, 2008). 미국에서 처음 아동수당제도라는 현금급여제도를 실시한 이유는 전쟁 후 늘어난 사별가족들의 생계를 보장하기 위함이었다. 과부법[widow(er) act]이라고 하여, 전쟁에 나간 남편을 사별한 부인들 가운데 경제적으로 독립하기 어려운 가족에게 경제적 지원을 한 것이 시초였다. 이것이 AFDC라는 제도로 개편 시에 편모에게만 지급하던 수당을 편부, 조부모 등 그 수혜자들을 넓히기 위해 '가족(family)'이라는 말로 대체하게 되었다. 이 제도는 아동이 있는 가족에게 아동의 수만큼 가산하여 수당을 지급하는 것이었다. 출산한 아동의 수가 많으면, 아동수당도 늘어나는 구조였다고 이해할 수 있다. 이 정책의 취지는 아동을 둔 가족에게 경제적 혜택을 줌으로써 그 경제적 자원이 결과적으로 아동의 복지를 위해 쓰일 것을 가정하였다.

그런데 이 AFDC 체제가 장기적으로 지속되면서, 일부 계층에서 아동수당을 받기 위해 근로를 포기하고 출산에만 집중하는 양상을 보이는 현상들이 관찰되기 시작한다. 특히 이민자나 미국의 취약집단들은 AFDC 체제를 이용하여, 자녀 수를 늘리면서 복지혜택을 연장하는 현상까지도 관찰되었다. 이러한 제도적 병폐에도 불구하고, 실제로 AFDC는 아동빈곤을 구제한다는 명분이 있었기 때문에 쉽게 개선되지 못했다. 이후 다양한 개선안들이 발표되고, 출산이 아닌 근로를 장려하는 방안들이 마련되지만 커다란 틀이었던 빈곤가족에 대한 배려를 쉽게 포기하기는 어려웠다. 한편 클린턴 정부에 이르러서 이 AFDC 체제를 대폭 수정하여 TANF 체제를 수립한다. TANF 아래에서는 생애과정 동안 빈곤층으로 받을 수 있는 복지혜택을 5년 이내로 축소하였고, 실제로 복지수혜를 계속하기 위해서는 근로를 해야 하는 의무가 주어진다. 심지어 TANF 체제에서는 한 가족에서 부양아동으로 지정할 수 있는 수를 제한하여, 빈곤층의 무분별한 출산도 제한하고자 하였다. 실제로 AFDC 때보다 모든 면에서 복지수혜를 제약하는 정책적 장치가 많이 활용된 제도이다.

이렇게 현금지급이 갖는 조세적인 부담, 근로의욕 상실과 같은 부작용을 생각하는 경우는 직접적인 수당지급보다 간접적인 세금정책을 통해 유사한 효과를 낼 수도 있다. 가장 대표적인 것이, 부양가족 공제제도나 EITC(근로연계세제)에서 아동수당지급정책을 통해 아동을 둔 가족들에게 연 단위로 경제적 혜택을 주는 정책들이다. 실제로 아동수당제 도입을 반대하는 일각에서는 기존의 조세제도를 적극 이용하여 조세를 통한 아동수당 지급효과를 낼 수 있다고 보고 있다. 하지만 이러한 EITC(근로연계세제) 세제 혜택은 주로 정규직 근로자인 경우, 근로소득에 대한 신고와 정산이 수월한 경우는 가능하나, 자영업자, 비정규직 종사자의 경우는 파악이 어렵다는 점에서 문제가 있다. 그리고 아동빈곤의 타깃계층은 결국, 소규모 자영업자, 비정규직 근로자의 가족으로 살아가는 아동이기 때문에, 이러한 세제를 통한 조치는 정규직을 가지고 있는 중산층 위주의 정책으로 인식된다. 따라서 EITC를 강조한다는 것은 전반적으로 정규직 근로자의 양성을 강조하면서, 중산층을 키우고자 하는 암묵적인 의도와 함께 공존하는 제도라고 볼 수 있다.

현금급여 혹은 조세제도를 활용한 재정적 혜택을 주는 것 이외에도 현물, 바우처(예 식료품 카드) 혹은 기회 등 다양한 방식으로 이루어질 수 있다. 현금지급과 대치되는 지점에서 논의되는 대안에 바로 현물서비스인 보육서비스(child care service)가 있다. 영유아에 대한 보육서비스 제공은 국가가 직접 현금으로 아동양육을 보상하지 않는다는 점에서 아동수당과는 매우 다르다. 그러나 국가가 무상으로 보육을 담당해 주는 대신, 여성이 취업을 통해 소득을 얻도록 하기 때문에, 빈곤퇴치의 방법으로는 더 효과적일 수 있다는 평가도 존재한다(Secommbe, 2008). 또한 최근의 보육은 돌봄의 개념을 넘어서서 교육적 요소를 더 첨가하는 방향으로 나아가고 있다. 즉, 빈곤층 아동에게 시기에 맞는 교육급여를 함께 실시한다는 점에서 빈곤의 대물림을 해소하는 데에도 도움을 준다. 이러한 이유로 최근에는 아동수당과 보육서비스를 동시에 제공하는 사회가 증가하고 있고, 실제로 일부 북유럽국가는 아동수당보다 보육서비스에 더 큰 강조점을 두는 경우도 있다.

이와 같이, 아동수당이라는 가족정책이 얼마나 다양한 이슈나 사회적 쟁점들과 연결되어 있는지 살펴보았다. 다음에서는 다양한 국가에서 아동양육과 관련된 가족정책의 종류에 대해 살펴보도록 하겠다.

2) 북유럽 3개국의 가족정책 소개

사회복지국가 유형론으로 유명한 에스핑 - 앤더슨은 최신 저작에서 "사회복지국가의 혁신이 아직 끝나지 않았다"고 지적하고 있다. 에스핑 - 앤더슨은 탈시장화와 계층성을 두 축으로 하여 복지국가의 유형을 주창한 학자이다. 에스핑 - 앤더슨의 유형론에 입각하여 사회민주주의 레짐, 시장자유주의 레짐, 그리고 조합주의 레짐을 외운 것을 기억하는 학생들이 아마도 많을 것이다. 이 에스핑 - 앤더슨의 유형론에 따르면, 스웨덴이나 북유럽의 일부 국가들은 사회민주주의 레짐으로 구분되며, 가장 선진적인 복지정책과 시스템을 보유하고 있는 국가들로 소개되고 있다. 그런데 이 국가들조차도 에스핑 - 앤더슨에 따르면 아직 그 개혁의 길이 끝나지 않았다는 것이다.

왜냐하면 복지국가의 정책을 재편함에 있어서 가장 중요한 이슈인 가족과 관련된 문제가 남아있기 때문이다. 복지국가의 목표가 불평등 해소라는 담론으로 집약된다면, 가족 내(within difference)에서 그리고 다양한 가족들 간(among difference)에 나타나는 불평등의 해소가 앞으로 복지국가가 해결해야 하는 주요 과제라고 밝히고 있다. 가족정책은 앞으로 복지국가의 정책에서 가장 핵심적인 사안으로 떠오를 것을 시사하는 대목이다.

아동수당과 보육제도, 그리고 육아휴직과 같은 노동시간정책은 가족정책의 핵심사안이다. 얼핏 보면 이 두 가지는 '가족을 위한' 정책으로 유사점을 나타내지만 위에서 살펴본 바와 같이 보육서비스와 아동수당은 서로가 정책대안으로서 대칭점에 위치하기도 한다. 실제로 각 국가의 사정을 자세히 들여다 보면, 각 사회마다 이 두 가지 정책대안을 두고 신랄하게 대립한 사례들을 살펴볼 수 있다. 또한 아동수당과 보육정책을 시행한 시기도 국가마다 약간씩 달랐고, 그러한 시차에서의 다양성은 결과적으로 복지국가 내에서도 다양한 유형을 초래하였다. 이처럼 정책적 차별성이 나타난 이유는 각국마다 인구구성, 가구의 구성, 가족에 대한 담론과 가치관, 여성의 사회활동 참여에 대한 생각, 그리고 부모권에 이르기까지 상당히 다른 입장들을 가지고 있기 때문이다.

| 그림 3 - 1 | 스칸디나비아 3국

이 절에서는 북유럽국가(스웨덴, 노르웨이, 핀란드)의 사례에서 나타나는 주요 가족정책에 대해 살펴볼 것이다. 그런데 이들 세 개 국가도 가족정책을 제도화하는 면에서는 서로 상이한 경로를 걸어왔다. 스웨덴과 덴마크가 서로 유사한 경로를 걸어온 반면, 핀란드나 노르웨이는 제도의 도입시기나 가족정책의 실시배경도 조금씩 다르다. 그리고 실제로 정책효과도 각기 달랐다. 스웨덴과 핀란

드 그리고 노르웨이의 정책도입배경과 당시의 각국의 가족에 대한 담론을 살펴보면서, 실제 이들 국가들이 행하는 정책의 방향성, 즉 탈가족화 - 가족화 정책에 대해 알아보고자 한다.

(1) 여성노동권이 우세한 스웨덴

스웨덴은 우리가 잘 알고 있는 바와 같이 가장 선진화된 복지시스템을 갖추고 있는 국가이다. 스웨덴이 다른 서유럽 및 북유럽국가와 차별적인 부분은 여성취업률이 매우 높다는 점이다. 스웨덴의 복지신화는 완전고용을 통해 이룰 수 있었다. 시민의 완전고용을 통해 얻는 소득은 연금이나 공보험제도를 떠받치는 중요한 수단이 되기 때문이다. 그러나 출산율이 감소하고 인구고령화가 나타나면서 이 복지신화에 위협이 가해졌고, 이를 타개하기 위한 방안으로 인구의 또 다른 절반인 여성의 노동력을 개발하고자 한 것이다. 우리가 주목할 부분은, 과거 스웨덴이 노동력으로 여성노동력을 중요시한 배경이다.

일단 스웨덴은 북반구 맨 위에 자리잡고 있어 타 인종의 이주가 쉽지 않았다. 백야, 서늘한 기후, 겨울에는 일조량이 절대적으로 부족한 점 등의 기후적 특성은 서남아시아나 아프리카의 이주민을 받아들이는 데 어려움이 있었다. 특히 프랑스나 스페인처럼 제국주의 시절에 식민지를 가지고 있었던 국가가 별로 없었다는 점도 북유럽국가들의 공통점이라고 지적할 수 있다.

총인구 750만~800만 정도의 적은 규모로 나라를 꾸려가려니 국민 하나하나가 너무도 소중했을 것이다. 인구이동이 쉽지 않은 닫혀있는 인구집단 내에서 새로운 노동력을 창출하기 위해서는 기존 인구에서 노동하지 않는 인구집단을 개발하는 것이 필요했던 것으로 보인다. 이때 스웨덴은 그들 인구의 또 다른 절반인 여성인구에 주목하게 된다.

스웨덴의 모든 가족정책은 사실상 여성의 노동력 해방을 위한 방향에 초점이 맞추어져 있었다고 해도 과언이 아니다. 0~2세 보육도 출산으로 인한 여성의 노동력 단절을 최소화하기 위해 마련되었다. 출산을 하더라도 이후 재취업을 용이하게 하기 위해 휴직제도를 보편화하고, 취업재교육도 강화하였다. 부모의 육아휴직체제를 갖추고 남성을 아동양육에 끌어들인 것 역시 여성의 노동권을 중요하게 생각했기 때문이다. 이렇게 개별 가족이 "두 사람의 임금을 통해 살아가기(two-income)"를 할 수 있도록 지원함으로써 설령 이혼이나 별거 또는 동거해체로 인해 가족이 해체되더라도 여전히 해체된 개별 가족은 소득을 확보할 수 있는 길이 열렸다. 스웨덴 입장에서 완전고용은 복지국가의 근간인 가족소득의 보장, 연금 및 사회보장체제의 유지라는 두 마리 토끼를 다 노린 것이다.

이러한 이유에서 아동수당에 대한 논의가 불거질 때, 스웨덴 여성들은 아동수당에 대해 매력적으로 인식하지 않았던 것 같다. 스웨덴에도 아동수당이 존재하지만, 이 아동수당을 받을 수 있는 수혜집단은 오직 비취업모, 즉 외벌이 가족에게 부족한 금전적 지원을 목표로 아동을 양육하고 있는 돌봄자에 대한 경제적 보상을 주는 상당히 제한적인 방식으로 지급하도록 되어있다. 그리고 이 아동수당을 지급하는 취지 역시 비취업모의 임금을 지원하는 목적이 아니라 외벌이 가족에서 자라고 있는 아동을 경제적으로 지원한다는 취지가 강하다.

지난 2008년 이후에는 비취업모라도 아동이 주당 15시간 공보육기관을 이용할 수 있도록 지원하고 있는데, 이 역시 외벌이 가족에서 나타나는 경제적 취약성으로 인해 혹여 아동발달에 부정적 영향을 미치는 것을 미연에 방지하겠다는 의지에서이다(백선희, 2011). 이렇게 보면 스웨덴에서는 아동수당을 받는 것이 꼭 좋은 것만은 아니라는 것을 짐작할 수 있을 것이다. 실제로 스웨덴 여성들은 아동수당을 받는 것을 꺼려하는 대신 취업을 선호하며, 전일제 공보육을 더 선호한다고 한다(Kvist, Fritzell, Hvinden & Kangas, 2012). 아동수당을 받는 경우는 대체로 취약계층이거나 혹은 이민자 가족의 여성으로 스웨덴 사회에서 취업에 어려움을 겪는 계층이라고 한다.

(2) 부모권을 강조한 핀란드

한편 스웨덴보다 동쪽에 자리잡은 핀란드는 어떠했을까? 사실 핀란드는 복지제도를 도입하던 시기에, 스웨덴과 마찬가지로 공보육과 아동수당제도가 함께 발달하고 있었다. 그런데 1980년대 초반에 사회민주당이 집권하면서, 공보육을 받지 않는 가족이 공보육을 받는 가족에 비해 동일한 세금을 내고도 혜택이 적다는 점이 논란이 되었다.

부모권의 입장에서 접근해서 본다면, 맞벌이 부부들의 경우 공보육을 이용할 수 있는 본인들이 낸 세금의 일정부분을 저렴한 공보육서비스 이용을 통해 되돌려 받을 수 있는 혜택을 누렸다. 그에 비해 외벌이 가족의 경우 가족 내에 돌봄담당자(주로 여성)가 있었기 때문에, 공보육을 이용하지 않는 경우가 많았다. 사정이 이렇게 되자, 외벌이 가족은 상대적으로 세금을 낸 만큼 보상이 적다는 인식을 하게 된다. 똑같이 아동을 키우는 가족이지만, 한쪽은 공보육서비스를 받고, 다른 한쪽은 그 혜택이 없다고 파악한 것이다. 따라서 이들에게도 경제적 보상, 말하자면 수당이라는 보상이 있어야 한다고 판단한 것이다. 부모권의 입장에서 자녀를 둔 부모가 취업 - 공보육 이용의 경로를 선택하든지 혹은 비취업

- 아동수당 중에 하나를 선택할 수 있는 구조로 재편해야 한다는 담론이 힘을 얻게 된다(홍승아, 2011). 문제는 핀란드는 스웨덴처럼 여성노동을 위한 제도적 기반이 충분하게 발달한 나라는 아니었다는 점이다. 여성들이 노동시장에서 선택할 수 있는 일자리의 종류도 넓지 않았고, 근무여건 역시 일과 가족을 병행하기가 스웨덴에 비해 어려웠다.

대표적인 예를 들자면, 스웨덴 여성들과 핀란드 여성의 근무시간은 현격한 차이가 있었다(Kvist, Fritzell, Hvinden & Kangas, 2012). 스웨덴 여성들의 취업률은 세계에서 가장 높은 수준인 70%를 육박하지만, 이들의 주당근무시간은 길지 않다. 또한 업무수행에서 재택근무와 같은 융통성을 발휘하는 제도도 많이 시행하고 있다. 그에 비해 핀란드에서는 여성의 취업률은 스웨덴에 비해 낮은 수준을 유지하고 있으며, 취업자의 근무시간은 스웨덴에 비해 길다(표 3 - 1 참조).

이처럼 핀란드에서는 여성이 일과 가족을 병행하는 것이 어렵다 보니 취업률은 지속적으로 낮아졌고, 대신에 비취업 어머니들이 선택할 수 있는 아동수당 쪽으로 수요가 몰리는 사태가 벌어졌다. 공보육 대신 아동수당을 선택한 중상위계층은 공보육을 선택하는 대신, 차별화 전략을 쓰면서 아동보육을 민간 및 시장에서 해결하기 시작하였다. 저소득층에서는 가계소득안정을 위해 취업이 필수적인 만큼 취업 - 공보육의 패키지를 선택하는 경우가 많았다. 이러한 이유에서인지, 핀란드 사회는 다른 북유럽 네 개국 어느 나라보다도 0~2세 공보육 비율이 낮다(표 3 - 1 참조).

비슷한 시기에 바로 이웃한 나라에서 벌어진 일 치고는 상당히 차별적이라는 인상을 받을 것이다. 스웨덴과 핀란드가 복지체계에서 다른 길을 걸어가게 된 것은, 그 사회에서 부여하는 가족에 대한 의미가 달랐고, 부모권/ 노동권에 대한 생각도 차이가 있었기 때문이다. 그럼 어떤 일들이 벌어진 것일까?

가족주의가 조금 더 팽배한 핀란드에서는 복지국가체계에 사람들이 익숙해지던 1980년대에 시민의 권리, 특히 부모의 권리가 중요하게 고려되기 시작하였다. 모성을 보호하고, 세금을 내는 부모에게 아동양육에서의 선택권을 부여하자는 것이었다. 반면에 완전노동에 기반하여 사회시스템을 설정한 스웨덴에서는 말하자면 일자리 나누기를 통한 완전고용을 실현하고자 하였다. 남성의 일을 여성에게 나누면서 근무조건을 다변화하였고, 여성들 역시 일을 통해 독립하는 것을 더 중요하게 생각하였다. 이는 노후의 연금 및 건강보험 차원에서 일을 하는 것이 유리했기 때문이기도 하다. 또한 결혼보다 동거가 우선했던 사회였기 때문에 실제로 부모권보다는 경제적 자립을 통한 노동권이 보다 우세했을 가능성도 있다.

어느 정책이 더 좋은 정책인지를 판가름할 수 있는 근거는 없다. 다만, 이러한 정책들이 변화하는 경제상황에서 어떻게 적응했는지는 중요할 수 있다. 2000년대 후반에 들어서 세계화 물결이 전 세계를 강타하면서, 북유럽국가들도 다른 국가들과 마찬가지로 경제적인 위기상황에 봉착하게 된다. 외국계 자본이 들어오고, 자국회사들은 비용문제로 공장을 해외로 이전하거나 매각을 단행한다. 이러한 와중에 제조업 기반의 완전고용신화를 이룬 북유럽국가들도 어려움을 겪게 된다. 바로 대규모 실업사태, 금융위기가 발생했기 때문이다.

가족에 의한 자녀양육을 부모권으로 인정하고 중요하게 생각한 핀란드의 경우 이 상황에서 가족의 1인 부양자 모델을 선호하게 되면서, 남성이 주 부양자가 되고, 여성은 보조 부양자 방식을 선택하면서 여성의 취업률이 하락한다. 그 대신 노동시장을 이탈한 여성들은 임금 대신 아동수당을 받았다. 노동권이 중요했던 스웨덴 사회에서는 남성휴직제도를 더 강화하면서 Two income 부양자 모델을 지켜냈다. 이와 함께, 보육제도도 영유아기까지 더 확대하게 된다.

〈표 3-1〉 북유럽 3국의 아동수당과 공보육(국가보조) 수혜 현황과 결과

	스웨덴	핀란드	노르웨이
조세를 통한 공보육 제도 도입시기 및 배경	1995 0~2세 및 어린 아동을 둔 여성의 취업장려정책	1984 공보육을 이용하지 않는 가족은 아동수당지급	2009 아동의 공보육에 대한 국가의 의무규정 확립
제도 도입순서	공보육(1995) → 아동수당(2008)	공보육과 아동수당 동시 도입(1984)	아동수당(1998) → 공보육(2009)
만 0~2세 공보육 제공 여부/ 이용률(%)/ 계층 간 이용차이	Y/ 59/ N	Y/ 33/ Y	Y/ 53/ Y
만 5세 이상 공보육 이용률(%)/ 계층 간 이용차이	85/ N	66/ Y	78/ Y
아동수당 수혜조건	비취업부모	공보육과 아동수당 중에서 부모선택	선택가능하나 아동수당을 받으면 시간제 공보육 이용을 의무화
공보육 수혜조건	전체부모(비취업모도 주당 15시간 공보육혜택 수혜)(2002)	부모권으로 선택	전체부모로 확대
어머니 취업률(%) 0~2세/ 3~5세	72/ 81	52/ 81	-
어머니 시간제 근로 (주당 30시간 미만) 비율(%)	16	12	26
아동빈곤율(%) (한부모/ 양친)	7/ 2	8/ 3	13/ 2

주) Meagher Szebehely(2012) 재구성.

(3) 핀란드와 스웨덴 사이의 노르웨이

노르웨이는 지정학적으로 스웨덴과 핀란드의 왼쪽에 위치해 있다. 아동수당/ 공보육정책 수행에 있어서 보면, 노르웨이는 핀란드나 스웨덴에 비해 후발주자였다(Kvist, Fritzell, Hvinden & Kangas,

2012). 서유럽국가와 유사하게 3~5세 아이들부터 정규교육을 받는 시스템을 일찍이 도입하였지만, 0~2세 공보육을 도입한 것은 지난 2008년에 와서의 일이다. 노르웨이에서는 공보육 도입 이전에 아동수당을 1998년에 이미 도입하였다. 핀란드와 마찬가지로 부모의 선택권 강화의 차원에서 아동수당을 도입하였다.

노르웨이는 1990년대 후반까지만 해도 공보육, 민간보육 그리고 부모나 친지가 아동을 키우는 형태가 공존해 있었다. 여기까지 보면 노르웨이는 핀란드와 유사한 행보를 걸을 것으로 예상할 수 있다. 부모의 선택권이 증가하면서, 아동보육이 계층적으로 구분되는 경로를 걸을 수도 있었다. 실제로 아동수당을 신청하여 민간보육으로 넘어가는 사람들이 증가하면서 노르웨이 정부는 심한 재정압박을 받게 된다.

이에 노르웨이 정부가 도입한 방안은 아동수당을 줄이는 대신, 시간제로 아이들이 무상으로 공보육 기관을 이용할 수 있게 하는 것이었다. 마침 여성의 사회참여를 강조하는 사회적 분위기가 커져가는 상황이었기 때문에 아동수당 대신 공보육을 선택하는 상황은 여성의 노동시장 참여를 조금 더 용이하게 하는 측면이 있었다. 공보육을 정착시키면서 새로운 일자리 창출도 가능하였다. 노르웨이는 2008년에 이르면서 공보육을 0~2세까지로 확대・실시하고 있다. 아직은 아동수당과 공존하고 있는 상황이지만, 과거 아동수당을 받고자 했던 노르웨이 가족들이 이러한 아동수당과 시간제공보육의 혼합패키지나 전일공보육 패키지를 이용하면서, 영유아의 공보육 이용률도 크게 증가하였다.

노르웨이가 이러한 시간차 정책을 쓰고자 한 것은 공보육 도입에 재정투여가 많은 부담이 있었기 때문이다. 그러나 아동수당과 병행하는 시기에 공보육투자를 게을리하지 않았고, 이후에는 민간보육도 공보육으로 흡수되면서, 공보육을 보다 보편화할 수 있는 길을 만들어낸 것으로 평가할 수 있다. 또한 노르웨이 사회는 부모의 선택권을 존중하면서도 꾸준히 two-income family를 지원하기 위한 기업적 노력을 해왔기 때문에, 공보육 확대로 여성의 사회진출이 확대되는 계기를 마련할 수 있었다.

3) 가족에 관한 이슈와 가족정책을 통한 다양한 해법

> "오늘날 우리가 실천하고 있는 낭만적 사랑은 자본주의의 발명품이라고 할 수 있다. 이 두 관습은 서로 공생관계에 있다. 자본주의의 스트레스를 견디기 위해서는 우리는 낭만적 사랑이 반드시 필요하다. 그 보루마저 없다면, 냉혹한 자본주의의 피폐함에 우리의 내면은 붕괴되고 말 것이다. (하지만) 유감스럽게도 사랑에 대한 우리의 낭만적 이상주의에는 사악한 면이 있다. 낭만적 사랑은 우리를 위험으로부터 방어해 주지만, 동시에 인간의 가치가 경제적 능력에 따라 평가되는 시스템으로부터 해방될 가능성 또한 차단해버린다."
>
> (알랭 드 보통(2012). 『사랑의 기초』 중에서)

(1) 노르딕 3국의 정책과 각국의 가족담론의 차이 : 탈가족화, 가족화, 그리고 탈가족 - 가족 병행형

이러한 세 사례에서 보이는 바와 같이, 복지국가의 정책은 결과적으로 그 사회가 가족과 아동 그리고 부모에 대해 어떠한 가치관을 가지고 있으며, 어떠한 합의를 이끌어내는가와 관계가 깊다.

스웨덴의 정책은 완전고용과 불평등 해소로 집약해 볼 수 있다. 모든 시민이 일을 하면서 스스로 복지정책에 일조하는 한편, 시민들 사이의 다양한 불평등, 성평등, 계층 간 평등을 생애시작단계부터 공보육이 개입하여 이루고자 했다는 데 그 특징이 있다. 스웨덴은 뚜렷한 가족정책으로 공보육을 실시한 것은 아니었으나, 결과적으로 가족의 소득안정을 맞벌이가족의 증가로 이룰 수 있다고 본 것이다. 이는 동거와 같이 가족생활의 주기가 상대적으로 짧은 가족들이 가족해체 이후에도 어느 정도의 경제적 안정성을 담보하는 데 도움을 주었다. 따라서 양극화 해소 차원에서 스웨덴이 걸어온 행보는 분명 중요한 시사점을 던져준다.

핀란드에서는 가족정책의 핵심사안인 아동수당과 공보육이 정면으로 충돌한 사례로 볼 수 있다. 특히 핀란드에서는 일가족 균형의 제도가 제대로 활용되지 못하면서 가족을 중심으로 하는 '신가족주의가 등장'했다고 평가된다. 아동수당을 적절히 이용함으로써 가족의 소득안정성을 이루고, 공보육과 아동수당의 공조체제가 확립되었다. 그러나 핀란드의 이러한 정책은 가족을 위주로 한 계층적 차별화를 촉진시켰다는 비판도 받는다. 아동수당과 민간보육이 활성화되면서, 재가족화 현상이 나타났다. 또한 이러한 재가족화는 계층별로 차별적인 보육제도 이용, 양육방식의 가족화 - 개별화로 이어졌다. 말하자면 개별 가족을 중심으로 하는 사회적 양극화가 확대되는 증후가 발견되고 있다는 목소리도 높다.

〈표 3-2〉 각국의 육아휴직제도

	한 국	스웨덴	노르웨이	핀란드	독 일
자녀 연령	만 6세 이하	만 8세 이하	만 3세 이하	만 3세 이하	만 3세 이하
휴직 기간	부모 각각 최대 1년	부모 합산 최대 480일(약 70주)	출산 육아 휴직 합하여 부모 합산 최대 54주	부모 합산 26주	부모 합산 최대 3년
휴직 급여	출산 전 통상임금의 40% (50~100만 원)	390일은 출산 전 통상임금의 80% 보장, 90일은 하루 3만 원	54주간 휴가 시 통상임금의 80%, 44주 휴가 시 100% 보장	출산 전 통상임금의 70%	실질소득의 67% (41~249만 원)
기타	배우자가 육아휴직 중이면 본인 휴가는 신청거부	부모 각각에게 할당된 60일은 양도할 수 없음	유급휴직 외 무급육아휴직도 1년 사용가능, 자녀 10세까지 근무시간 단축가능	휴직 끝난 후 양육수당 받음	부모 모두 육아휴직 사용하면 휴직급여 2개월 연장지급

출처 : 육아정책연구소 · 보건사회연구원(한국일보 2012. 8. 6) 발췌.

이처럼 핀란드와 스웨덴의 사례는 사회민주주의 복지국가를 지향하는 국가에서도 사회마다 상이하게 나타나는 가족에 대한 가치관에 따라 가족정책이 얼마나 다르게 나타날 수 있는지를 보여주는 좋은 예시가 될 것이다. 또한 가족정책이 다른 사회정책과 충돌하고, 사회적 가치와 역방향으로 갈 여지가 있다는 점도 살펴볼 수 있었다. 그런 의미에서 노르웨이의 사례는 가족주의와 사회정책이 합치점을 찾을 수 있는 가능성이 있음을 시사한다.

이제 우리가 눈여겨 보아야 할 부분은 이러한 각국 가족정책의 결과물이다. 가족정책은 어떤 의미에서든지 국가가 이상적인 가족의 모습에 대한 가이드라인(guide line)을 설정하고 있음을 전제한다. 다시 말해서, 특정한 가족정책을 수행할 때는 국가가 "우리나라 가족들은 이렇게 살아가면 좋겠다"라는 무언의 가치관을 상정하고, 그 부분을 상당부분 염두에 두게 된다. 그렇다면 그것은 얼마나 우리 개개인의 생각, 개별 가족의 생각과 일치할까?

여기에서 이슈가 되는 부분은 국가가 생각하는 보육서비스의 목적과, 개별 가족이 아동을 키우고 양육하는 가치가 과연 합치할 수 있는가에 있다. 그러한 의미에서 우리도 이제는 정책의 효과에 대해서도 주시할 필요가 있다. 국가는 가족정책을 수행함에 있어 그것이 가족에 어떠한 효과를 초래할 것인지 심도있게 고민할 필요가 여기에 있다.

자 그럼, 최근 한국의 가족정책 상황을 한번 점검해 보자. 최근에 국가는 0세에서 만 5세까지 무상보육을 약속하였다. 만약 보육시설을 이용하지 않으면, 양육수당을 준다고 한다. 그런가 하면 0~2세는 무상보육의 대상이기는 하나 가족 내에서 양육되는 것이 바람직하다고 한다. 육아휴직의 기회를 늘려서 한시적이기는 하나 생애 초반기는 부모가 키우는 것이 맞다고 한다. 다 맞는 말이다. 개별 정책은 도대체 어떠한 가치와 어떠한 의미, 그리고 어떠한 결과를 예상하고 이러한 논쟁을 벌이는 것일까?

사회복지분야나 가족학분야에서 많이 등장하는 말이 탈가족화, 가족화 개념이다. 탈가족화는 말 그대로 기존에 가족이 수행하던 역할을 사회화하는 방향을 말한다. 탈가족화는 가족이 가지고 있던 주요 사회적 기능을 사회가 함께 부담하겠다는 취지가 먼저였다. 초기에는 남성의 노동시장 참여가 그러했고, 가사노동의 아웃소싱이 또한 이러한 의미에서 이루어졌다. 최근에는 가족고유의 기능 가운데 미래세대에 대한 양육 및 노약자 돌봄기능마저도 사회로 혹은 시장으로 이전되고 있다. 공보육서비스나 장기요양보험을 통한 요양서비스 확충이 가족의 돌봄서비스의 사회적 이전을 가장 잘 보여주는 예가 될 것이다.

이처럼 가족체계의 주요 기능이 사회로 이전되면서, 말하자면 해당 역할과 분야는 탈가족화로 사회에 이전되면서, 막상 가족은 가족 고유의 모습을 잃어가고 오직 정서적 기능만 남아버리는 결과가 초래되고 있다. 즉, 시스템을 구성하는 구조와 내용 중에서 내용만 남고 구조는 모두 사회로 이전되어, '친밀함과 사랑'만으로 가족을 지탱해야 하는 묘한 상황이 연출된 것이다(함인희, 2013). 따라서 우리는 아주 쉽게 사회가 가족의 문제를 해결해야 한다고 이야기하지만, 이것은 나머지 기능을 모두 사회에 넘겨주고 '사랑' 하나로 가족이 지탱해야 하는 더없이 허약한 상황을 만들 가능성도 있음을 염두에 둘 필요가 있다. 이 논의는 앞서 우리가 가족형태에 대한 쟁점에서 다룬 바 있으니 넘어가도록 하겠다.

가족화 정책은 가족의 고유한 기능을 인정하면서 국가가 이를 더 강화시키는 정책을 수행하는 것을 의미한다. 이는 개인의 삶에서 가족의 우선성이 예상보다 강력하며, 개개인의 삶에서 부모가 되고, 누군가의 배우자가 되어 살아가는 것이 삶을 의미있게 하는데 중요하게 작용하고 있다는 점에서 출발한다. 개인의 삶에서 온전하게 가족역할을 수행하고, 그 속에서 삶의 보람과 기쁨 그리고 슬픔까지 느끼는 것이 인간적인 삶이며, 행복의 원천이라고 본다. 이는 자녀양육에서 부모권을 강조하고, 온전하게 부모역할을 잘 수행하기 위한 사회적으로 합의된 자원, 다시 말해서 아동수당을 강조하는 논리와 연결되는 부분이다(E. Beck - Gernsheim, 2000). 아동수당을 국가가 지급한다는 것은, 아동양육을 개인이 '가족역할'을 통해 수행하도록 하고, 그 대신 국가는 아동을 양육하는 데 일정 부분 기여를 하겠다는 의지의 표현이다(김혜경, 2004). 육아휴직제도 역시 가족화 정책의 하나라고 볼 수 있다. 모성 혹은 부성을 권리로 인식하면서, 국가는 모성 - 부성과 노동권을 보호해 줄테니

책임지고 그 기간 동안 아동을 잘 양육하라는 의미가 담겨있다. 이는 가족의 돌봄기능과 역할을 오히려 강화시키는 정책이라고 볼 수 있다. 다만, 이러한 가족화 정책 혹은 재가족화를 이루기 위해서는 어떤 가족에게 혜택이 가는지 그 쏠림현상 때문에 사회적 이슈가 된다. 국가는 어떠한 의미에서 특정한 형태의 가족에게 아동수당, 육아휴직의 기회를 더 몰아주면서 암암리에 "이러한 가족을 지원하겠다"는 암묵적인 가이드라인을 형성할 수 있다. 혹은 가족화 정책을 지원하면서도 아동이라는 대상 그 자체에 초점을 두고 아동양육에 포커스를 둔 정책으로 만들 수도 있을 것이다.

한편 탈가족 - 가족화 병행의 경우, 말 그대로 탈가족화와 가족화를 적절하게 융합한 형태라고 볼 수 있다. 공보육과 아동수당의 적절한 조합을 이루도록 하는 것이다. 최근의 북유럽의 여러 나라들은 과거 강력한 사회민주주의 체계에서 계층적 차이를 타파하였으나, 최근 들어 개인의 권리에 대한 부분이 강조되면서, 탈가족화와 가족화 정책을 병행하는 움직임이 나타나고 있다.

한 가지, 이 장에서 짚고 넘어가야 할 부분은 바로 과거 사회민주주의 국가에서 탈가족화를 이루고자 한 주요 취지 중 하나가 사회적 계층화를 고착시키는 가족제도를 타파하고자 한 데 목적이 있었다는 점이다. 즉, 평등사회 구현이라는 목표를 이루기 위해 가족 내부로부터 나타나는 다양한 계층화의 모습을 탈가족화 정책으로 무마시키고자 한 노력이 있었고, 최근의 가족화 정책은 오히려 계층화가 이루어지던 과거로 회귀되는 인상을 풍기고 있다는 점이다. 물론 현재 사회민주주의를 실천하는 국가들은 다른 국가에 비해 양극화 현상이 심각하지 않다. 또한 평등사회를 지향하고자 하는 의지 또한 다른 국가들보다 높아 보인다. 그 속에서도 부모권, 개인의 선택권 문제도 중요하게 부각되고 있다. 이를 한꺼번에 해결하기보다는 개별 사회의 요구와 상황에 적절하게 대응하면서 단계적으로 자유와 평등의 문제를 차근차근 해결해나가고 있는 모습을 관심있게 지켜볼 필요가 있다.

특히 스웨덴이나 덴마크의 경우 개인위주의 복지에서 "개인이 가족단위로 살아가고 있다"는 점을 정책이 인지하면서, 정책방향도 가족지향성을 강조하는 방향으로 나아가고 있음에 주목할 필요가 있다. 다만, 이들이 생각하는 가족의 의미는 우리가 생각하는 부부 - 자녀가족에만 국한하지 않는다는 것이다. 보다 다양한 형태, 다양한 모습으로 살아가는 가족을 모두 포함한다. 때문에 이러한 국가들에서조차 새로운 제도와 가족정책으로 어떤 가족이 소외되고 어떤 가족이 혜택을 독차지하는지에 대한 논란이 뜨겁다.

탈가족화 속에 가족화를 이루는 정책이 병행하여 실시될 경우 실제로 누가 정책의 혜택을 받는지 여부가 그 사회의 계층화 수준을 가늠하는 중요한 지표로 활용될 수 있을 것이다. 사회 어떤 계층이 공보육 및 아동수당 그리고 육아휴직에서 이득을 취하는지에 대한 면밀한 관찰이 필요하다. 가령 육아휴직의 경우 우리나라는 다른 어떤 나라보다도 육아휴직 면에서 선진적인 법제를 가지고 있으나, 문제는 이러한 제도의 혜택을 받을 수 있는 경우는 전체 인구의 극히 일부라는 점이다(김유경, 2012). 따라서 그들이 혜택을 고스란히 가져가고 나머지 인구는 방치되어 있다면, 그것은 가족화 정책이 특정 계층을 위주로, 그리고 그 계층의 유지를 위해 쓰일 가능성이 큼을 말해준다.

정책에 대한 평가과정, 정책의 실질적 수혜대상, 그리고 그 결과에 대한 면밀한 탐색이 앞으로 정책도입 시 중요할 수 있다. 가족정책이 '가족에 대한 서비스 제공'에 머무르지 않고 그것이 사회정책으로서 '가족을 인지하면서' 전체 사회의 발전방향과 어떻게 조화를 이루어나갈지에 대한 심도있는 고민이 이러한 탈가족화, 가족화라는 용어 속에 잠재되어 있다.

(2) 1인 가구 등장과 가족정책의 의미 : 돌봄의 공백과 탈가족화 - 가족화 문제 부각

탈가족화, 가족화 그리고 병행형의 과정이 어지럽게 펼쳐지고 있는 현재의 상황은 가족의 돌봄기능에 대한 사회적 담론에서 가장 첨예하게 드러나고 있다. 따라서 최근에 논의되고 있는 돌봄노동에 대한 탈가족화, 가족화 논쟁을 살펴보고, 앞으로 정책이 나아갈 방향을 한번 예측해 보자.

우리가 한국가족의 역사에서 숙지한 바와 같이, 공식적인 사회복지체계가 존재하지 않았던 시기에, 가족은 비공식적으로 개개인의 모든 복지를 책임져왔다. 후손세대 출산, 양성 및 교육의 기능, 경제단위로서 생산의 기능(가내 수공업 및 농업), 교환 및 유통의 기능(물물교환), 그리고 환자나 아픈 가족을 돌보는 기능에 이르기까지, 요즘 말로 복지분야에서 이루어지는 동시성과 복합성(multitasking)을 과거에는 모두 가족이 해왔다고 볼 수 있다. 산업화 이후 사회가 복잡해지고, 도시화가 진행되면서 가족은 그 기능을 하나둘 사회에 이전하게 된다. 교육의 기능은 교육기관에, 경제단위로서의 생산기능은 경제시스템에 이양하고, 가족구성원들은 각자 그 시스템에서 필요한 것을 얻게 된다. 그것이 우리가 앞에서 살펴본 가족변화의 모습이다.

그때까지 가족이 다른 체계와 다른 차별성을 띤 체계로서 존재가능했던 것은 바로 돌봄의 기능만큼은 가족체계만이 할 수 있다는 인식이 있어서였다. 정상가족 이데올로기가 그토록 강하게 유지될 수 있었던 이유도, 가족구성원들은 가족의 보살핌 속에서 가장 행복하다고, 아동은 부와 모가 함께 돌봄을 이룰 때 올바르게 자라날 수 있다고, 그리고 아픈 가족원은 가족의 보살핌을 받을 때 온전해질 수 있다고 믿어왔기 때문이다. 가족이 다른 가족의 기능은 모두 사회에 이전하고도 돌봄기능을 끝까지 보유할 수 있었던 것은, 이 돌봄기능이 가족 속에서 발현될 수 있는 정서적 민감성, 친밀감과 강하게 융합되어 있었기 때문이다. 최근 들어 다양한 가족형태가 나타나고 있으나 여전히 돌봄기능만큼은 가족에게 부여되는 이유도, 사회 그 어떤 조직도 돌봄기능을 수행할 때, 가족만큼 민감하게 반응하고 친밀감을 실현시키기 어렵기 때문이다.

그런데 최근의 1인 가족의 등장과 확대는 개개인이 더 이상 가족이라는 체계 속에서 상호 돌봄의 혜택을 누리지 못하는 상황에 처했음을 시사한다(김혜영, 2012). 1인 가구로 살아간다는 것이 물론 가족생활을 전혀 하지 않는 고립된 개인들을 의미하는 바는 아니다. 또한 모든 1인 가구들이 인간적인 친밀함 부재 속에서, 행복감의 원천을 잃었다는 것을 의미하는 것 역시 아니다. 1인 가구를 형성하고 있더라도, 이들은 가족관계 속에서 살아갈 수 있으며, 충분히 행복할 수 있다.

다만, 학자들이나 정책입안자들이 우려하는 바는 주거와 생계가 독립된 상황에는 돌봄이 필요할 때 자기 스스로가 자신을 돌볼 수밖에 없는 상황이라는 점이다(이현숙, 2011; 조은영 · 조은희 · 김소선, 2010). 개인의 자유를 상징하는 것이 바로 1인 가구이다. 개인의 자유와 독립성은 극대화되었지만, 가용한 자유만큼이나 돌봄이 필요하거나 의존이 필요할 때, 개개인들이 위험상황에 노출

될 가능성은 커진다.

부모사별이나 가족해체로 부모가 어린 자녀를 돌보지 못할 때, 취약계층 자녀가 병든 노부모를 돌보지 못했을 때, 경제적으로 의존적인 이러한 아동과 노인인구는 신자유주의 사회에서 생계가 위협받는 상황이 된다. 부양의지와 능력이 있는 부모를 둔 아동이라도 위험노출이라는 점에서 사정은 크게 다르지 않다. 맞벌이 부부가 저녁시간까지 어린 자녀를 돌보아 줄 사람을 구하지 못해 발을 구르는 안타까운 사연들은 이제는 이상하게 느껴지지도 않는다.

그렇다면 돌봄의 공백은 경제적 의존층, 기능상의 장애를 가진 인구에 국한하는가? 반드시 그렇지만도 않다. 혼자 살고 있는 미혼남성이 갑자기 홀로 있던 자취방 화장실에서 넘어져 머리를 다쳤을 때, 아무도 없는 이러한 상황은 생명마저도 위협할 수 있다(이코노미스트, 2012). 도시에 와서 직장을 다니던 여성이 교통사고로 병원에 입원하더라도 이를 돌봐줄 사람을 구하기 어렵다(이코노미스트, 2012). 독립적인 삶을 살아간다고 하더라도 돌봄의 필요성은 항상 존재한다는 것을 이러한 사례들을 통해 살펴볼 수 있다.

가족이 주거를 공유하지 않고 가구단위로 살아가는 형편이다 보니 상호 돌봄이 필요한 상황에 개개인은 무방비 상태인, 돌봄의 위험에 노출되어 있다. 가족이 잃어가고 있는 이러한 돌봄의 기능을 다시 가족(다양한 가족들)에게서 찾을 것인지, 아니면 이를 타인, 지역사회와 공유하는 형태로 나아갈 것인지 이제 한국사회가 결정할 때가 되었다. 한국사회의 경우 북유럽과는 전혀 다른 가족가치, 그리고 인구구성을 가지고 있다. 지금까지의 상황은 말하자면, 다양한 사회에서 시도해 본 다양한 방식의 돌봄시스템을 테스트해 보는 시기라고 평가할 수 있다.

앞서 에스핑-앤더슨을 언급한 것을 기억하는 학생들이 있을 것이다. 에스핑-앤더슨은 가족정책과 여성정책이야말로 앞으로 복지국가가 더 발전할 수 있는지 혹은 뒷걸음을 칠 수 있을지를 판단하는 기준이 될 것으로 예언한 바 있다(Esping-Anderson, 2009). 이는 한 사회가 가족정책을 통해 사회에 등장한 돌봄의 공백을 어떻게 메우고, 해결할지 여부가 복지국가의 발전을 좌우하게 될 것임을 시사한다.

지니(Gini)계수라는 소득불평등 지표가 요즘 복지수준의 국가별 비교를 할 때 많이 쓰인다. 현재 한국사회는 지니계수상으로 스웨덴 및 북유럽 모델과 미국 및 영국 모델의 중간쯤 위치한다(매일경제, 2011). 지니계수상으로 1에 가까우면 한 사회 내 소득불평등성이 증가하는 것을 의미한다. 반대로 0에 가까운 수치이면 소득불평등성이 적다는 것을 말한다. 이렇게 보면 북유럽국가가 거의 0에 가까울 것으로 예측하지만, 사실 많은 나라들은 0.5보다 적은 쪽에 위치한다. 덴마크가 0.24, 스웨덴이 0.26 정도의 수준이며, 미국과 영국은 이보다 높아서 각각 0.38과 0.35로 보고되고 있다. 한국은 그 중간수준인 0.31이다. 지니계수로 볼 때 우리가 선전하고 있다고 생각할 수 있겠지만, 지니계수가 가장 낮은 국가 가운데 슬로바키아가 있다. 국가 경제수준이 낮고, 전체 국민의 소득수준이 낮아도 지니계수는 낮게 나타난다. 우리 사회는 그동안 꾸준히 국민소득수준이 증가해왔고, 그 와중에 소득분화가 이루어졌다. 지니계수는 바로 그러한 발전상을 말해준다. 그리고 앞으로 이제부터의 한국의 복지방향 여하에 따라 소득격차가 더 증가하는 방향으로 갈지 혹은 소득은 높아지나 양극화는 완화되는 방향일지가 조만간 결정될 것이다.

(3) 우리의 가족정책과 앞으로 나아가야 할 길

우리나라는 현재 어떠한 상황인가? 현재 우리의 가족정책에 대한 자세한 사항은 다음 절인 법제와 서비스 측면에서 더 자세하게 살펴보겠지만, 적어도 한국의 가족정책은 이제 시작단계에 와 있다. 무상보육, 아동수당 등 다양한 가족정책을 이루는 제도도입에 대한 논의가 이루어지고 있다. 이러한 제도는 위에 북유럽의 사례에서 본 바와 같이 개별 사회에서 지각하는 가족의 의미에 따라 정책에서 강조하는 조건, 해결방안, 그리고 정책적 가이드라인이 달라진다.

그렇게 본다면, 과연 우리 사회에서 가족과 가족정책은 어떤 가치를 추구해야 할까? 제도도입을 위해서는 먼저 우리 사회의 인구사회학적 특성, 가족문화의 변화를 잘 읽어내는 작업이 무엇보다 필요할 것이다. 미국이 과거 AFDC 정책을 철폐하고 TANF로 갈아타게 된 가장 근본적인 이유도, 미국의 중간층의 삶의 방식이 과거와 달라졌기 때문이다. 지난 1990년대 초반 클린턴 정부가 들어섰던 시기의 미국의 상황은 미국의 중산층에서 맞벌이 가족의 규모가 급격히 증가했다는 특징이 있다. 즉, 중간계층까지 여성이 취업전선에서 일을 하게 됨에 따라, 취약계층에 속하는 여성들이 일을 하지 않으면서 아동수당을 받아 살아가는 것은 형평성에 어긋난다고 판단한 것이다. 이 예시는 당시 상황의 한 단면에 불과하지만, 적어도 한 사회의 인구사회학적 특성이 정책 형성에 얼마나 중요하게 작용하는가를 여실히 보여준다.

중간계층의 가치와 그들이 주도하는 사회상이 결국은 한 사회의 사회정책 그리고 더 구체적으로는 가족정책을 이룬다고 말해도 지나치지 않을 것이다. 그러한 의미에서 어쩌면 우리는 북유럽이 겪고 있는 것과 같이 기존의 복지사회질서와 맥을 같이하면서도 전혀 새로운 복지제도를 창출하고 창조해야 할지도 모를 일이다. 한국사회가 겪고 있는 변화는 그 속도 면에서나 내용 면에서 어떤 사회와도 다른 독특성을 띠고 있기 때문이다. 때문에 우리의 정치적 상황, 경제적 상태 그리고 사회·인구학적 조건에 대한 면밀한 분석이 요구된다. 이와 함께, 다가올 미래의 복지국가 모습에 대한 청사진을 제시함과 동시에 현재 상황에서 차근차근 밟아나갈 구체적인 실천방안 간에 긴밀한 공조가 필요하다.

쉬어가는 페이지

가족의 축소현상(minimalization), 가족정책의 확장?

1인 가구의 증가와 가족해체, 정말 가족이 사라지는 것인가? 가구와 가족이 동일어로 쓰이던 시대가 있었다. 그런데 1인 가구가 증가하고 있다고 한다. 어떤 의미인가?

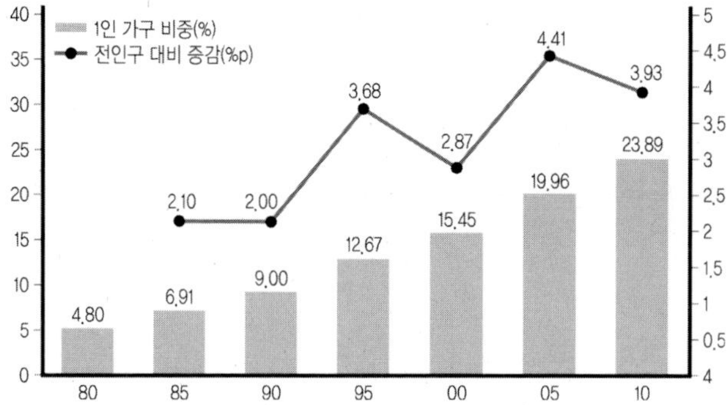

<1인 가구 비중 변화>

출처 : 통계청. 인구주택총조사(2010).

1인 가구는 노년층과 미혼층에서 급격하게 증가하고 있다. 홀로 살아가는 노인, 대학을 다니는 유학생, 가족과 멀리 떨어져 살아가는 기러기 가족이나 주말부부 등이 모두 통계상에서는 1인 가구의 형태로 잡힌다. 1인 가구, 한 사람이 홀로 살아가는 형태가 많아지고, 그 상황도 다양해지면서 더 이상 "가구=가족"의 등식이 성립하지 않게 되었다. 살아가는 단위와 관계를 맺고 있는 단위가 일치하지 않는다는 의미이다. 또한 1인 가구가 모두 단절되어 있다고 판단하는 것도 곤란하다. 이들은 살아가는 단위가 1인일 뿐 다양한 사회적 관계망 속에서 생활하고, 연계되어 있다. 그렇다면 정책은? 단위로서의 가족은 어떻게 파악되어야 할까? 그리고 정책수혜자를 판별해내기 위해 어떤 방법들이 모색되어야 할까?

"… 독신은 이제 더 이상 사회적 고립의 대상도 아니요. 연민을 일으키는 대상도 아니다. 일탈로 간주되지도 않는다. 싱글라이프에 대한 인기가 증가하고 있음은 분명 결혼에 부여하는 문화적 가치가 변화하고 있음을 반영하는 지표이다. 독신을 둘러싼 이슈는 혼인 자체가 아니다. 그보다는 관계 속으로 들어가기를 두려워하는 것이다. 곧 희생과 헌신을 해야 하고, 더불어 자신의 요구 및 욕구와 관계가 요구하는 것 사이에 균형을 유지해야 하는 것이 두려운 것이다."

출처 : 함인희(이화여자대학교 사회학 교수). 가족의 미니멀화 전략과 공공 가족주의의 역설. 일부발췌.

Debate point

무상보육지원의 범위

1) 개별 주장의 장점과 단점을 정리해 보자.
2) 실제로 무상보육을 둘러싼 두 가지 의견 가운데, 본인의 생각과 가장 가까운 논조를 정하여 다른 학생들과 토론을 시도해 보자.
3) 각각의 논조와 의견에서 제시하는 논쟁점과 우선성을 두는 가족의 가치가 무엇인지 기술해 보자.

무상보육지원 범위 축소[2012년 7월 11일 수요일 한국일보(이슈논쟁)]

"올해부터 시행되고 있는 0~2세 전면 무상보육정책이 반년도 안 돼 보육예산의 절반을 부담해야 하는 지방자치단체의 예산 부족으로 중단될 위기에 처하자 정부가 긴급처방을 내놓았다. 이른바 '선별적 지원' 카드다. 고소득층은 지원대상에서 빼고 나머지 계층도 소득수준별로 차등 지원하겠다는 내용이다"(정민승 기자).

한국일보는 이러한 주제로 무상보육의 선별지원을 찬성하는 측(김이석, 시장경제제도연구소 부소장)과 반대하는 측(윤홍식, 인하대 교수)의 글을 동시에 실었다. 과연 여러분은 어느 쪽 의견에 찬성하는지? 수업시간에 토론을 해보아도 좋을 것 같다.

찬성(김이석) : 소득 70% 선까지 지원을 어떻게 선별지원이라고 볼 수 있나. 소득 상위계층의 보육을 위해 조세를 쓸 필요가 있는가? 공보육이 모든 것을 해결할 것이라는 인식 자체가 문제. 가정양육을 활성화할 필요도 있음

무상보육의 선별이라는 것은 소득하위 90%까지 보장하되 소득상위 10%에 대해서는 혜택을 주지 않는 정책을 하자는 것이다. 즉, 국민의 거의 90%가 이 정책에 수혜를 받게 된다. 재정적인 문제로 소득 70%까지로 낮추자는 논의도 나타나고 있다. 핵심은 소득이 높은 계층은 무상보육에서 제외하자는 것이다. (중략)

보육서비스도 여행이나 운송서비스와 마찬가지로 공급자들이 소비자들의 더 많은 선택을 받기 위해 더 저렴하고 질 좋은 서비스를 공급하려고 경쟁하는 환경이 될 때 소비자들의 다양한 필요에 맞게 서비스가 공급된다. 소득상위 10%로서는 무상보육 + 획일화된 서비스 대신 전액부담 + 선택가능성을 얻게 된다.

전면적인 무상보육 확대를 반대하는 또 다른 이유로 자신의 자녀를 스스로 책임지고 키우는 풍토가 저해된다면, 가정의 유대가 약화될 우려가 있다. 어릴 적에는 유모국가가 키우고, 늙어서는 연금국가가 부양하는 구조가 고착되면, 타고난 가족 간의 유대는 남아 있지만 정성을 들여 키운 정이 줄어들고, 부모의 노후문제를 자신과는 상관없는 문제로 여기는 자녀들이 많아질 수 있다.

반대(윤홍식) : 재벌가를 꼬투리 잡아 30% 배제는 비약. 무상과 보편적 복지는 동일한 용어가 아님. 결국은 중산층이 최대 피해를 볼 듯

보편적 복지에 대한 비판의 목소리가 높다. 정치권의 포퓰리즘을 비판하며, 재벌의 손자녀들에게도 보육서비스를 제공하는 것은 공정하지 못하다고 지적하면서 보편적 복지에 대한 정치적 공세를 강화하고 있다. (중략)

역설적이지만 국민들은 재벌 손자녀들이 무상보육서비스의 대상이 되는 것을 불공정하다고 느끼지 않을지도 모른다. 재벌일가의 손자녀들이 함께 이용하는 보육시설이라면 우리 자녀들을 믿고 맡겨도 좋지 않겠는가? 국민들은 오히려 재벌일가의 손자녀들이 우리 동네 보육시설을 함께 이용하기를 바랄지도 모른다. 보편적 복지가 부자와 중산층을 포괄하고자 하는 이유가 여기에 있다. (중략)

더불어 이 기회에 무상보육과 보편적 보육서비스를 동일시하는 인식을 고칠 필요가 있다. 보편적 보육서비스는 단순히 비용만의 문제가 아니다. 보편적 보육서비스는 대한민국 아동 누구나 가구소득, 거주지역, 장애 여부 등과 관계없이 공적으로 제공되는 양질의 서비스를 이용할 권리를 보장하는 것이다. 가구소득이 양질의 공적 서비스 이용을 가로막아서는 안 되며, 아동의 장애 여부가 서비스 이용권리를 제한해서는 안 된다. 비용이 부족한 사람에게는 비용을 지원하고, 시설이 적절하지 못한 경우에는 시설을 보완해 주는 것이 보편적 보육서비스의 핵심이다. 비용은 보편적 서비스를 제공하기 위한 한 가지 요소일 뿐이다. (중략)

부족한 보육서비스 재원을 누가 분담해야 할지는 국민이 고민해야 할 문제가 아니다. 국민은 양질의 공적 서비스를 누릴 권리가 있으며 중앙정부와 지방정부는 이 서비스를 제공할 의무가 있다. 만약 보육서비스 중단이 현실화된다면, 최대 피해자는 중산층을 포함한 대부분의 평범한 국민이며 정부 또한 책임을 면하기 어려울 것이다.

쉬어가는 페이지

우리나라 사람들은 점점 더 바빠지고 있다?, 시간정책에 대한 함의 중 일부

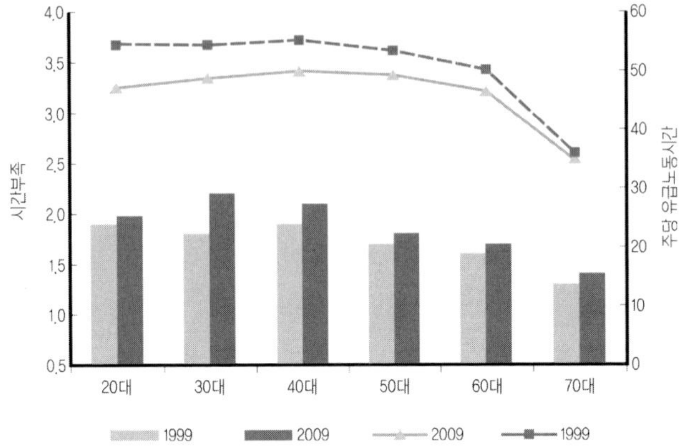

<시간부족인식(막대그래프) 및 주당 유급노동시간(꺾은선 그래프)의 연도별 분포>

출처 : 생활시간자료(1999; 2009) 재구성.

제시된 막대그래프는 연령별 평균 시간부족인식을 나타내고, 꺾은선 그래프는 연령별 주당 노동시간을 나타낸다. 시간부족인식은 모든 연령에서, 1999년도 평균보다 2009년에 이르러 높아진 것을 알 수 있다. 반면에 주당 노동시간으로 표현되는 노동시간은 약간 감소하였다. 2004년 이후 주5일제 근무풍토가 정착되기 시작한 덕분일 수도 있고, 근로시간엄수에 대한 사회적 분위기에 편승한 효과로도 보인다. 이처럼 지난 10여 년간 유급노동시간은 감소해왔지만, 시간부족정서는 오히려 강화되는 상당히 모순적인 상황이 연출되고 있는 것이다.

이것은 두 가지로 설명이 가능할 것이다. 하나는 시간배분에 있어서 노동시간 이외에도 시간부족을 초래하는 또 다른 활동들이 생활세계에서 부각되고 있음을 뜻한다. 가령 여가활동이 많이 개발되면서, 시간활용부분에서 여가가 차지하는 비중이 증가한 점도 시간표상 시간압박을 야기한 원인이 될 수 있다.

그런가 하면, 유급노동시간과 시간부족정서의 관련성이 차츰 벌어지는 현상으로 나타나는 것은 시간부족과 유급노동의 경험이 사회집단별로 층화되고 있음을 시사하는 것으로 볼 수도 있다. 즉, 시간부족현상을 다양한 사회적 조건에 따라 차별적으로 겪고 있고, 이러한 다양화는 시간경험의 스펙트럼이 한 사회 내에서도 예상 외로 넓게 분포할 가능성을 보여준다. 그렇다면 가족을 위한 시간정책은 무엇을 담아내야 할까?

출처 : 한국가족자원경영학회지(2011, 15-2호). 저자의 원고 일부발췌.

2. 가족정책을 담아낸 주요 법률

1) 건강가정기본법은 어떤 법인가?

지난 2005년 우리나라에는 가족정책을 수행하기 위한 법제도로서 건강가정기본법이 제정되었다. 공적 영역이 가족이라는 사적 영역에 대해 적극적으로 개입할 수 있는 기틀을 마련한 것이다. 일반적으로 법제도는 헌법을 중심으로 위계적으로 구성된다. 헌법 아래에 법률, 명령(시행령), 규칙과 조례가 위치하는데, 헌법이 가장 상위에 해당하며, 법률이나 명령은 헌법의 이념을 구체화시키는 행동규범에 대해 명시하고 있다.

기본법이라 함은 위계상 헌법의 구속을 받기는 하나 추상적인 내용에서는 여러 가지 법률을 아우르도록 설계되어 있는 법을 지칭한다. 따라서 건강가정기본법은 가족정책이 갖는 의미를 포괄하면서 구체적인 하위법률과 명령체계를 거느릴 수 있는 포괄적인 성격의 법률이라고 볼 수 있다. 건강가정기본법을 살펴봄에 있어서는 현재 한국의 가족정책이 갖는 의미와 가족정책이 명시하고 있는 범위와 이념을 점검하는 것이 중요하다. 또한 이 법에서 가족정책을 수행하는 주체와 책임소재를 어디에 두고 있는지를 숙지하는 것이 필요하다. 따라서 이 장에서는 현재 건강가정기본법에서 제시하고 있는 가족정책의 주무부서와 책임소재, 가족정책의 하위분야와 사업, 그리고 재원에 대한 규정에 대해 살펴보도록 하겠다.

건강가정기본법은 기본 법률과 시행령 그리고 시행규칙의 세 부분으로 구성되어 있다. 기본 법률에서는 건강가정기본법의 주요 취지와 건강가정정책의 주무관청, 건강가정정책의 내용과 건강가정정책을 수행할 주무부서와 관련내용을 명시하고 있다. 시행령에서는 이러한 정책을 수행함에 있어 더 구체적인 사안들, 가령 건강가정지원센터의 설립규정과 인원구성(어떠한 자격을 가진 사람들이 필요한지) 등의 보다 구체적인 사안들이 포함된다. 또한 시행령과 시행규칙의 별표에서는 건강가정지원센터에서 필요로 하는 다양한 조건들과 서식들이 제공된다. 관련내용과 서식을 곧바로 살펴보기 위해서는 법제처의 법령정보 홈페이지(www.moleg.go.kr)에서 건강가정기본법을 입력하여 내용을 살펴보면, 편리하게 법제의 구성을 알 수 있다. 또한 관련서식도 모두 다운로드 받을 수 있기 때문에 관심있는 학생들이나, 건강가정지원센터에서 업무를 맡고 있는 경우 이러한 서식이용에서 참고할 수 있다.

(1) **건강가정기본법의 취지와 정책타깃**

우리나라에서 가족정책은 어떠한 의미와 취지에서 형성이 되었을까? 건강가정기본법을 만들게 된 취지는 건강가정기본법 제1조와 제2조에서 명시하고 있다. 법의 목적을 살펴보면, 건강가정기본법을 만든 근본적인 이유가 "건강가정을 이루는 것을 국민의 권리로 인식하고, 국가와 정부가 이러한 국민의 권리증진을 위해 책임을 지고, 해결방안을 강구하는 지원정책수행을 위해 계획"되었다고 밝히고 있다. 이로써 우리 사회에는 가족정책이 존재하며, 이러한 정책을 수립하는 주체를 중앙정부뿐 아니라 지방자치단체의 책임으로 구체화시켜 놓았다는 데 의의가 있다.

[제1조(목적)] 이 법은 건강한 가정생활의 영위와 가족의 유지 및 발전을 위한 국민의 권리·의무와 국가 및 지방자치단체 등의 책임을 명백히 하고, 가정문제의 적절한 해결방안을 강구하며 가족구성원의 복지증진에 이바지

할 수 있는 지원정책을 강화함으로써 건강가정 구현에 기여하는 것을 목적으로 한다.

[제2조(기본 이념)] 가정은 개인의 기본적인 욕구를 충족시키고 사회통합을 위하여 기능할 수 있도록 유지·발전되어야 한다.

또한 제2조의 기본 이념에서 가족정책은 개인의 기본적인 욕구를 충족함과 동시에 사회통합을 위해 기능해야 함을 이념으로 삼고 있다. 가족정책은 기타 다른 법률이나 사회적 바람직성을 실천함에 있어 이바지할 수 있어야 한다는 것이다. 가족이 사적인 영역으로 가족원의 이익을 보장하는 것을 넘어서서 사회적 가치를 실천할 수 있는 장이 되어야 함을 밝히고 있다(김미숙, 2008). 후기현대사회에서 가족을 형성하는 가장 중요한 키워드를 '친밀감'으로 정의한다면, 이 친밀감 실현이 가족구성원과 가족체계내에 국한하지 않고, 사회적으로 확대될 수 있음을 시사한다.

그렇다면 이 법률에서 말하고자 하는 가족정책의 수혜대상은 누구인가? 일반적으로 개별 법률에는 법문에서 사용하는 단어의 용어를 서두에서 정의하고 있다. 따라서 법제를 공부하고자 하는 학생들은 법문 서두에 있는 용어정의를 꼭 숙지하고, 이후 법문을 읽어나가도록 하자. 건강가정기본법에도 제3조에 곧바로 건강가정의 의미와 가족의 의미에 대해 기술하고 있다.

[제3조(정의)] 이 법에서 사용하는 용어의 정의는 다음과 같다.

1. "가족"이라 함은 혼인·혈연·입양으로 이루어진 사회의 기본 단위를 말한다.
2. "가정"이라 함은 가족구성원이 생계 또는 주거를 함께 하는 생활공동체로서 구성원의 일상적인 부양·양육·보호·교육 등이 이루어지는 생활단위를 말한다.

건강가정기본법에서 명시하는 가족정책의 기본 단위는 위에서 언급한 혼인이나 혈연 혹은 입양의 방식으로 이루어진 가족이 그 핵심단위를 이룬다. 일반적으로는 사람들은 이 세 가지 조건이 모두 충족되는 가족형태로 핵가족을 떠올리게 된다. 사실상 이러한 해석 때문에 가족에 대한 정의를 둘러싸고 법제정 초반에 앞서 살펴본 정책분야에서 언급한 정상가족, 다양한 가족의 첨예한 논란이 있었다(이재경, 2004; 강희경, 2005).

그런데 뒤이어 나오는 가정이라는 용어를 정의한 내용을 살펴보면, 위에서 언급하는 가족의 세 조건이 가족정책 수혜대상의 필요조건이 아니라, 개별 조건끼리 상호 분리·합체될 수 있는 조합(combination)의 성격을 나타내는 개념임을 알 수 있다. 즉, 일반적인 가족의 모습은 혼인과 혈연, 그리고 문서(입양)의 조건이 모두 맞아 떨어져야 하지만, 그중 하나의 형태(혼인이나 때로는 혈연관계에 있어, 또는 입양의)의 관계성을 가지고 있고, 생계나 주거를 같이 하는 모습을 하고 있는 단위라면 마찬가지로 가족정책의 수혜대상자가 될 수 있다는 것이다(조희금 외, 2009). 이 가정의 개념은 조금 더 쉽게 '식구'라는 개념으로 치환해 볼 수 있다.

식구는 순 우리말로 가족을 지칭한다. 음식을 함께 먹는 단위, 숟가락을 꽂아가며 밥을 먹을 수 있는 사이, 함께 먹는 것을 나눌 만큼 가깝고 친근한 사이임을 보여준다. 가족원들이 '식구'로 인식하는 생활단위는 모두 이 가족정책의 대상자가 되기 때문에 정상가족뿐 아니라 그동안 논란이 되어왔던 다양한 가족들(한부모, 조손가족, 형제가족, 재혼 및 입양가족)까지도 아우를 수 있는 조금 더 넓은 의미를 함축한다고 볼 수 있다.[2)]

---

2) 이러한 가족에 대한 포괄적 정의 내에서도 논란의 여지는 아직 남아있다. 가령 동거나 사실혼관계의 경우 혼인의 조건을 충족하지 못하기 때문에 정책대상자에 반영되지 않을 수 있다. 일반적으로 우리나라 친족법이 사실혼관계를 인정하는 것과는

(2) 건강가정기본법의 변천과정과 사회적 변화

건강가정기본법은 지난 2005년에 처음 제정된 신생법이다. 2012년 건강가정기본법은 지난 2010년과 2011년에 법문에 대한 수정작업이 있은 후 적용되는 새로운 법제의 모습을 띠고 있다. 처음 제정 당시의 법제의 내용은 2012년 전까지 정부부처의 행정개편으로 명칭이 변경되거나 가족정책의 주무부서 변동에 따라 이루어졌다. 건강가정기본법을 실행하는 주무부서는 그동안 여성가족부, 보건복지가족부에서 다시 여성가족부로 변동을 겪은 바 있다. 몇 번의 개정이 주로 정부조직개편과 함께 이루어져서 피상적으로 본다면, 이름과 주무부서가 바뀐 정도의 작은 변화였다고 생각할 수도 있을 것이다. 그런데 이러한 명칭변경은 사실상 지금까지 가족정책이 다른 사회정책분야와 비교해 볼 때, 표류했던 원인일 가능성도 있다.

애초에 가족정책의 주무부서를 여성부에 편입시켰던 점은 지속적인 논란거리가 되었다. 기존의 여성부가 성평등의 입장에서 마련된 부처이었기 때문에, 가족정책이나 서비스 전달체계를 구축하는 데 어려움이 있던 점도 사실이다. 또한 예산차원에 있어서도 여성정책과 가족정책이 충돌할 때, 힘을 발휘하지 못했던 점도 있었다. 그러나 무엇보다, 가족정책이 여성정책 내에 존재하는 것 보다는 다른 사회정책과 동등한 입장에서 '위치지움'하는 것이 필요했던 탓에, 어렵게 법제화한 가족정책을 여성관련 부서에서 주관한 것은 편협한 시각이라는 지적도 있었다(김승권, 2012).

이러한 이유에서 기존의 복지시스템과 서비스 체계를 활용하

차별적이라는 점에서 이 부분이 법제정 초기에 논란이 되었으며, 여전히 이 문제가 건강가정기본법의 "가족" 정의를 이해하는 데 비판의 소지가 되고 있다는 점은 직시할 필요가 있다. 그리고 이 부분은 어쩌면, 앞으로 건가가정기본법이 친족법, 상속문제, 세법, 사회복지법 등 다양한 법논리에서 어떻게 자리매김할 수 있을 것인지의 기본적인 문제와도 연결된다는 점에서 숙제로 남아있는 부분이다.

고 정책의 일괄성을 도모할 목적으로 가족부가 보건복지부로 편입되고, 이때 명칭이 보건복지가족부가 된다. 실제로 이러한 이동은 인구정책, 보건정책, 사회정책 등 연계성과 융합도가 높은 정책들 사이에서 가족정책이 수행된다는 점에서 가족부가 제대로 주소를 찾아갔다는 평가가 많았다.

그런데 보건복지가족부로 변경 후, 과연 가족문제와 복지문제를 어떻게 다루어야 할지 부서 간 이해가 상충하는 문제가 발생한다. 기존의 복지(welfare)는 경제위기 이후 취약계층 위주의 서비스 및 자원연계 정책을 우선적으로 수행했기 때문에, 비빈곤층 가족은 자연스레 배제되는 결과를 초래한다(문신용 · 성금단, 2010). 즉, 비취약계층을 위한 정책, 돌봄문제, 일반 아동과 노인부양의 문제가 시급한 사회문제나, 급변하는 복지환경에 대응하는 과정에서 주변화되는 현상이 나타난 것이다. 거대조직이 된 보건복지가족부의 조직 특성상 가족정책의 배제는 애초에 우려된 상황이기도 했다. 따라서 이러한 조직차원의 긴장과 갈등은 보편적 정책을 꿈꾸던 가족정책의 입장에서 맞는 궁합이 아니었고, 이에 다시금 정부개편법에 따라 보건복지가족부에서 여성가족부로 가족정책의 주관부서가 이전을 하여 현재에 이르게 된다.

명칭변경에서 알 수 있듯이, 그동안 가족정책의 위상이 다른 사회정책 속에서 자리매김하기 어려웠던 것이 사실이다. 그리고 이관과 재이관의 과정을 거치면서, 가족정책의 위상 역시 심하게 훼손된 감도 적지 않다. 건강가정기본법은 가족정책이라는 용어가 존재하지 않았던 시점에 용어를 탄생시키기 위한 힘든 첫걸음이었다면, 현재는 다른 정책들과 병렬적인 위치, 즉 인구정책, 노동정책, 세제정책, 사회보장정책, 그리고 보건정책들과 나란히 서있는 모양새이다(김혜영, 2012; 고경환 · 강지원 · 김용민, 2010). 기본법의 명칭처럼, 이러한 사회정책들의 사이사이를 메우면서 가족을 인지하는 정책으로 나아갈 것인지, 혹은 가족관련 서비스와 관련제도 형성이라는 소의의 정책으로 남을 것인지, 현재 가족정책은 법률적인 의미에서 그 기로에 서있다고 할 수 있다.

한편 이러한 명칭개정 문제 이외에도 지난 2011년에 이루어진 개정안은 2005년 법을 시행하면서 나타난 다양한 문제점들을 보완하고, 새로운 사항들을 추가하는 방편으로 일부조항이 삭제되고 첨가되는 등 의미있는 변화가 나타났다.

[시행 2012.3.16] [법률 제11045호, 2011.9.15., 일부개정]

중앙건강가정정책위원회와 시·도 건강가정위원회의 폐지에 따른 관련 조항을 정비하고, 건강가정시행계획의 수립·시행 주체를 기초지방자치단체의 장까지로 확대하여 지역적 특성이 반영된 구체적이고 현장감 있는 시행계획을 수립함으로써, 건강가정기본계획의 기본 취지를 보다 효과적으로 달성할 수 있도록 하는 한편, 가족구성원의 건강증진대책 마련대상에 '노인'을 추가하고, 자녀 양육지원사업의 안정적 추진을 위하여 관련 법적 근거와 예산지원 근거를 마련하는 등 현행 제도의 운영상 나타난 일부 미비점을 개선·보완하려는 것임(법제처 제공)

2) 가족정책의 주관부서와 정책주체

법률은 가족정책을 어떻게 수행해나갈지를 제도화하는 과정을 담아낸다. 앞서 살펴본 바와 같이 가족정책의 정의나 정책의 목적을 기술하기도 하나, 근본적으로는 어떠한 절차를 거치며, 어떻게 정책을 현실화해나갈지를 법률을 통해 정리해 두게 된다. 그렇다면 정부와 지방자치단체는 어떠한 원칙을 가지고 가족정책을 수행하게 될까? 우선 건강가정기본법의 제5조에 보면, 국가와 정부의 책임부분을 명시한 구절에서 기본 원칙이 나타나 있다.

[제5조(국가 및 지방자치단체의 책임)]

① 국가 및 지방자치단체는 건강가정을 위하여 필요한 제도와 여건을 조성하고 이를 위한 시책을 강구하여 추진하여야 한다(제도마련).

② 국가 및 지방자치단체는 제1항의 시책을 강구함에 있어 가족구성원의 특성과 가정유형을 고려하여야 한다(가족의 다양성과 욕구 인정).

③ 국가 및 지방자치단체는 민주적인 가정형성, 가정친화적 환경조성, 양성평등한 가족가치 실현 및 가사노동의 정당한 가치평가를 위하여 노력하여야 한다(평등가치의 실현).

이러한 정부와 지방자치단체의 책임의 사항은 건강가정기본계획에 포함되어, 더 구체적인 정책목표에 담겨지게 된다. 말하자면 건강가정기본계획 내에서 다루고 있는 주요 내용이 가족정책의 구체적인 모습이라고 볼 수 있을 것이다. 이 건강가정기본계획을 수립하는 주체는 여성가족부로 명시하고 있다. 여성가족부장관은 관련부처와 상의하여 5년마다 한 번씩 수립하고, 이를 지방자치단체장에게 전달하여 각 지방자치단체별로 구체적인 사업이 구상되도록 해야 한다. 말하자면 가족정책의 청사진을 중앙정부에서 제시하고, 지방자치단체별로 이에 대한 구체적인 시행안을 제출하는 것이 가족정책의 핵심이다.

현재 법률에서는 건강가정기본계획, 즉 가족정책 내에 담겨야 하는 주요 요소들에 대해서도 언급하고 있다. 지난 2005년에 법 개정으로 제1차 건강가정지원계획이 수립되어 2009년에 완료되었고, 제2차년도 건강가정지원계획은 2010~2014년까지로 계획되어 있다. 건강가정기본계획에 담겨야 하는 내용들은 아래와 같다.

1. 가족기능의 강화 및 가정의 잠재력 개발을 통한 가정의 자립 증진 대책

2. 사회통합과 문화계승을 위한 가족공동체문화의 조성
3. 다양한 가족의 욕구충족을 통한 건강가정 구현
4. 민주적인 가족관계와 양성평등적인 역할분담
5. 가정친화적인 사회환경의 조성
6. 가족의 양육 · 부양 등의 부담완화와 가족해체예방을 통한 사회비용 절감
7. 위기가족에 대한 긴급지원책
8. 가족의 건강증진을 통한 건강사회 구현
9. 가족지원정책의 추진과 관련한 재정조달방안

건강가정기본계획에 맞추어 지방자치단체는 다시 해마다 더 구체적인 시행계획을 수립해야 하는 의무를 갖는다(제16조). 지방자치단체는 수행 및 추진계획과 평가를 실시해야 하며, 그 추진계획과 실적을 여성가족부장관에게 제출해야 한다. 이러한 사업추진에 대한 평가뿐 아니라, 국가의 의무사항 중 하나가 가족실태조사를 실시하는 것이다(제20조). 가족실태조사의 내용에는 개인과 가족의 생활실태, 다양한 서비스 및 지원체계에 대한 욕구조사가 주요 내용으로 포함되며, 이러한 가족실태조사는 5년마다 실시하고 발표해야 한다.

국가와 지방자치단체가 실태조사와 기본 계획에 부응하여 수립한 가족정책은 건강가정지원센터에서 이루어지는 건강가정사업을 통해서 현실화된다. 이후 전달체계에서 다시 언급하게 되겠지만, 말하자면 이러한 여성가족부 - 지방자치단체 - 건강가정지원센터의 경로는 '가족정책'이라는 상품을 생산 - 전달하는 유통체계(delivery system)라고 볼 수 있다.

그런데 모든 사업이 건강가정지원센터를 통해서만 이루어지는

것은 아니다. 건강가정기본법에 의거하여 건강가정지원센터가 각 지방자치단체에 설치되었고, 이곳에서 건강가정 관련 다양한 사업들이 추진되고 있는 것은 분명한 사실이다. 그런데 가족정책을 건강가정지원센터의 사업에 국한한다면 그것은 지나치게 협소하게 가족정책을 이해한 것이 된다. 가족정책은 국가가 가족을 어떻게 인지하고, 그들을 위해 어떠한 다양한 조치들을 취해나가는가와 관련이 있다(이선형 · 임춘희, 2012). 건강가정지원센터의 각 사업과 함께 조세정책, 노동정책, 환경정책, 주거정책, 그리고 교육정책 등 다양한 사회정책과 연관되어 있다. 따라서 지방자치단체는 건강가정지원센터와 협력하여 다양한 방식으로 '가족인지적' 정책을 수립하고 수행할 수 있다.

한편 건강가정기본법 제21조부터 제33조까지는 건강가정지원사업을 구체적으로 명시하고 있다. 제21조는 가정에 대한 국가적 지원으로 그 종류는 건강함에 대한 지원, 소득보장, 주거안정, 출산 및 양육지원, 일과 가족의 양립지원, 위해환경으로부터의 보호, 가정폭력방지, 가족친화적 환경조성, 가족기능강화와 관련된 지원이 있다. 제22조에서는 자녀양육지원 부분을 조금 더 중점적으로 다루고 있다. 방과 후 서비스나 육아휴직제 보장과 같은 내용이 포함된다. 제23조는 가족단위의 복지증진에 대한 내용으로 사회보험이나 공공부조 및 사회보장제도가 가족을 지지할 수 있도록 시책을 마련할 것을 명시한다. 제24조에서는 가족의 건강증진에 대한 지원을 담고 있는데, 생애주기에 따른 건강증진대책을 마련할 것을 주문하고 있다. 제25조는 가족의 돌봄노동부담을 지원해 줄 수 있는 국가적 차원의 지원체계 모색을 요구한다. 제26조는 평등의식실천을 위해 민주적이고 양성평등한 가족관계 증진을 위한 방안 마련을 요구하고 있다. 가족갈등을 예방하고 상담하는 가족지원서비스 체계구축을 의미한다.

이밖에도 가족단위의 시민역할 증진을 위한 방안(제27조), 가정생활문화의 발전(제28조), 건강한 가정의례 확립(제29조), 가정지원을 위한 가정봉사원제도의 도입(제30조), 가족해체를 예방할 수 있는 지원체계 마련(제31조), 건강가정을 위한 가족원의 교육 프로그램 도입(제32조), 그리고 가족원의 사회참여를 활성화하는 자원봉사활동 지원(제33조)의 내용들이 포함된다. 특히 제27조부터 제33조의 내용은 가족정책이 비단 지방자치단체에서 실시하는 가족사업만을 의미하지 않고 더 넓은 보편적 차원의 정책임을 명시한다.

3) **가족친화 사회환경 조성을 위한 법률**

자 그럼, 건강가정기본법이 가족정책의 유일한 법률인가? 가족관련 정책은 사실 매우 다양하다. 건강가정기본법 이외에 가족 혹은 가족단위가 언급되는 법률을 정리해 보면 다음과 같다.

- 민법 : 친족편, 상속편
- 사회복지서비스법 - 한부모가족지원법, 다문화가족지원법, 「가정폭력방지 및 피해자보호 등에 관한 법률」, 아동복지법, 노인복지법
- 건강가정기본법
- 「가족친화 사회환경의 조성촉진에 관한 법률」

그런데 이러한 법률 가운데, 눈여겨 볼 만한 법이 지난 2008년에 제정된 「가족친화 사회환경의 조성촉진에 관한 법률」(이후 줄여서 가친사법으로 칭함)이다. 가친사법의 제정사유는 "급속히 진행되는 저출산·고령화와 여성의 경제활동 참여 증가 등 사회환경

의 변화에 발맞추어, 가정생활과 직장생활을 조화롭게 병행할 수 있는 사회적 분위기나 제도적 장치 마련에 대한 필요성에 근거한다. 정부차원에서 가족친화적인 사회환경 조성을 촉진하기 위한 종합적이고 체계적인 지원체계를 구축함으로써 사회 전반에 가족친화적인 환경의 정착 및 국민의 삶의 질 향상에 기여하려는 것이다"(국가법령정보센터, 2013)라고 밝히고 있다.

이 가친사법의 주요 내용은 가족정책을 담당하는 주무부서(현재 여성가족부)에서 가족친화 사회환경 조성을 위한 기본 계획을 수립하고, 이후 중앙행정기관(중앙건강가정지원센터)과 지방자치단체의 장(시 · 도지사)이 시행계획을 수립하고 실제로 실행하는 데 있다. 또한 가족친화사업에 대한 근거자료를 수집하기 위한 실태조사(3년마다 한 번씩)를 의무화하고, 가족친화 사회환경 조성사업[3)]을 하도록 한다.

이러한 정부 및 지방자치단체 사업뿐 아니라, 이 법에서 추구하는 근본적인 목적은 사회환경 조성에서 민간의 중요성을 인식한 점이다(김안나, 2009). 이 친화사업에 끌어들이고 있는 것이 가장 특징적이라고 할 수 있는데, 가족친화인증에 관한 부분이 여기에 해당한다. 여성가족부장관은 가족친화제도를 모범적으로 운영하고 있는 기업 또는 공공기관에 대하여 가족친화인증을 할 수 있으며, 가족친화 인증기관을 지정하여 인증업무를 수행하게 할 수 있도록 하였다. 아직까지는 인증을 주고 그것을 기업의 홍보에 반영할 수 있도록 하고 있으나 더 나아가서는 이러한 인증에 근거하여 법인세 인하, 각종 사업공모에서의 가산점 부여 등 민간기업에서 다양한 가족친화제도와 사업을 도입했을 때 직접

3) 가족친화제도에 대한 컨설팅, 직장 내 가족친화교육 실시 및 강사양성, 가족친화 프로그램 개발 · 보급 등에 관한 사항을 지원하고, 가족친화 프로그램의 개발 및 보급 등의 사업추진, 그리고 기업 및 공공기관의 가족친화지수를 측정하고 공표

적인 혜택이 가도록 하는 제도적 장치들이 필요한 시점이다.

그렇다면 가친사법에서 말하는 가족친화제도에 해당하는 정책들은 어떤 것들이 있을까? 가족친화 사회조성을 위한 법률의 제2조 제3호에는 가족친화제도에서 말하는 각종 정책들이 제시되어 있다.

[제2조 제3호] "가족친화제도"란 다음 각 목의 제도를 말한다.

가. 탄력적 근무제도 : 시차출퇴근제, 재택근무제, 시간제 근무 등

나. 자녀의 출산·양육 및 교육 지원 제도 : 배우자 출산휴가제, 육아휴직제, 직장보육지원, 자녀교육지원 프로그램 등

다. 부양가족 지원제도 : 부모 돌봄서비스, 가족간호휴직제 등

라. 근로자 지원제도 : 근로자 건강·교육·상담 프로그램 등

마. 그 밖에 여성가족부령으로 정하는 제도

탄력근무제는 주로 어린 자녀를 둔 부모들이 선호하는 정책으로 출퇴근 시간, 근무장소, 총근무시간 면에서 가족들이 선택할 수 있는 제도이다. 기업의 근로자 정책의 일환으로 이루어지기 때문에 기업정책이라는 용어로도 쓰인다. 처음에는 기업의 홍보 차원에서 도입한 정책이었으나, 점차 근로자의 욕구가 확대되는 정책으로 알려져 있다.

김안나(2009)의 연구에 따르면, 이 탄력근무제도는 아이를 둔 부모의 일 - 가족갈등을 해소하는 데 다소 도움이 되는 것으로 밝혀졌다. 유럽지역에서는 다양한 탄력근무제도 중에서도 시간제근무가 보편화되어 있는데, 시간제근무는 일주일에 30시간 이하로 일하는 경우를 말한다. 그런가 하면, 집중근무제라고 하여 일주일 치 업무량을 주 5일 이내에 근로자가 압축하여 수행하는 제도도 최근 선진국에서는 각광을 받고 있다. 보통은 주 4일 내에 일주일 치 근무를 몰아서 수행하고 주 3일 혹은 4일을 휴일로 탄력적으로 쓸

수 있게 만든 것이다. 주중 휴일을 쓰는 것이 가능하기 때문에, 근로자 입장에서는 근무량과 일정조정이 가능하고, 기업 측에서는 출퇴근에 대한 압력이 감소하고, 업무가 이루어지지 못하는 데 대한 비용을 줄이는 데 도움을 주는 것으로 알려져 있다.

자녀출산 및 양육제도는 모성보호의 관점에서 근로기준법에서 보장하는 제도이다. 최근에는 부친휴가로 그 영역을 확대하여, 아버지들 역시 출산 및 양육으로 인한 휴가를 쓸 수 있도록 배려하고 있다. 가친사법에서 이 부분을 한 번 더 강조한 것은, 이것이 근로자의 권리를 넘어서서 사회적으로 이 제도를 보호하는 것이 가족복지를 실현시키는 데 중요하다는 점을 확인한 것이다.

한편 보육 및 돌봄 지원제도는 휴가제도보다 조금 더 적극적으로 근로자의 가족을 지원하는 제도라고 볼 수 있다. 여기에는 직장 내에 보육시설을 갖추는 것을 포함하여, 보육비 지원, 자녀학자금 지원, 육아정보 소개 및 상담, 질병이나 야근 그리고 출장에 따른 특별지원, 부양가족간호를 위한 탁노제도, 취학아동에 대한 방과 후 및 방학 중 돌봄제도와 프로그램들까지 해당된다.

근로자 지원제도는, 기업의 가족복지서비스와 연계된 제도라고 볼 수 있다. 대표적인 근로자 지원제도인 EAP(Employee Assistance Program)나 ECP(Employee Counselling Program)가 존재하는데, 근로자에게 교육과 상담을 제공하며, 근로자의 재교육, 건강진단, 사내 그룹활동 및 동아리 지원, 자원봉사활성화, 가족화합 프로그램들이 포함된다. 이러한 근로자 제도는 기업의 사원복지(fringe benefit)의 한 차원으로 이해될 수 있다. 기업이 적극적으로 근로자의 사기진작과 삶의 질을 구현하고, 일과 가족의 경계를 유연하게 하고자 하는 기업의도로 볼 수 있다.

[제2조 제4호] "가족친화 마을환경"이란 노인부양이나 아동양육 등 가족돌봄을 지역사회차원에서 분담할 수 있는 환경 및 다양한 가족구성원이 필요로 하는 시설과 공간을 충족시킬 수 있는 가족생활 여건이 갖추어진 마을환경을 말한다.

지난 2012년에 가친사법은 주요 개정이 이루어졌는데, 이때 사업시행의 주체가 여성가족부와 중앙건강가정지원센터, 지방자치단체에서 시장 · 군수 · 구청장을 추가하고, 가족친화 직장환경 조성사업 및 가족친화 마을환경 조성사업 등의 수행주체에 지방자치단체의 장을 추가하는 등 현행 제도의 운영상 나타난 일부 미비점을 개선 · 보완하려는 데 있었다. 이는 명실상부 가족정책이 지역사회의 다양한 사회사업들과 함께 추진되는 데 상당부분 도움을 줄 것으로 보인다. 그렇다면 이 가족친화제도 운용을 위해 필요한 개념과 추진방법에 대해 알아보자.

(1) 가족친화지수

가족친화지수란, 가족친화제도를 수행하고 있는 기업들을 평가하고, 제도수용도 수준을 평가하기 위한 수치이다. 여성가족부는 이 가족친화지수를 개발하고, 지수를 활용하여 기업 및 공공기관이 얼마나 가족친화적인 제도를 잘 수행하는지 측정하고 그 결과를 발표하게 된다. 따라서 기본적인 가족친화제도에서 표방하는 정책의 수행수준을 알 수 있게 구성된 평가지표라는 의미를 가진다. 이 평가지표에 해당하는 항목은 <표 3 - 3>에 제시된 바와 같이 주로 개별 기업이나 사업체가 얼마나 가족친화제도를 알차게 수행하고 있는지를 평가한다. 가족친화지수는 국가행정기관과 기초자치단체를 비롯하여, 공공기관, 지방공사와 공단, 민간

상장법인, 대학과 방송공사 등의 기관에 대해 설문조사형식으로 평가가 이루어진다. 설문조사의 결과 관련지수에 대한 점수를 지표로 환산하여 매년 지표변화 추이를 확인하는 방식이다.

현재 여성가족부에 따르면, 지난 2006년부터 지수를 산출한 결과 2006년 당시 지수가 37점 수준에서 2012년 현재 58.9점으로 지난 5년 사이에 지수상으로 20점 가량 상승하였다. 그런데 이러한 지수증가는 공공부문과 민간부분이 차별적이었던 것으로 드러났다. 가족친화지수에 관한 보고서에 따르면, 2012년 현재 공공부문의 평가지수는 66점 수준인데 반해, 민간부문은 오히려 49점 수준으로 증가속도에서 온도차가 감지된다. 즉, 공공부문에서 가족친화제도를 더 적극적으로 도입하고 있는 데 반해, 많은 사람들이 근무하는 민간부문의 변화속도는 상대적으로 더디다고 평가할 수 있다.

〈표 3-3〉 가족친화지수 조사항목

조사 부문	주요 조사내용
일반현황	• 기관(기업)산업 분류 • 인원규모 및 구성 • 경영성과(매출액, 매출이익)
탄력적 근무제도	• 탄력적 근로시간제 도입 및 활용 정도 • 선택적 근로시간제 도입 및 활용 정도 • 탄력적 근무지원제도 도입 • 휴가제도 도입
자녀출산, 양육 및 교육지원제도	• 산전·후 휴가제도 도입 및 활용 정도 • 육아휴직제도 도입 및 활용 정도 • 출산지원제도 도입 • 미취학자녀 양육지원제도 도입 • 취학자녀 양육지원제도 도입
부양가족 지원제도	• 가족간호 휴직제도 도입 및 활용 정도 • 가족간호 지원제도 도입
근로자 지원제도	• 근로자 직장, 가족문제 관련상담 프로그램 운영 • 멘토링 프로그램 도입 • 건강관리 지원제도 도입
가족친화 문화조성	• 가족친화적 경영체계 • 가족친화 문화조성 지원제도 도입
가족친화 프로그램 운용관련 실태	• 가족친화 프로그램 운영이유 • 가족친화 프로그램 도입의 장애요인 • 가족친화 프로그램 도입 전후 비교 • 최근 1년 내 직장문화 개선 정도
가족친화 인증제	• 가족친화 인증제 인지 여부 및 인지경로 • 가족친화 인증제 신청 여부 및 신청의향 • 가족친화 인증제 인센티브 요구사항 • 가족친화 인증제 실시로 인한 예상 기대효과

(2) 가족친화기업 인증제도

가족친화기업 인증제도란 기업이 가족친화제도를 수행하는 수준을 평가하여 그 기관에 공인인증표시를 부여하는 제도이다. 기업은 인증을 받기 위해 여성가족부에 가족친화인증을 위한 신청서를 제출하고, 여성가족부에서는 인증위원회를 설치하여, 기업이 실행하고 있는 가족친화경영, 가족친화경영 운영실태 등을 보고하고, 이를 위원회가 평가한 후 인증을 부여한다. 기업은 이 인증 및 인증표시를 부여받아 기업홍보에 사용할 수 있다.

가족친화인증 위원회는 다음의 세 가지 사항, 즉 운영요구사항, 가족친화제도 실행사항, 가족친화경영 만족도 등을 평가하여 70점 이상(중소기업은 60점 이상) 획득한 경우 인증을 부여하게 되고, 이 인증은 3년간 유효하게 활용될 수 있다. 가족친화인증을 받은 기업이 이러한 인증을 통해 얻는 이득은 무엇일까?

실제로 정책이라는 것은 정책목적을 달성하기 위해 유인정책으로 혜택을 부여하는 경우가 많다. 이 가족친화인증을 얻게 되면, 해당 기업은 가족친화경영을 한다는 긍정적 이미지를 홍보할 수 있고, 그 외에 각종 정부정책이나 정부정책사업 선정 시에 가산점을 받게 되는 인센티브를 얻는다. 현재 시행 중인 인센티브를 살펴보면, 서울시의 경우 가족친화인증제를 한 기업에게 지방세에 대한 세무조사를 3년간 유예하도록 조치하고 있다. 금융위원회는 중소기업은행을 통해 신용평가를 할 때, 가족친화인증기업에게 신용평가우대를 실시하고 있다. 중소기업청의 경우, 중소기업에 대한 정책자금을 지원할 때, 가족친화인증기업에 한해 융자한도 차원에서 우대를 하고 있다(자세한 사항은 여성가족부 가족친화정책 홈페이지 참조).

4) 사회정책에서 개인과 가족범주의 충돌? : 사회정책법제에서 "가족"의 딜레마

자 그럼, 처음으로 돌아가서 가족의 개념을 살펴보자. 요즘은 대중매체를 통해 손쉽게 사회정책에 대한 평가글을 읽을 수 있다. 특히 건강보험이나 연금법과 같이 우리의 일상생활과 복지에 연관된 정책의 변화는 사람들의 큰 관심거리가 된다. 사회보장 관련법 개정은 인구학적 상황에 따라 자주 바뀌기 때문에 사람들은 그것이 나에게 혹은 내 가족에게 미치는 영향에 대해 항상 주의 깊게 바라본다. 정책에 대한 평가 역시 개별 가족에 미치는 효과에 초점이 맞추어진다.

최근에 국민건강보험법과 국민연금법이 대대적인 개정이 이루어지면서 개별 가족의 삶에 미치는 영향도 달라졌다. 그리고 그것은 건강가정기본법이라는 가족정책을 이루는 법과 연계해서 볼 때 시사점이 크다. 왜냐하면 건강가정기본법은 단순히 가족을 위한 서비스와 전달체계만을 명시한 법이 아닌 '가족의 삶을 인지하는' 정책으로 인식될 필요가 있기 때문이다. 따라서 사회보장정책의 변화를 이룰 때 사실상 그것이 개인을 비롯한 개별 가족에 미치는 영향까지 고려할 필요가 있다.

결론부터 언급하자면, 이러한 사회정책과 가족의 관계가 최근 들어 마치 대결구도에 있는 것처럼 나타난다. 사회정책의 변화에서 가족은 때로는 이기적인 존재로 혹은 지나치게 희생되는 존재로 그려진다. 여기에는 앞서 건강가정기본법의 법취지와 법원에서 말하는 가족의 개념을 이해하는 방식의 차이와 관련이 있다.

앞서 건강가정기본법의 법취지부터 살펴보면, 국가가 가족의 복지증진을 위해 힘써야 한다. 그리고 그 가장 기본에 사회보장으로 점철되는 건강보장, 소득보장정책이 있다. 가족에 관한 지원법을 소개하면서 갑자기 국민기초생활보장법이나 국민건강보험법을 언급하는 것이 이상하게 느껴질 수도 있다. 그런데 초기 건강보험법의 형태는 개인을 위한 사회보험만이 아닌 부양가족을 인식한 가족의 의료보장법의 모습을 띠었기 때문에, 가족을 인지한다는 것이 무엇이며, 건강보험법이 변화하면서 가족지원이 어떠한 형식으로 변화했는지 그 과정을 소개하면서 대중매체에서 지적되었던 가족과 관련된 함의들을 살펴보고자 한다.

(1) 기초생활보장제도 수급권, 부양의무자 사항 위헌제기

지난 2012년 12월 23일자 한국일보에는 기초생활보장법의 부양의무제 폐지를 논의한 국회 경제사회정책포럼회의 내용이 기사로써 소개되었다. 이 자리에서는 최저생계비 이하의 생활로 고충을 겪는 노인들이 부양의무자 기준 때문에 기초생활수급자로 선정되지 못하는 안타까운 사례들이 소개되었다. 기초생활보장법의 부양의무자 기준이란, 최저생계비 이하의 소득수준에 머무르는 사람이라도 부양의무자(배우자 혹은 1촌 이상의 혈연)가 있거나, 이들의 소득이 최저생계비 130% 이상인(부양의무자가 차상위층 이상의 소득을 가진 경우) 자의 경우 기초생활수급자가 될 수 없는 조항을 의미한다.

애초에 국민기초생활보장법이 발의될 당시 이 법은 기존의 생활보호법상의 연령제한(65세 이상, 18세 이하 청소년)을 철폐하고 수급권을 확대하는, 그 당시로 보면 상당히 획기적인 방안을 제안하였다. 다만, 늘어난 수급자 수가 문제가 되면서, 사회보장비용이 급격히 증가할 것을 우려하여, 부양의무자 기준을 만들어 둔다. 이는 말하자면, 가족이 있는 경우에는 빈곤한 개인을 그 가족이 돕도록 하고 먼저 유도하고자 부양의무자 기준을 최저생계비 기준에 병렬적으로 배치한다. 따라서 최저생계비 이하의 생활을 하더라도, 가족이 존재한다면 수급권리가 발생하지 않는다는 것이다. 가족이 없는 개인들에 대한 소득 및 생활보장을 국가가 처리하겠다는 잔여적인 방법이었다고 할 수 있다.

법의 취지와는 다르게, 사실 이 조항은 빈곤계층으로 하여금 오히려 서로 유기하고, 해체하는 결과를 초래한다. 배우자나 자녀가 없는 편이 수급권을 취득하는 데 있어 유리하고, 빈곤한 가족이 존재하게 되면, 오히려 수급권을 상실하는 가족정책 입장에서는 매우 아이러니한 상황이 연출된 것이다. 사실상 빈곤층의 경우 부모세대와 자녀세대까지 모두 빈곤층에 속할 가능성이 높다. 이러한 안타까운 가족들마저도 해체를 부추긴 점이 지적된 바 있다. 이에, 법개정으로 자녀마저도 소득이 차상위층(최저생계비의 120% 수준)에 해당할 경우 그 부모는 수급권을 가질 수 있도록 하였으나, 여전히 많은 노인들 혹은 빈곤층이 소득을 가진 가족이 존재한다는 이유로 수급권을 인정받지 못하고 있는 상황이다. 이렇게 가족에 의한 부양으로부터 소외되고, 공적 부양으로부터마저도 소외된 사각지대 인구가 117만 명에 이른다는 것이 정부의 추산이다.

지난 12월(2012년 당시)에 부양의무자 관련 정책조정을 위한 포럼이 개최된 바 있다. 이 자리에서는 부양의무자 규정상황이 위헌이라는 점을 지적하고, 이에 대한 대책을 마련해 보고자 이루어진 전문가 회의였다. 여기에서는 부양의무자 규정이 문제가 있다는 데는 대체로 합의가 이루어졌다. 현재 부양의무자 규정은 많은 부분에서 빈곤층을 더 어렵게 하며, 실제로 기본권의 입장에서도 배치되는 부분이 많다는 것이다. 첫째, 개인의 입장에서는 받을 수 있는 수급권을 소득이 있는 부양가족이 존재하며, 이들이 적극적으로 부양을 할 것이라는 '간주부양'의 차원에서 수급권 상실이 이루어진다는 점에서 기본권 침해에 문제가 있다.

둘째, 소득은 존재하나 차차상위계층(소득분위, 최저생계비 대비 120% 초과 150% 미만)에 해당하는 경우, 그 가족은 넉넉지 않은 상황에서 빈곤층 가족원을 추가적으로 부양해야 하는 상황에 빠지게 된다. 저소득층 가족은, 가족단위의 생활도 빠듯한 가운데, 가족부양의 이중고를 안아야 하는 어려움에 봉착할 수 있다. 이러한 악순환은 저소득층이 상대적으로 고소득층 가족에 비해 불리해지고, 양극화를 부추길 수 있음을 시사한다. 즉, 평등권의 차원에서도 이 법에서 이야기하는 가족에 의한 부양의무자 규정은 최저생계비 속에 살아가는 개인에게도 불리하고, 또한 빈곤한 개인을 다시 돌보아야 하는 빈곤층 가족에게 여러 가지로 불리한 상황이라는 것이다.

사실상 이 법에서 규정하는 부양의무자 규정에 대해서는 부당하다는 논의로 대체로 일치된 경향성을 보이고 있는데, 그에 비해 이를 어떻게 정책적으로 해결할 것인가의 문제에서는 다양한 의견들이 제시되었다. 정책적 합의가 어려운 이유는 '가족원에 의한 1차적 부양'을 가족의 의무라고 보는 관점과 '국가의 개인부양'의 원칙 사이에서 가족의 역할에 대한 묘한 입장 차이가 존재하기 때문이다. 위에서 제시한 바와 같이 소득이 적은 가족, 빈곤층 가족의 경우 자녀나 부모와 같은 1촌 혈연이 소득이 없거나 매우 빈약한 경우 국가개입을 당연히 찬성하는 사람들이 많을 것이다. 또한 자원이 적은 가족이 다시금 그들 가족의 부양까지 책임지어야 한다면, 그들의 고충이 크고, 그러할 때 국가가 돕는 것은 국가의 의무라고까지 생각할 수 있다. 여기까지는 거의 많은 사람들이 동의할 수 있다.

그런데 만약 소득이 높은 자녀가 어떤 이유에서든지 부모를 돌보지 않는 경우는 어떠한가? 이혼이나 별거한 채 본인의 자녀들을 부양하지 않고 방치하는 경우는 또 어떻게 해야 하는가? 어찌되었든 결과적으로 빈곤해진 노인, 빈곤한 아동이라는 결과물은 동일하다면, 무조건 국가가 책임을 져야 하는가? 이야기를 이렇게 바꾸어 놓고 보면, 망설여질 것이다. 이러한 경우에 국가는 어떠한 방식으로 가족빈곤문제에 개입해야 할까? 여전히 가족에게 부양책임을 주어야 할까? 그렇다면 빈곤층 가족에 비해 고소득층 가족에 대해 국가는 '가족부양' 잣대를 차별적으로 두게 되는데, 이는 법리적으로 옳은 것인가?

실제로 법원은 소득있는 자녀(혹은 자녀의 배우자가)가 부모부양을 하지 않은 경우, 혹은 그와 반대로 소득있는 부모가 자녀를 방치한 경우 가족부담을 원칙으로 하는 판례를 내린 적이 있다(판례 및 참고자료 제시). 또한 복지부에서도 소득조사를 통해 소득 이 있다고 밝혀진 자녀가 노인 기초생활수급자의 수급권을 박탈한 사례들이 있었다. 이러한 경우는 우리가 기본권의 문제, 평등의 문제에서 어떻게 생각해야 할까? 과연 한국사회에서 가족의 역할, 국가와 정부의 역할은 법률상 어떻게 해석되어야 하는가?

(2) 국민건강보험법 근로자와 부양자 및 피부양자 문제

위에서 기초생활보장법상의 부양의무자 기준을 보았다면, 비슷한 딜레마 상황이기는 하나 조금은 다른 법논리를 보여주는 사례가 있다. 바로 국민건강보험법의 피부양자 규정이다(이미숙, 2008). 국민건강보험법은 개별 국민의 건강함을 이루기 위해 실시되었다. 국민건강보험법은 국민 하나하나의 건강함을 보장하고자 사회보험형식을 빌어 재원을 마련하고, 이를 수평적 배분방식을 통해 나누는 형식을 취한다. 국민건강보험법은 지난 1999년 대대적인 법개정 이후 현재의 모습을 띠고 있다. 그 전에는 의료보험법이라고 해서 보장대상이나 보장범위도 현재와는 달랐다. 당시는 전체국민에게 혜택을 주는 구도는 아니었다.

과거 상황을 살펴보도록 하자. 국민건강보험법의 초창기 모습은, 공무원이나 군인과 같은 특수직 그리고 500인 이상 고용인을 둔 사업장의 근로자를 대상으로 국민건강보험이 실시되었다. 당시 1980년대 상황에서 500인 이상 고용인을 둔 사업장에는 몇 개 남짓한 대기업이 해당될 뿐이었다. 따라서 의료보험을 통해 건강보험의 혜택을 누릴 수 있는 대상자는 전체국민 중에서 국가공무원과 군인, 그리고 일부 사무직 종사자로 보장규모가 극소수에 불과하였다. 이처럼 근로자 개인의 수는 그 규모가 크지 않았지만, 이 제도를 통해 최대한 많은 대상자들에게 의료보험의 혜택을 주고자 하였고, 해당 직군의 근로자 가족(부양가족)은 무조건적으로 이 의료보험의 혜택을 받았다. 건강보험 초창기에 피부양가족의 의미는 매우 포괄적이었다. 배우자는 물론 직계가족 모두가 포함되었다. 다시 한 번 1980년대 상황을 생각해 보면, 당시 가족구조는 이혼율이 매우 낮았고, 기혼여성의 취업률 역시 매우 낮은 수준이었다. 따라서 의료보험 가입근로자는 대부분 남성이었으며, 가족들은 이 남성의 부양자에게는 피부양자의 신분이었다. 이 당시 의료보험에 대한 비판의 쟁점은 남성부양자 모델, 전통적 핵가족 모델을 지지하며, 여성이 취업을 하더라도 - 많은 경우 여성의 소득이 남성에 비해 적었기 때문에 - 취업여성은 여전히 피부양자의 이름으로 남성부양자에 예속되는 형태로 유지될 수 있었다. 이는 여성의 건강권이 남성에게 의존적이라는 논란의 여지가 있기는 하나, 개별 가족 입장에서는 한 사람만 보험료를 내면서, 가족원 모두가 보장받는다는 점에서 상당히 유리한 제도였다고도 볼 수 있다.

한편 맞벌이가 증가하는 1990년대에 오면서도 세대 내에서 주소득자를 중심으로 의료보험료가 책정, 나머지 가족원들은 모두 피부양자의 신분으로 혜택을 누릴 수 있었다. 국민건강보험의 형태가 자리잡은 1999년 이후에도 사실상 이러한 세대주 혹은 주소득자가 가족의 건강보험을 감당한다는 구도는 바뀌지 않았다. 특히 기혼여성의 취업률이 증가하였으나 여전히 소득이 남성취업자의 절반에 머물렀기 때문에, 이러한 주소득자 관점의 제도는 맞벌이 부부들에게 상대적으로 유리하게 작용하면서, 국민건강보험제도는 가족단위의 혜택을 보장하는 것으로 이해되었다.

그러나 최근 건강보험법이 개정되면서 가족 내 소득이 있는 개인은 독립적으로 건강보험료를 충당하는 것으로 바뀌었고, 이는 전체 가구의 50%에 육박하는 맞벌이 가족을 당황케 만드는 제도로 인식되었다. 특히 이 법안은 지역가입자에 대한 요건이 더 강화되면서 배우자가 연간소득(임금소득뿐 아니라 이전소득도 포함)이 일정금액 이상인 경우 취업하지 않았더라도 지역가입자로 독립적인 건강보험료를 지불하도록 하고 있다. 즉, 개정법의 취지는 소득발생이 있는 모든 개인에 대해 건강보험료를 징수하겠다는 의지를 표명한 것이다. 이렇게 다급하게 보험료 징수에 열을 올린 것은 그간 한국사회의 주요한 인구학적 변화에 기인한다. 인구고령화로 인하여 소득이 없는 피부양층, 특히 노인층의 의료수요가 급증하였다. 과거에는 가족의료보험을 실시하여 노인을 피부양자로 등록, 노년층의 건강수요를 흡수할 여력이 있었다. 그러나 인구고령화와 자녀세대의 감소로 개별 가족에서 세대주 한 명으로부터의 건강보험료 징수로 가족 내 노인의 건강보험료를 감당하는 것이 산술적으로 무리한 상황에 이른 것이다.

사회보장제도와 전략수정이 인구규모에 맞추어 다시 설계되어, 세대 간 분배, 즉 소득이 있는 연령대에서 소득이 없는 연령대를 부양하는 구도로 재편이 불가피하였다. 그리고 기혼여성의 취업이 늘고 있던 점을 감안하여, 소득원으로서의 여성의 존재를 새삼 인식하고, 독립적인 소득을 가진 여성 역시 사회보험에 기여하도록 제도화가 이루어졌다. 소득원이 많을수록, 그리고 소득이 높을수록 보험료가 많아져서 가용소득이 줄어드는 결과가 초래되었다. 이러한 변화는 막상 맞벌이를 하는 가족에게는 두 배우자가 독립적으로 보험료를 지출하여 가족단위에서 이중부담을 지게 되었음을 의미한다. 그리고 사실, 이러한 가족에게 불리한 측면이 대중매체에서는 더 크게 부각된 측면이 있었다. 실제로 "국민건강보험법은 가족을 위한 법이었으나 개인 위주의 법으로 돌변하면서 실제로 맞벌이 가족에게 오히려 부담을 주는 구도"(이미숙, 2008)라는 논의가 한때 팽배하였다.

그런데 이러한 대중적인 논리는 자칫 가족을 사회정책 변화에 역행하는 혹은 사회정책으로 인해 희생당하거나 사회정책과 대치하고 있는 단위로 인식할 여지가 있다. 조금만 시각을 달리해서 과연 '가족'을 어떻게 인식할 것인가로 본다면, 이야기는 달라진다.

현재의 국민건강보험제도는 세대 간 분배에 무게를 두고 있으며, 다른 선진국들의 사례도 유사하다. 이러한 세대 간 분배는 지금은 내가 노인세대를 부양하지만, 후에 자녀세대가 나의 건강보험을 지불하는 구조라는 점에서 지연된 투자이자 혜택을 보장한다. 바꾸어 생각해 보면, 개인의 차원은 물론 가족의 차원으로 볼 때, 불리한 상황이 아니라는 것이다. 만약 우리가 건강가정기본법을 부부가족 위주의 작은 규모의 가족단위에 국한하여 본다면, 국민건강보험법은 이러한 가족에게 불리하게 작용하는, 말하자면 법논리가 서로 상치되는 법처럼 이해될 소지가 있다. 우리가 조금 더 넓은 의미의 가족, 즉 세대관계 속에서 파악되는 가족으로 넓히고 보면, 노인과 약자를 돌보고 보호하는 단위로서의 가족으로 그 개념의 경계를 넓혀서 생각할 여지가 있다. 세대 간 분배를 이루고 개별 가족의 건강 및 의료비 부담을 사회적으로 공유하는 의미에서 더 많은 가족들의 건강을 약속하는 법으로 이해될 여지가 있지 않을까?

5) 재원관련 사항

이렇게 가족관련 사업과 문화적 반향까지를 고려한 정책이라면, 과연 가족정책의 재원사항은 법률에 어떻게 규정하고 있을까? 이에 대한 명확한 규정까지도 법률은 정해주고 있을까? 건강가정기본법 제21조 제5항의 내용을 살펴보면, 건강가정기본법에서 지원해야 하는 9가지 사항과 더불어 유·무급 휴가 관련사항, 한부모가족, 노인단독, 미혼모가정, 공동생활가정, 자활공동체에 대한 지원에 있어 국가와 지방자치단체의 지원을 관계법률이 정하는 바에 따른다는 규정이 있다. 건강가정기본법에서 주요하게 고려하는 사업과 지원책을 현실화시키는 데 있어 국가와 지방자치단체가 지원을 해야 한다는 점을 명시했다는 점에서는 의미가 있다.

우리가 가족정책을 분석함에 있어 관심있게 보아야 하는 네 가지 차원이 할당(누가)과 급여(어떤 형태의 수혜를 받고), 재정지원(어떤 자원을 통해)과 전달체계(어떻게 받을 것인가)라는 점은 앞서 언급하였다. 일반적으로 재정의 중요성은 실제로 어디에서 어떻게 모아진 재원을 쓸 것인가를 의미하며, 실제로 재정의 원천에 따라 공공성이나 정책의 의미가 달라진다.

만약 재정이 일반 기업의 기부금이나 후원금을 통해 지원된다고 하면, 그것은 기업적 가치가 반영된 것이다. 또한 개별 기업이 그러한 자금을 지원할 때는 그들의 의도가 담겨져 있을 수 있다. 반면에 공공재원, 특히 국민의 세금을 통해 지원이 될 때는 개별 가족에게서 거두어들인 세금을 다시 개별 가족들에게 분배한다는 점에서 의도와 목적이 드러나도록 설계될 필요가 있다.

공공재원의 활용, 혹은 재정지원과 관련해서는 일반적으로 법률 안에서 그러한 내용을 담아내게 된다. 정책수행의 주체가 국가이니, 국가의 행정 전반에 관한 규범을 담은 법률에서 재정지원의 원칙을 제시하게 된다. 건강가정기본법에서도 예산에 관한 내용이 등장하는 사안은 제22조 아동양육지원과 관련된 사안에 가장 먼저 등장한다.

건강가정기본법

[제22조 제3항] 국가 및 지방자치단체는 아동양육지원사업을 예산의 범위에서 지원할 수 있다. <신설 2011.9.15>

건강가정기본법 시행령

[제3조 제3항] 제1항에 따라 지방자치단체가 설치 · 운영하는 건강가정지원센터의 조직과 운영에 필요한 사항은 해당 지방자치단체의 조례로 정한다.

건강가정기본법에 의거하여 건강가정지원센터가 각 지역자치단체에 설립되고, 이 건강가정지원센터의 사업은 중앙건강가정지원센터와 연계하여 이루어진다. 그런데 위에서 나타나는 바와 같이 관련된 재정은 시행령에 따라 지방자치단체의 조례에 의거하여 정해지는 구조이다. 이는 재정에 관한 사항도 사실상 지방자치단체 의회에 의거하여 결정된다는 상대주의 원칙을 적용하고 있는 것이다. 이 부분이 법률에서 강조된 이유는 비교적 분명하다. 가족정책이 지방자치단체의 지역적 특성, 인구구성, 지역주민의 가치관에 따라 다양하게 펼쳐질 수 있는 여지를 남겨놓은 것이다. 그런데 상대주의적 원칙을 엄격하게 적용하면 사실상 가족정책사업이 지방자치단체의 예산상황이나, 가족정책에 대한 시각차이에 의해 표류할 여지를 남겨놓은 측면도 있다. 재정지원에 대한 절대적 원칙이 없기 때문에, 단기성과가 없는 사업이 실행되기 어려운 점이 현재 법제에서 발견되는 가족정책의 문제점이자 취약점이기도 하다.

이처럼 재정사항이 모호하게 제시된 가장 근본적인 문제는 가족정책이 다른 인구정책, 아동정책, 사회보장정책과 통합되지 못하고 병렬적 지위를 갖고 있다는 점에서 비롯될 수 있다. 김영미(2012)가 지적하였듯이 한국의 많은 사회정책들은 가족과 직간접적인 영향이 있음에도 불구하고, 개별화되어 진행되어왔다. 인구고령화로 인구문제가 불거지면서 저출산 정책이 비교적 큰 예산상황 속에서 적극적으로 추진되어왔으나 이는 사실상 가족정책과 통합되지 못하고 별도로 진행되었다. 자녀양육이라는 가족의 1차적인 기능과 관련된 정책도 보육정책과 아동정책으로 구분되어 각기 독립적으로 진행되어왔다. 이러한 정책 자체가 문제되는 것은 아닐 것이다. 다만, 법제에서 규정한 전담부처가 정해지고, 전담조직이 존재하면서, 가족정책 수행기관은 그 내용상의 포괄성은 접어두고, 예산을 따내기 위한 부처 간 갈등과 긴장관계를 야기하는 상황으로 전락하면서 정체성을 상실하는 데 문제가 있다. 실제로 저출산, 가족, 아동, 보육, 그리고 노인문제는 개별적으로 해결될 수 없고 통합적으로 접근할 때 가장 효과적인 방안이 모색될 수 있다.

재원부분에서 한계는 바로 이러한 부처주의, 업무통합성의 상실, 그리고 업무연계가 이루어지지 못하고 단편적인 사업 위주로 짜여진 현재 가족정책이 놓인 한계를 그대로 반영하고 있다. 가족정책의 위상에 대한 치밀하고도, 법제적인 해결방안이 모색될 필요가 여기에 있다.

6) 앞으로 남은 과제

가족정책이 존재하기 이전부터 이미 가족은 사회변화에 대응하고, 사회문제를 감당해왔다. 현재 우리가 느끼는 가족의 위기는, 어쩌면 지금까지 가족이 감당해온 역할의 무게감을 비로소 사회가 인식하기 시작하면서 비롯된 현상인지도 모른다. 건강가정기본법은 그러한 의미에서 사회문제를 가족의 관점에서 해결하고, 국가와 사회의 적극적 동참을 요구하고 있다. 이승미 등(2012)의 지적과 같이 앞으로의 사회정책은 현재 많은 가족들이 당면하고 있는 가족의 재생산 체계를 어떻게든 보완하거나 개입하는 방향으로 나아갈 것이다. 돌봄 및 부양문제가 그러하고, 소득보장 및 건강보장 정책들이 그러하다. 그런데 이러한 사회정책의 입안이 가족의 재생산 기능을 정면에서 손질하고 있음에도 불구하고, 개별 가족에 대한 배려가 얼마나 있었는지 생각해 볼 필요가 있다. 크고 작은 사회제도의 손질 때마다 막상 개개인은 가족단위로 반응하고, 적응한다는 단순한 논리에 귀를 기울이기를 게을리했다는 데 건강가정기본법의 법논리가 숨어있다.

현재 가족이 처해있는 상황은 더 이상 개별 가족이 꾸려가고 문제를 해결해나가기에는 그 문제의 깊이가 사회구조 내 기층에 존재한다. 즉, 가족제도는 이제 사회 다른 제도와 상호 긴밀하게 연결되어 있기 때문에, 사회제도의 위험과 위기에 함께 연동하고 함께 반응하는 구조이다. 가족의 위기 역시 제도가 함께 나눌 수 밖에 없는 상황이 되었다.

가족이 중요하다고 판단한다면, 우리가 가족을 통해 현실화시키고자 하는 인간 본연의 가치 - 생명과 일상성 - 를 보존하기를 원한다면, 그리고 그 속에서 우리가 살아가는 의미와 정체성을 찾고자 한다면, 이제라도 요구해야 한다. 우리 사회가, 제도가 그러한 가치를 실현하는 방향으로 변화해야 한다고 말이다. 결국 가족가치를 가족제도, 사적 영역에서 '알아서 실현'하라고 말하지 말고, 가족가치를 공공영역에서 품어달라고, 포용하라고.

법은 있으나 그 법이 다루는 범위가 제한적이면 사실 법의 존재가 무의미하게 느껴질 수도 있을 것이다. 지금까지 건강가정기본법은, 국가와 사회가 가족인지적인 정책을 할 필요성이 있음을 제기했다는 의미에도 불구하고, 사실상 그러한 소프트웨어적 정책논리를 개발하지 못하고, 하드웨어적인 전달체계 구축에 더 집중하는 모습을 보였다(송다영, 2008). 그러한 과정에서 인구정책, 사회보장정책 등 굵직한 정책들이 생산, 재생산되고 있는 반면, 가족정책은 그 힘의 싸움에서 밀리는 듯한 모습마저 보인다. 인구정책, 사회보장정책과 병렬적인 구도의 정책에 머문다면, 현재 서비스 생산구도에서 벗어나지 못할 것이다. 이 법률이 갖는 사회적 함의나 법률적 의미는 중요할 수 있으나, 실효성을 갖기 위해서는 다른 법률들과의 공조가 무엇보다도 필요할 것이다. 가족단위의 정책이 제대로 실효를 발휘하기 위해 어떠한 법논리가 필요하며, 그러한 의미에서 건강가정기본법의 현재 위상에 대해서도 생각해 볼 필요가 있다.

Debate point

부양의무자(사회복지수급권)에서 국가부양과 가족부양, 어떠한 가치가 먼저인가?

위에서 살펴본 바와 같이 가족이라는 단위와 개인의 이익은 때로는 상충되기도 하고 때로는 잘 융화되기도 한다. 변화하는 사회환경과 법제환경에서 가족은 어떻게 정의되어야 할까? '사적 영역'으로서의 가족인가 혹은 사회와 개인을 연결하고 그 자체의 역할과 의무(부담)를 안고가는 '중간체계'로서의 공공성을 띨 것인가? 위에서 제시한 두 사례를 바탕으로 주요 논쟁점은 무엇인지, 개별 주장의 장단점을 정리하여 토의해 보도록 하자.

[참고자료]
2012년도 중앙일보 기사 "기초수급자 부양, 며느리 · 사위 뺀다는데…"

노부모 부양책임을 누구에게까지 지워야 할까. 현행 기초생활보장법은 '기초수급자의 1촌 혈족과 그 배우자'에게 부양의무를 지운다. 아들과 며느리, 딸과 사위다. 그런데 새누리당이 내년부터 부양의무자 범위에서 배우자(며느리, 사위)를 빼는 방안을 추진하고 있다. 새누리당 이한구 원내대표는 지난 21일 "국채를 발행해서라도 박근혜 당선인의 공약 예산 6조 원은 증액할 것"이라고 밝혔다.

<중앙일보 2012년 12월 22일자 8면>

이 가운데 기초수급자의 부양의무자에서 배우자를 제외함에 따라 새로 수급자가 되는 28만 명을 위해 내년 예산에 1조 290억 원을 반영할 방침이다. 자식 때문에 기초수급자가 못 되는 117만 명의 '비수급 빈곤층' 중 일부를 보호하려는 차원이다. 하지만 새누리당의 대안대로 할 경우 소득과 재산 명의를 며느리나 사위로 바꾸고 기초수급자 자격을 얻는 편법이 양산될 것이라는 우려가 나오고 있다.

보건복지부 관계자는 "기초수급자 혜택 때문에 위장이혼까지 하는 사례가 있는 현실을 고려하면 도덕적 해이를 조장할 가능성이 더 크다"고 말했다. 이 때문에 전문가들 사이에서도 "너무 졸속으로 일을 추진해서는 안 된다"는 지적이 나오고 있다. 물론 부양의무자 기준이 너무 까다롭다는 비판이 있기 때문에 이를 완화하는 것은 옳은 방향이다. 하지만 더 좋은 방법도 많다.

현재 홀어머니를 둔 아들(4인 가구)일 경우 소득과 재산을 합한 소득인정액이 월 379만 원을 넘으면 부양능력이 있는 것으로 판정된다. 그러나 대도시에서 자녀를 교육시키고 생활하려면 이 정도 소득으로는 빠듯하다. 또 자식재산을 소득으로 환산해 따지는데 이 기준도 너무 가혹하다는 비판이 있어 완화할 필요가 있다.

예시) 한부모가족지원법 시행령(재원사항에 관한 규정)

사회복지사업법의 하위법률인 한부모가족지원법에서는 복지급여의 지급이 서비스의 핵심을 이루는 만큼, 이에 대한 지방자치단체의 재원부담에 대한 내용도 명시하고 있다. 법률에서도 재원분배사항을 명시하고 있고, 시행령의 별표에는 각종 수당과 서비스의 재정충원을 위해 지방자치단체와 국가가 부담해야 하는 예산비율이 명시되어 있다.

제18조(비용의 부담) 법 제25조에 따라 국가나 지방자치단체가 보조하여야 할 한부모가족복지사업에 드는 비용의 부담기준은 다음과 같다. <개정 1999.4.24, 2003.6.13, 2008.1.15, 2010.8.11, 2012.1.31, 2012.7.24>

1. 법 제12조에 따른 복지급여에 드는 비용은 예산의 범위 안에서 국가와 지방자치단체가 부담하되, 그 부담의 비율은 별표 1과 같다.
2. 법 제20조 제1항에 따라 국가나 지방자치단체가 설치하는 한부모가족복지시설의 설치 및 운영에 드는 비용은 그 한부모가족복지시설을 설치·운영하는 국가나 지방자치단체가 부담한다.
3. 법 제20조 제3항에 따른 국가나 지방자치단체 외의 자가 설치하는 한부모가족복지시설의 설치 및 운영에 드는 비용은 예산의 범위에서 국가와 지방자치단체가 그 비용의 100분의 80 이상을 부담한다.

[부록표] 국가와 지방자치단체 간의 복지급여 비용부담 비율 (제18조 제1호 관련)

<table>
<tr><th colspan="4" rowspan="2">구 분</th><th rowspan="2">국가</th><th colspan="2">지방자치단체</th></tr>
<tr><th>일반회계</th><th>교육비 특별회계</th></tr>
<tr><td colspan="3" rowspan="2">생계비·아동양육비 (법 제12조 제1항 제1호·제4호 관련)</td><td>특별시의 경우</td><td>50%</td><td>50%</td><td></td></tr>
<tr><td>광역시·특별자치시·도·특별자치도의 경우</td><td>80%</td><td>20%</td><td></td></tr>
<tr><td rowspan="6">아동교육 지원비 (법 제12조 제1항 제2호 관련)</td><td rowspan="4">입학금 · 수업료</td><td rowspan="2">국립 고등학교</td><td>특별시의 경우</td><td>50%</td><td>50%</td><td></td></tr>
<tr><td>광역시·특별자치시·도·특별자치도의 경우</td><td>80%</td><td>20%</td><td></td></tr>
<tr><td rowspan="2">공립·사립 고등학교</td><td>특별시의 경우</td><td></td><td>50%</td><td>50%</td></tr>
<tr><td>광역시·특별자치시·도·특별자치도의 경우</td><td></td><td>20%</td><td>80%</td></tr>
<tr><td colspan="2" rowspan="2">학용품비와 그 밖에 교육에 필요한 비용</td><td>특별시의 경우</td><td>50%</td><td>50%</td><td></td></tr>
<tr><td>광역시·특별자치시·도·특별자치도의 경우</td><td>80%</td><td>20%</td><td></td></tr>
</table>

CHAPTER 04

가족복지실현을 위한 전달체계 이해하기

1. 가족복지의 전달체계
2. 가족복지서비스 전달체계들의 역할과 기능

CHAPTER 04

가족복지실현을 위한 전달체계 이해하기

1. 가족복지의 전달체계

신자유주의 시대는 과거와는 전혀 다른 삶의 패턴을 양산하고 있다. 몇십 년 전까지만 해도 결혼이나 자녀출산은 개인이 연령이 증가하면서 겪는 순차적인 삶의 과정의 하나였다. 이제는 자신이 처한 상황과 조건에 맞추어 매 단계 단계에서 선택하고, 보상과 혜택을 가늠해야 하는 개인의 과업이자 과업의 실패는 빈곤과 돌봄이 부재하는 위험(risk)으로 다가오고 있다. 이에 가족이 결혼과 출산의 기능을 잃어가면서 개개인이 '돌봄의 위험' 상황(김영미, 2012)에 봉착해 있다는 자조 섞인 목소리도 왕왕 들린다. 많은 가족학자들 역시, 특정한 가족제도를 선호하기보다는 개인의 다양한 결합과 유대를 인정하는 것으로 방향을 잡은 듯하다(김영미, 2012; 이승미 외, 2012; 윤홍식 외, 2011).

앞으로의 가족복지는 다양한 삶의 방식과 생애주기를 인정하면서, 이에 맞는 맞춤형 돌봄서비스를 제공하는 방향을 모색하게 될 것임을 시사한다. 이렇게 되면, 돌봄서비스가 필요한 집단은 비단 가족해체로 인해 실질적인 돌봄의 공백을 경험하는 가족에게만 국한하지 않는다. 오히려 맞벌이가족, 양육기가족, 노년기가족 등 생애주기상 관찰되는 다양한 가족형태 모두에서 필요로 하는 서비스를 제공해야 하는 상황을 맞이했음을 말해준다. 과연 이러한 시기에 가족정책과 가족복지는 어떠한 모습이어야 하는지, 현재 가족복지의 내용들을 살펴보고, 앞으로 나아갈 방향에 대해 생각해 볼 시점이다.

캐머만과 칸(김영미, 2012 재인용)에 따르면, 가족정책의 의미는 크게 세 가지로 구분된다. 앞 장에서 살펴본 바와 같이, 가족을 명시하지는 않으나 사회정책이 가족에게 크고 작은 변화를 양산하는 경우 그것은 가장 넓은 의미에서 가족정책이라고 할 수 있다. 두 번째는 가족생활을 염두에 두고 행하는 각종 조세정책이나 연금정책, 교육정책이 하나가 될 수 있다. 즉, 가족을 인지하면서, 의도적으로 가족에게 영향을 줄 목적으로 수행하는 정책들이 포함될 수 있다. 마지막으로 세 번째는 가장 구체적인 형태로서 가족을 위한 특정한 프로그램과 사업을 의미한다. 이 세 번째의 경우 정책단위를 가구로 할지, 가족의 발달 및 생애주기에 초점을 둘지, 혹은 가족관계성에 둘지에 따라 초점이 달라진다.

이 장에서는 그 세 번째의 가족정책, 즉 구체적으로 가족복지 분야라고 알려진 프로그램과 사업에 조금 더 초점을 맞추어 살펴볼 것이다. 실제로 가족복지의 주요 목표는 앞서 언급한 바와 같이, 현대 가족이 당면한 '돌봄의 위험'을 타파하는 데 있다. 이러한 목표를 위해 학생들은 다음과 같은 의문을 가져보자. 현재 가족복지 프로그램은 현재 정책을 반영하도록 제대로 설계되었는지, 어떠한 새로운 사업과 프로그램이 요구되는지, 현재의 복지전달체계는 정책에 반응적으로 움직이는지, 그리고 끝으로 가족복지의 발전을 위해 어떠한 평가체계와 품질관리가 필요한지 그 자세한 내용들에 대해 생각해 보면 좋을 것 같다.

1) 복지전달체계가 추구하는 주요 가치

가족정책이라는 큰 그림 아래에서 이를 프로그램과 구체적인 사업으로 현실화시킨 복지업무가 현재 종합사회복지관이나 건강가정지원센터 그리고 다문화가족지원센터에서 수행하는 주요 업무들이다. 가족복지의 분야는 크게 복지정책(소의의 가족정책)과 복지서비스 분야로 양분될 수 있는데, 복지정책의 경우 가족정책의 큰 그림 아래에서 가족의 생계 및 각종 사회보장의 차원을 보살피는 분야라고 한다면, 복지서비스의 경우 개별 가족을 위한 심리적 · 교육적 서비스 제공을 뜻한다. 말하자면 복지정책은 주로 경제적 차원, 자원제공 차원의 지원을 제공한다면, 복지서비스의 경우 상담, 교육, 돌봄서비스와 같은 비경제적인 서비스 제공에 초점이 맞추어져 있다고 볼 수 있다(신경아, 2011).

이러한 가족복지업무를 수행하는 기관이 바로 가족복지 전달체계이다. 중앙정부의 가족정책을 구체적인 사업과 프로그램이라는 행정적 상품으로 구체화하고, 이를 실현에 옮기는 업무가 바로 전달체계(delivery system)의 업무내용이다. 전달체계에서 주요하게 고려될 부분은, 구체적인 사업을 어떻게 개별 개인들에게 전달할 것인가이다.

전달체계를 유통망이라는 조금은 단순한 형태로 생각해 보는 것이 도움이 될 듯하다. 배추를 판매하는 기업이 있다고 하자. 이 기업은 '김장'이라는 소비자의 욕구를 충족시키고자 한다. 이를 위해 이 기업의 최고목표는 일단 싱싱하고 질 좋은 배추를 확보하는 데 있다. 어떤 경우 기업은 질 좋은 배추생산을 위해 배추 생산량, 수요량, 배추의 질을 확보할 수 있는 생산지, 기후요건과 필요한 시기 등을 미리 추정하고, 이에 대한 예산확보, 질 좋은 배추

생산지 확보, 농민과의 계약 등 사전에 품질관리를 할 것이다.

그 후 기업은 이 배추를 분배할 계획을 세워야 한다. 배추를 원하는 소비자는 다양하다. 질 좋은 배추이니 고급 백화점이나 유명한 대형할인매장에 판매할 수도 있을 것이다. 재래시장 상인에게 판매를 할 수도 있으며, 트럭으로 배추를 판매하는 소상공인들도 있다. 최근에는 대규모 아파트 단지나, 신도시에 주거지역별 지역시장이나, 협동조합 장터가 활성화되고 있어서 직접 소비자에게 직거래를 할 수도 있다. 그럼 기업은 이러한 다양한 판매망 속에서 어디를 공략할까?

기업이 확보한 다양한 판매망, 그것이 바로 유통체계 혹은 전달체계이다. 그리고 그 전달체계에 따라 도달하게 되는 소비자가 달라지며, 포장기술, 그리고 가격까지 달라진다. 배추를 판매하는 민간기업은 이윤을 창출하는 것이 기업활동의 목적이다. 따라서 상품을 어떠한 과정을 거쳐서 유통시킬지를 선택해야 하는데, 이때, 소비자 욕구에 부응하면서도, 이들이 추구하는 가장 높은 가치, 즉 기업의 이윤을 극대화(수익창출)하는 방향에서 전달체계를 선택하게 된다.

그런데 만약 배추를 판매하는 목적이 이윤을 창출하는 것이 아니라 소비자의 욕구를 충족시키는 데 더 강조점이 있다고 가정한다면 전달체계를 선택하는 방식을 달리해야 할 것이다. 어떤 목적의 김장인지, 누가 김장을 하는 것인지, 어떻게 하면 소비자 욕구를 더 잘 충족시킬 수 있는지(서비스의 목적과 기능), 더 많은 소비자를 충족시킬 수 있는지 고민하게 된다. 또한 누가 전달하고자 하는 그 운영주체에 따라 서비스가 이루어지는 장소선택의 방법, 유통방법, 그리고 어느 정도의 배추를 전달하고, 김장을 하는 방법까지 전해줄지 그 전문성의 수준에 대해서도 체계적인 고민이 필요하다.

복지서비스를 전달하는 체계에서는 공공재를 생산하고, 공공재를 유통시키기 때문에 이러한 시스템을 구축할 때 지켜야 하는 몇 가지 원칙이 있다(고경환 · 강지원 · 김용민, 2010; 최성재 · 남기민, 2010). 개론적인 부분이기는 하나 이 내용은 전달체계를 이해함에 있어 중요하니 한 번 더 짚고 넘어가도록 하자.

첫째, 전문성의 원칙이다. 클라이언트가 교육이나 상담, 혹은 어떠한 프로그램에 참여하고자 했을 때는, 본인들이 생각하는 문제가 해결되기를 바라고 기관을 찾게 된다. 그런데 그 문제를 바라보는 시각이나 프로그램 진행이 어설프다고 판단이 된다면, 클라이언트 입장에서는 투여한 시간과 재화가 아무런 효용가치를 갖지 못한다고 판단할 수 있다. 따라서 복지서비스는 클라이언트로 하여금, 정말로 본인이 처한 문제를 제대로 진단받고, 제대로 해결할 수 있도록 해야 한다. 이러한 원칙을 위해서는 서비스 제공자의 전문성, 자격요건을 통해 검증이 가능하다.

두 번째 원칙은 적절성의 원칙이다. 제공하는 서비스가 질적 · 양적 측면에서 과연 얼마나 목표에 근접할 수 있는가를 고민해야 하는 부분이다. 해당 서비스가 문제를 해결하는 데 과연 도움을 주었을까? 우리가 적절성을 따질 때, 보육비 지급을 예로 많이 든다. 지방자치단체나 센터에서 보육비의 일부를 지원한다고 했을 때, 전체 필요한 보육비를 100이라고 할 때, 10을 주어도 일부 지원이고, 50을 주어도 일부 지원이다. 그런데 이러한 가격은 보육서비스의 질과 직결된다. 가장 이상적인 방안은 지원수준과 서비스 품질이 욕구를 충족할 수준에 수렴하도록 기획하는 것이다.

이것을 가능하게 하려면 어떻게 해야 할까? 적절성의 원칙은 얼마나 주었을 때, 클라이언트의 욕구가 해결될 수 있는지 끊임없이 고민해 볼 부분이다.

세 번째와 네 번째로 포괄성과 통합성이 있다. 이 두 개념은 상당히 비슷해서 학생들이 어려워하는 개념이다. 결론부터 말하자면, 포괄성은 서비스를 받는 클라이언트의 입장이고, 통합성은 조직차원의 구성방법이다.

예를 들어, 알코올중독을 겪는 가족원을 둔 가족이 센터에 도움을 청했다고 가정하자. 알코올중독은 다양한 요인이 원인이 되어 나타난다. 개인의 스트레스가 원인일 수도 있고, 가족체계의 지지가 부족해서 온 결과일 수 있으며, 본인이 오랫동안 지속해 온 습관 때문에, 혹은 사회문화가 술을 권하기 때문일 수 있다. 한 가지 원인이 아니라 이러한 다양한 원인들이 복합적으로 작용한 결과일 가능성도 또한 있다. 아마도 이러한 문제는 해결책도 다양한 방식으로 제시될 수 있을 것이다. 스트레스 완화방법, 생활습관을 개선할 수 있는 다양한 전략과 함께, 가족치료나 상담이 요구될 수 있다. 또한 우리 사회의 음주문화의 문제점에 대한 교육, 가족원들이 이러한 개인 - 사회적 상황을 이해하는 노력도 요구될 수 있다.

이때, 포괄성의 원칙을 강조한다는 것은 클라이언트가 한 곳에서 이러한 진단과 해결책을 한꺼번에 제공받을 수 있게 서비스 프로그램을 구성하라는 원칙이다. 한 명의 전문가가 복합적인 진단을 하고 개별적으로 접근하여 맞춤형 서비스를 제공할 수도 있을 것이다. 그런가 하면, 나타난 진단에 대해 각 분야의 전문가가 투입되어 각기 다른 서비스를 동시다발적으로 제공할 수도 있을 것이다. 한편 통합성의 원칙은, 이렇게 개개인에게 포괄적인 서비스를 제공하기 위해, 센터나 기관 내에서 개별 서비스를 제공하는 조직이 서로 연계되도록 조직구성이 짜여야 한다는 것을 의미한다. 통합적이고 유기적인 업무분담이 이루어지도록 하는 것, 그러한 조직은 어떻게 구성되어야 할까?

다섯 번째는 지속성의 원칙이다. 우리가 클라이언트와 그들이 가지고 있는 욕구나 문제를 살펴보면, 단 한 번의 처방으로 문제가 해결되는 경우는 거의 없다. 우리가 사례관리를 해나가다 보면, 한 가지 문제가 해결되면, 그와 관련된 다른 욕구와 문제가 발생하고, 이러한 일련의 문제도출 - 해결의 과정을 거치면서 서서히 긍정적인 방향으로 나아지는 것을 발견하게 된다. 이 지속성의 원칙은 전달체계의 서비스가 문제의 발단과 그 해결의 과정을 지속적으로 관찰할 수 있게 구축될 필요가 있음을 강조한다. 이는 앞서 통합성과 포괄성의 원칙과도 연결되는데, 결국은 끊임없는 모니터링과 관찰을 통해 클라이언트의 변화방향을 주시하면서 적절한 시기에 적절한 서비스를 제공하는 민감한 서비스체계 구축이 필요하다.

이러한 지속성, 통합성과 포괄성을 실현시키기 위해서는 일단 가장 중요하게 요구되는 것이 기관이 가지고 있는 접근 용이성일 것이다. 따라서 여섯 번째는 전달체계의 속성 중에서 가장 중요하다고도 볼 수 있는 접근 용이성에 관한 원칙이다. 접근 용이성은 두 가지 측면으로 제시될 수 있다. 하나는 지리적인 접근성이다. 기관의 위치나 대중교통의 접근성, 공간적인 문제뿐 아니라 최근에는 장애인들을 배려하는 시설적 부분(엘리베이터, 경사면, 채광)까지도 접근가능성의 한 측면을 반영한다. 또 한 가지 차원은 서비스 이용자나 클라이언트 자격기준에 대한 사항 때문에 서비스 이용에 있어 어려움이 있는지 살펴볼 필요가 있다.

이렇게 제도적으로 서비스나 기관이용에 문제가 있는지 여부는 평등성의 원칙에서도 한 번 더 강조한다. 일곱 번째로 평등성의 원칙은 성별이나 연령, 국가, 소득, 종교나 사회적 지위의 이유로 서비스 이용에 제한을 받지 않도록 복지전달체계의 적절한 배려가 필요하다는 사항이다.

마지막으로 책임성의 부분이다. 전달체계, 특히 공적 서비스를 수행하는 전달체계에서 가장 요구되는 부분이 이 책임성의 부분일 것이다. 서비스 체계를 구축하고, 서비스나 프로그램을 구성하는 부분에서부터 전달하고 사후 관리하는 부분까지 일체의 과정에서 책임성의 문제가 제기될 수 있다. 이 책임성의 문제는 위에서 우리가 살펴본 7가지 원칙, 즉 과연 서비스는 문제해결에 적절하며, 전문가에 의해 이루어지고 있는지, 클라이언트는 문제해결을 위해 충분히 다양한 서비스를 제공받고 있는지, 이러한 복합적인 서비스는 체계적이고 유기적으로 제공되는지, 그리고 문제가 해결될 때까지 전달체계는 지속성과 접근 용이성을 충분히 발휘하고 있는지는 각 지점에서 체계적으로 검토해야 할 원칙이다.

2. 가족복지서비스 전달체계들의 역할과 기능

1) 가족복지분야에서 공적 전달체계와 사적 전달체계

지난 2000년 이후 복지정책과 복지서비스의 급속한 팽창에 힘입어 이제는 개별 지역사회 내에서 복지업무를 수행하는 기관을 어렵지 않게 찾을 수 있다. 지역사회의 종합사회복지관들의 경우 복지대상의 폭을 넓히고 지역사회 주민의 편의까지 챙기면서 그 수가 많이 늘었다. 일반 주민의 주요 복지업무수행을 위한 시설 이외에도 노인 및 장애인 단기보호센터, 아동보호센터 등 부속기관을 가지고 있는 경우가 더러 존재한다. 일부 주민센터의 경우에는 행정기관임에도 불구하고 지역에 복지서비스를 제공하는 기관을 대신하여 하나의 건물 내에 어린이집, 마을도서관, 스포츠센터 등 다양한 복지센터와 가족복지 프로그램을 배치하기도 한다. 이러한 공공서비스만 존재하는 것은 아니다. 이제는 지역사회를 둘러보면, 청소년 수련원, 각종 종교단체들에서도 가족관련 이벤트와 부모교육, 청소년 상담과 부부상담 프로그램들이 존재한다.

현재 가족정책과 가족복지업무는 건강가정기본법이라는 법제에 의거하여 사실상 다양한 형태의 가족복지의 모습으로 지역사회 주민들에게 다가가고 있다. 법률에 의거한 건강가정지원센터가 가족복지정책과 복지서비스를 수행하는 주요 기관이기는 하나, 지역사회 내에서 가족복지를 실천하는 유일한 기관은 아니라는 점을 기억할 필요가 있다. 따라서 지역사회 내에서는 어떠한 가족복지서비스 제공기관이 있는지, 각 기관의 역할과 기능은 무엇인지 점검해 보자.

과거에 국가나 정부가 개인의 복지문제에 지금처럼 깊숙이 개입하지 않을 때는 대부분 사적인 전달체계, 그중에서도 가족체계에 의해 복지문제가 많이 해결되었다. 그런데 최근에는 국가나 지방자치단체, 기업, 종교단체나 사회복지재단 등 다양한 체계들이 등장하면서, 가족복지분야에서의 전달체계도 다변화되고 있다. 이러한 다양한 체계들을 어떻게 구분할까? 전달체계는 크게 공적(public) 전달체계와 사적(private) 전달체계로 구분해 볼 수 있다(이선형 · 임춘희, 2011).

공적 전달체계는 주로 국가나 지방자치단체에 의해 운영되며, 그 재원은 조세수입에 의해 이루어진다. 가장 쉬운 예가, 국민기초생활보장제도에서 수급자의 선정과 수급자에 대한 다양한 급여를 제공하는 것이다. 이러한 국가서비스는 지방자치단체(시 · 군 · 구, 읍 · 면 · 동) 단위의 행정망과 그 조직을 이용한 전달체계를 이용하게 된다.

이와 같은 공공부조나 주요 사회보험업무를 제외한 서비스 분야, 즉 개개인의 욕구와 필요에 반응하는 서비스를 제공하기 위한 전달체계는 클라이언트를 '직접 만나고 대면하는 업무'라는 점에서 사적 전달체계라고도 부른다. 이 사적 서비스 전달체계는 다시 공식적인 전달체계와 비공식적인 전달체계로 갈라진다. 비공식적인 체계의 가장 대표적인 유형은 전통적으로 가족복지를 책임지어온 가족이다. 반면에 공식적인 전달체계는 각종 건강가정센터를 비롯하여 복지재단, 사회복지시설에서 수행하는 서비스가 해당된다. 이 장에서는 가족복지서비스 분야를 다루게 된다. 가족원들이 자발적으로, 혹은 의무로서 행하는 비공식적인 체계가 아닌 공식적 서비스 분야를 다룬다고 보면 될 것이다.

이들 공식적인 서비스 전달체계는 국가와 지방자치단체와 긴밀하게 협조하기는 하나, 재정 면에서 일부만 지원을 받고 나머지 재원은 후원이나 위탁기관의 사업비 출연, 그리고 프로젝트 수주의 형태로 운영된다. 이렇게 국가나 지방자치단체의 재원을 일부 보조받는 것은 조직의 차원에서는 관료제적 특성을 벗어나 융통적이면서 창의적이고 환경변화에 유연한 모습을 갖는 장점이 있으나, 반면에 재정차원에서는 상당히 유동적이고 다소 취약한 모습을 보일 여지도 있다. 그러나 역으로 생각한다면, 비공식적인 전달체계와 비교해 볼 때, 공식적인 서비스 전달체계는 이러한 일부 재원이라도 지원을 받는 형식을 취하고, 법률에 따라 시설기준, 서비스의 종류와 책임성 부분의 규제를 받는 조직이라는 점에서 이곳에서 제공하는 서비스는 공공재(public goods)의 성격을 갖게 된다.

한편 이러한 공식적인 서비스 전달체계 내에서도 어느 정도의 영리적인 이윤을 추구하면서 서비스를 제공하는 경우도 많이 등장하고 있다. 사회복지사업법에 의거한다면, 복지서비스나 재가복지서비스를 제공하기 위해서는 법인의 형태를 갖도록 규정하고 있는데, 이들이 모두 정부로부터 재원을 얻는 것은 아니다. 또한 이러한 공식적인 서비스 전달체계 가운데, 일부는 민간부문(민간영역, 혹은 시장)이라고 하여 복지사업을 수행하기는 하나 수익성도 함께 추구하고자 하는 분야도 존재한다. 이러한 대략적인 구분을 기억하면서, 다음에서는 가족복지분야의 주요 전달체계들에 대해 살펴보도록 하자.

2) 종합사회복지관의 가족복지분야

건강가정기본법이 효력을 발휘하기 전에, 공적 서비스로서 지역사회에서 가족복지서비스를 제공해온 기관은 사회복지관이었다. 사회복지관의 주요 업무내용을 보더라도 가족복지는 지역개발이나 자원연계 및 사례관리의 틀 안에서 상당히 중요한 위치를 차지한다. 더욱이 최근 들어 장애인복지, 노인단기요양, 치매노인 보호 및 취약아동 보호기능까지 복지관에서 흡수하면서, 이들 취약 클라이언트의 가족이 수행하지 못하는 돌봄노동 부분에서의 지원, 그리고 가족체계에서 필요한 서비스를 통합적으로 지원하는 것을 목표로 한다.

실제로 건강가정기본법이 실효성을 발휘하기 이전에 조사된 바에 따르면, 이미 사회복지관 및 재가복지센터에서는 가족관계 증진사업, 가족문제해결 치료사업, 가족기능보완사업, 부양가족 지원사업 등 가족복지사업들이 실시되고 있었다. 다만, 이러한 프로그램들은 대부분 취약계층(국민기초생활보장수급자, 또는 차위계층), 요보호대상자(노숙자, 보호대상아동 등)를 주요 클라이언트 그룹으로 상정해왔다. 때문에 당시 가족복지서비스는 보편적 형태의 가족정책을 수행하는 데 있어 타깃대상이 제한된다는 한계를 지니고 있었다. 그동안에 사회복지관에서 이루어진 가족복지서비스의 기술적인 측면 역시, 개입 후 사후관리, 자원연계 등 취약가족이 처한 상황해결에 더 집중한 측면이 있었기 때문에, 실제로 다양한 클라이언트와 그들의 욕구에 맞는 프로그램 개발과 실행에는 서비스의 통합성이나 전문성 면에서 문제점을 노출한 측면이 있었다.

① 사회복지관의 가족복지는 어떤 특징이 있나요?

감정기 · 백종만 · 김찬우(2012), 오정수 · 류진석(2012)에 따르면, 지역사회 주민을 대상으로 보호서비스, 재가복지서비스, 자립능력 배양을 위한 교육훈련과 같은 복지서비스 구현, 가족기능 강화 및 주민 상호 간 연대감 조성과 같은 각종 지역사회문제를 예방하고 치료하는 공적 서비스 전달기구라고 볼 수 있다. 우선사업대상자로 선정된 취약계층에 대한 서비스 제공이 사회복지관의 주요 사업의 하나가 된다. 그 기존의 인구대상별 사업이 지역욕구조사를 바탕으로 한 기능별 사업으로 전환하는 과정에 있다. 따라서 지역욕구도 조사를 바탕으로 우선지원대상자를 선별하고, 그들에게 필요한 서비스와 보호사업을 주축으로 사업이 배치되며, 그와 더불어 지역자원 개발, 지역문화 선도와 같은 전체 지역주민을 대상으로 하는 사업을 병행하는 구도라고 판단할 수 있을 것 같다.

3) 건강가정지원센터의 가족복지분야

건강가정기본법하에 건강가정지원센터에서 실시하는 가족복지서비스는 후발주자였던 탓에 이러한 사회복지관이나 민간에서 이루어진 가족복지의 업무를 어느 정도 수용하면서, 새롭게 프로그램을 개발해야 하는 어려움이 있었던 것이 사실이다. 사정이 이러하다 보니 건강가정지원센터에서 추구하는 사업의 목적과 그 사업이 이루고자 하는 클라이언트의 욕구에 대한 명확한 인식이 필요하다. 사회사업마케팅으로 따지면, 사회사업 포지셔닝(positioning)에 대한 치밀한 조사와 전략이 요구되는 것이다. 지역사회에서 가장 대표적인 가족복지사업을 추진하는 종합사회복지관과 건강가정지원센터를 비교하고자 하는 바는 어떤 대상에게 어떠한 사업을 실시할 것인지, 두 기관의 기능과 지역사회에서의 역할분배 문제를 해결하고 효과적인 의사결정을 하고자 하는 데 있다. 건강가정지원센터의 자세한 조직구성이나 관련 프로그램에 대해서는 제5장에서 더 자세하게 살펴보게 된다. 여기에서는 건강가정지원센터가 지역사회에서 어떠한 위치와 역할을 담당해야 하는지 조금 더 생각해 보자.

① 건강가정지원센터의 초기 모습은 어떠했나요?

이선형과 김근홍(2004)은 초기 건강가정지원센터가 시범사업을 할 당시, 가족복지사업을 진행 중이던 종합사회복지관과 건강가정지원센터의 가족복지사업의 내용을 분석한 연구논문을 발표한 바 있다. 이 연구논문에 따르면, 건강가정지원센터 중에서도 서울시가 숙명여대에 위탁하여 운영한 용산구 건강가정센터와 여수시가 직영했던 여수시 건강가정센터의 가족복지사업 내용이 약간씩 색깔을 달리하여 운영되었기 때문에, 좋은 비교가 될 수 있을 것이다.

2004년 당시 시범사업으로 선보인 용산구 건강가정지원센터는 교육기관이 위탁을 하고 있었던 만큼, 다양한 프로그램을 동원하여 의욕적이며 참신한 사업이 많았다. 가족복지에 관한 프로그램은 크게 상담팀, 교육팀, 문화팀, 그리고 리더십 및 여가생활을 혼합한 가족친화적 프로그램들이었다. 상담팀의 경우 가족치료와 집단상담, 부부대화법 강의가 주요 사업으로 나타난다. 생활교육팀에서는 강연회 및 교육 프로그램들이 소개되었다. 문화팀은 지역사회의 건강가정에 관한 요구도 조사를 실시하고, 자원을 연결하는 사업들이 선보였다. 여가 및 리더십 프로그램들은 송편 만들기, 어르신 건강댄스, 전통혼례체험 등 가족들이 여가생활을 이루고, 생활에 활력을 갖게 하는 다양한 체험 프로그램들을 내놓았다.

그에 반해, 여수시의 경우 여수시의 공무원이 센터장을 겸임하는 구도를 취하였다. 건강가정지원 담당공무원의 지원 아래에서 상담, 교육 그리고 문화의 세 가지로 사업구성을 가지고 있었다.

여수시에서 제시된 사업들 역시 서울 용산시의 사례와 매우 유사한데, 아무래도 프로그램의 전문성이나 인력 및 역할이 관의 주도였던 만큼, 기존의 사회복지관과 차별성을 이루는 데 일정부분의 한계를 드러냈다.

한편 김해시의 건강가정지원센터는, 서울 용산시에 비해 지역주민의 건강문제, 부모교육, 그리고 가정의 날 홍보물 제작 및 가족관련 캠페인과 행사까지 진행하는 적극성을 보여왔다. 이는 김해라는 도농복합지역의 가족복지인 만큼, 서울 도심지역과는 차별적이면서도 지역사회에 깊숙이 파고드는 전략이 요구되었기 때문으로 파악된다.

이처럼, 이미 가족복지의 인프라가 종합사회복지관이나 민간에서 실시하던 환경에 새롭게 건강가정지원센터가 포진하기 위해서는 상당한 조사와 프로그램 개발에 대한 심도있는 노력이 요구되었던 것이 사실이다. 이선형과 김근홍(2004) 역시 당시의 상황에 대해 건강가정지원센터에서 실시하는 프로그램들의 독특성과 차별성이 크게 부각되지 못했던 점을 지적하였다. 이는 마케팅의 입장에서 보면, 소비창출의 입장에서 틈새시장을 공략해야 하는데, 그를 위한 철저한 준비와 전략이 필요했다는 것을 의미한다.

이러한 시범사업을 거치면서 건강가정지원센터는 각 지역사회에 배치되었고, 때로는 주민들의 환영을 받으며, 지역사회에 잘 융합하고, 잠재되어 있던 가족복지의 수요를 창출하는 성과를 내는가 하면, 또 어떤 곳에서는 지역의 여타 복지센터나 민간업체와 치열하게 경쟁하면서 틈새시장을 공략해야 하는 어려운 상황에 봉착한 경우도 있었다.

4) 다문화가족센터의 가족복지분야

다문화가족지원센터는 다문화가족지원법에 근거를 둔 기관으로 다문화가족지원법이 시행된 2008년 이후에 지역사회에 안착하였다. 시기적인 배경은 우리나라의 국제결혼비율이 1995년 이후 꾸준히 증가하여 2005년 혼인율의 13.5%를 차지하며 정점을 찍으면서 시작되었다고 볼 수 있다. 외국인의 혼인이주가 본격화되면서, 혼인이주 배우자의 한국 내 정착과 한국인 - 외국인 부부 사이에서 출생한 자녀의 사회적응문제가 본격적인 사회이슈로 등장한 것이다. 한국의 농촌지역은 2000년대 들어오면서 외국인 비율이 급격히 늘어나는 이른바 '세계화된 지역'이 되었고, 가장 전통적인 사고방식과 생활방식을 고수하던 농촌지역의 공동체와 학교는 갑작스럽게 외국인을 대해야 하는 상당히 충격적인 상황이 벌어졌다.

이에 농촌지역과 도시변두리 지역을 중심으로 이른바 '다문화가족'이 지닌 특별한 욕구와 어려움을 해결하는 데 목적을 두고 다문화가족지원센터가 설립된다. 이 다문화가족지원센터는 기존에 존재하는 종합사회복지관, 건강가정지원센터와 병렬적으로 위치하면서, 특별히 '다문화 속성을 가진 가족'을 지원하는 목적을 가지고 설립된 것이다.

그렇다면 다문화가족지원센터에서 서비스를 제공하는 가족은 어떤 가족들인가? 현행 다문화가족지원법에 따르면 다음과 같다.

[제2조 제1항] "다문화가족"이란 다음 각 목의 어느 하나에 해당하는 가족을 말한다.

가. 재한외국인 처우 기본법 제2조 제3호의 결혼이민자와 국적법 제2조부터 제4조까지의 규정에 따라 대한민국 국적을 취득한 자로 이루어진 가족

나. 국적법 제3조 및 제4조에 따라 대한민국 국적을 취득한 자와 같은 법 제2조부터 제4조까지의 규정에 따라 대한민국 국적을 취득한 자로 이루어진 가족

[제2조 제2항] “결혼이민자등”이란 다문화가족의 구성원으로서 다음 각 목의 어느 하나에 해당하는 자를 말한다.

가. 재한외국인 처우 기본법 제2조 제3호의 결혼이민자

나. 국적법 제4조에 따라 귀화허가를 받은 자

위에 제시된 제2조 제1항에 따르면, 다문화가족으로 인정되는 가족은 한국인 - 결혼이민자로 들어와 국적획득을 한 경우가 해당된다. 여기에서 ‘결혼이민자’는 한국인과 혼인한 적이 있거나, 현재 한국인과 혼인관계에 있는 외국인을 일컫는다. 결혼이민자는 국제결혼이 이루어지는 현재의 패턴으로 볼 때, 한국남성 - 외국여성의 조합으로 이미지를 떠올리지만, 엄밀하게 따지면, 한국여성 - 외국남성의 조합도 가능하다.

또한 제2조 제1항의 두 번째 항목을 보게 되면, 한국국적을 취득한 외국인 - 외국인의 결합이나, 부부 중 어느 한 사람이 한국국적을 취득한 경우 한국국적 외국인 - 외국인의 결합에 따른 가족형성사례도 사실상 다문화가족지원이 가능한 상황이다. 가령 혼인이주 후 한국국적을 취한 A라는 외국인 여성이 갑작스레 사별을 경험했다고 생각해 보자. 우리나라 남성과 사이에 아이를 둔 A가 생계를 위해 외국인들이 많이 거주하는 안산지역에서 취업해 있다. 이곳에서 고단한 삶을 위로해 주는 동향 사람(B)을 만나 다시 재혼하는 경우가 얼마든지 가능하다. 이때 재혼한 남성이 외국인(B)이라고 할지라도, 이미 A가 한국국적을 취득해 있고, 한국국적의 아동을 양육하고 있다면, 이는 내국인과 동일한 법적 지위를 갖는다. 이 여성이 외국인과 재혼을 하게 되면, 다시 한국

국적의 외국인 여성(A) - 외국인 남성(B)의 조합으로 다문화 정책의 혜택을 받을 수 있는 권리가 생긴다.

다문화가족지원센터는 국제결혼이 증가하고 있는 최근의 패턴과, 한국사회의 다인종화 - 다민족주의를 염두에 두고 있다고 볼 수 있다. 이처럼 법에서 정하고 있는 대상자가 의외로 넓다보니, 다문화가족지원센터의 사업은 기존의 가족복지사업의 일부를 흡수하면서, 다문화 상황과 외국인의 한국 내 적응까지 돕는 매우 넓은 분야를 다루게 되었다. 특히 초기에 동화(assimilation)정책과 통합 및 적응(adaptation)정책 사이에서 무게추를 가늠하던 정책과는 달리 최근의 다문화가족지원법에 대한 개정 이후 정책은 점차 외국인의 통합과 적응으로 그 무게를 틀고 있다.

이에 따라 다문화가족지원센터에서 부담해야 하는 영역은 더 넓어진 상황이다. 수행하는 내용을 보게 되면 아래와 같다. 가족복지 차원에서 이루어지는 교육과 상담 및 가족 지원사업 이외에도, 한국어교육, 한국사회 적응을 위한 정보제공(법률, 교육, 의료 및 보건정보까지 포함), 외국인 관련기관과 비영리단체, 일자리사업, 언어보조 및 통역 · 번역사업 등까지 아우르는 전문분야를 포괄해야 하며, 그에 따르는 전문가 집단과 협업체제가 요구된다.

1. 다문화가족을 위한 교육 · 상담 등 지원사업의 실시
2. 결혼이민자 등에 대한 한국어교육
3. 다문화가족 지원서비스 정보제공 및 홍보
4. 다문화가족 지원관련 기관 · 단체와의 서비스 연계
5. 일자리에 관한 정보제공 및 일자리의 알선
6. 다문화가족을 위한 통역 · 번역 지원사업
7. 그 밖에 다문화가족 지원을 위하여 필요한 사업

따라서 여기에서는 다문화가족을 지칭하고는 있으나, 아직 외국인 정책이 명확하게 제시되지 않은 상태에서 다문화가족지원정책은 외국인 정책에 대한 색깔이 가족지원정책보다 더 강하게 나타나고 있다. 이 때문인지, 실제로 다문화가족 가운데서는 건강가정지원센터나 종합복지관으로 그들의 가족복지에 대한 수요를 찾아나서는 사례들도 등장하고 있다.

5) 가족복지의 사각지대

① 사각지대 해소전략과 문제점은 없나요?

앞서 마케팅 용어 중에서 틈새시장을 공략한다는 언급을 하였다. 틈새시장, 즉 지역사회의 주요 인구를 타깃으로 하는 것이 아닌, 말하자면 숨어있는 욕구를 알아내고, 그 속에 잠재되어 있는 작은 욕구들을 하나하나 해결해나가는 전략을 의미한다. 아마도 복지정책을 배운 학생들은 사각지대라는 용어를 쓰면 이해가 더 빠를 것이다.

국민연금정책이나 국민건강보험정책에서 사각지대라고 한다면, 보편적 복지로부터 혜택을 받지 못하는 소수자를 일컫는다. 예를 들어, 국민연금의 경우 일정한 직업이나 소득이 없는 경우, 혹은 소득을 파악하기 어려운 경우가 연금보험료를 지불하지 못하면서, 추후 수급권을 획득하지 못하면서 사각지대를 형성한다. 또한 국민연금은 최소연금가입기간을 10년으로 정해놓았기 때문에, 사정상 10년 이하의 가입자는 반환일시금을 받을 수 있지만, 연금으로 수급은 곤란해져, 노후소득이 위험해진다. 이처럼 사각지대란, 정책의 수혜가 아쉽게도 빗겨가는, 혹은 정책수혜의 조건에 해당하지 못하고 낙오되는 대상자를 일컫는다. 사회보험의 경우 보편적 제도로 구성했기 때문에, 다양한 사각지대 완화방안이 모색되고 있다.

가족복지의 사각지대는 어떠한가? 앞서 종합사회복지관, 그리고 다문화가족지원센터에서 나타나는 바를 살펴보면, 종합사회복지관에서 이루어지는 주요 가족복지사업에서는 제외되고, 민간연구소나 종교기관의 각종 가족복지 프로그램으로부터도 배제 혹은 접근이 어려운 수요층이 존재하게 된다. 종합사회복지관에서 이루어지는 가족복지는 그 주요 타깃이 아무래도 지역 내에 있는 취약계층에 쏠려있었다. 취약계층의 어려움, 취약계층의 위기를 그때그때 치유해왔다. 장애인이나 치매노인보호, 아동보호센터까지 부설기관으로 포함하고 있는 경우 가족복지는 그러한 요보호 개인과 그 가족을 돕는 데 활용되었다. 그에 비해 민간연구소의 경우 비용이 높거나, 심각한 문제를 가지고 있는 가족들이 이용하는 경우가 많았다. 종교기관의 프로그램 역시 종교단체에서 주 활동계층만 수혜를 받는 경우가 많아 접근성에서 이미 제한성을 가지고 있었다. 때문에 지역사회에 존재하는 일반시민이나 가족은 지역사회복지관의 가족복지서비스를 받는데 있어 우선순위에서 밀리는 형국이었다고 볼 수 있다. 가족복지의 차원에서는 역설적으로 보편적 가족복지의 수혜자들이 사각지대를 형성하고 있다.

건강가정지원센터의 등장은 결코 규모로 볼 때 작지 않은, 사각지대를 해소해야만 하는 상황에서 지역사회에 파고들었다. 상담과 교육, 그리고 문화적인 다양한 캠페인과 활동이 지금까지 건강가정지원센터들이 해온 주된 사업을 차지한다. 더욱이 가족해체가 심각했던 2000년대 초반의 문제의식을 고스란히 반영했기 때문에, 존재하는 가족들의 기능을 지켜나가고, 문제있는 가족역할과 기능을 회복하는, 소위 예방적 사업에 초점을 맞춘 점도 초기 건강가정지원센터들이 추구하던 목표였다. 특히 대상별 치료와 상담 위주의 기존 복지서비스 체계에 문제점을 제기한 것도 건강가정지원센터의 역할이 컸다. 대상별 서비스와 가족을 단위로 한 서비스가 상호 조화를 이루는 것이 필요하다는 인식, 이에 대한 제도적 보완이 건강가정지원센터가 초기에 표방했던 역할이자 지역사회 내에서의 기능이었다고 볼 수 있다.

건강가정지원법이 국회를 통과한 지 이제 10년을 바라보고 있다. 초기의 전략과 지역사회요구 역시 변화했을 가능성이 크다. 더구나 종합사회복지관이나 다문화가족지원센터가 그 성격상 인구집단 내에 특정 욕구를 가진 집단과 그들을 위한 차별적 서비스를 제공하고 있어서, 동일한 지역사회 내에서 소외된 대다수의 욕구를 아우를 만한 사업의 규모와 사업내용이 요구된다. 그러한 의미에서 현재 건강가정센터의 프로그램과 지역사회에서의 위치매김에 대한 중요하면서도 의미있는 제안들이 여러 곳에서 감지된다는 점은 분명 반가운 일이다.

6) 앞으로의 과제

이 장을 시작하기에 앞서 돌봄의 공백이 새로운 사회위험으로 다가오고 있으며, 이를 타파하도록 전략을 세우는 일이 앞으로 가족정책의 전달체계가 이루어야 할 과제라는 점을 살펴보았다. 현재의 사업들, 그리고 현재 지역사회에서 다양한 가족복지를 구현하고 있는 전달체계들은 이제 이 '돌봄체계 확립'에 모든 중지를 모으고 있다. 현재의 가족체계가 이루지 못하는 다양한 돌봄 공백 상황에 효과적으로 대처하는 방안들이 모색되고 있다(김준기 · 이준희, 2006; 이선형 · 김 근, 2004; 이현숙, 2011). 다만, 돌봄의 공백을 채우기는 하나, 기존의 가족을 해체하는 것은 아니라는 점은 분명히 해둘 필요가 있다. 즉, 돌봄을 제공하나 가족들을 도와주는 형태에서, 가족과 같은 친밀감으로 접근해야 이 효과가 있다. 지역사회 내에 존재하는 다양한 가족복지 전달체계들이 '가족을 인지하면서, 가족 같은 환경을 이루는 서비스' 제공에 조금 더 초점을 두어야 한다는 것을 시사한다. 공공의 영역이 결국 가족가치를 담아내고, 그것을 사회적으로 파급할 수 있는 역량을 발휘해야 함을 말한다. 여기서 말하는 가족가치는 핵가족주의에서 말하는 친밀성, 낭만적 사랑을 응용하되 그것보다는 조금 더 큰 의미여야 할 것이다. 치열한 경쟁 대신 상호 간 지원, 절대적 독립이 아닌 호혜적 의무, 그리고 익명적 일시성이 아닌 정서적 친밀성과 관계의 지속성의 차원이 아닐까?

① 건강가정지원센터의 앞으로 나아갈 길에 대해서는 어떠한 논의들이 있나요?

첫째, 건강가정지원센터가 지역사회에서 독특한 서비스제공기관으로서 기능하고자 한다면, 가족단위의 서비스라는 점을 조금 더 부각시킬 필요가 있다. 대상별 서비스는 상당히 분화하고 있다. 지역사회에는 이제 아동보호 및 복지센터, 장애인 복지센터, 노인복지센터 그리고 종합사회복지관까지 다양한 공공복지기관이 공존하고 있으며, 이러한 센터에서 이미 대상별 사업을 다면도로 펼치고 있다. 사회마케팅의 관점에서 본다면, 건강가정지원센터는 가족을 단위로 서비스를 한다는 강점을 가지고, 이러한 지역사회센터와 서비스 공유 내지는 서비스 연계를 단행할 필요가 있다. 그렇게 하기 위해서라도 가족상담, 가족치료, 집단가족상담, 가족교육 프로그램에서 가족을 단위로 수행하는 프로그램에 대한 개발이 필요하다.

둘째, 앞에서 언급한 바와 같이, 가족이 당면한 가장 중요한 과제인 '돌봄의 위험'을 보호하기 위한 사업과 관련해서 건강가정지원센터의 프로그램들은 얼마나 부합해왔나 하는 점이다. 가족상담과 치료, 가족교육은 현재의 가족역기능을 해소하고, 해체를 예방하여 잠재적 위험으로부터 보호하자는 의도가 깔려있다. 그런데 돌봄의 위험이라는 것은 가족원들이 스스로 인지된 힘으로 해결해나가기 어려운 부분도 많다. 가령 맞벌이부부의 자녀양육의 문제라든가, 치매노인의 돌봄문제, 갑작스러운 가족원의 사고나 사망으로 인한 가족기능과 역할의 부재는 이들의 역할강화에 대한 교육과 가족원의 응집을 돕는 상담만으로 해결하는 데 어려움이 분명있다. 따라서 역할과 기능을 사회로부터 얻는 자원제공의 부분도 앞으로는 더 강화해야 할 필요가 있다.

셋째, 지금까지 서비스 위주의 사업에 건강가정지원센터들이 매몰되어 있었던 점도 하나의 비판의 대상이 되고 있다. 가족정책은, 곧 가족상담이나 치료와 같은 서비스를 떠올리게 한다는 비판이다. 이러한 인식은 가족정책이 인구정책, 아동정책, 노인정책과 병렬적으로 놓여있는 상황과도 무관하지 않다. 가족정책이 다른 사회정책들과 어울려 큰 그림을 그리지 못하고, 서비스 제공이라는 단기적인 사업에 매몰된 점이 문제라는 것이다. 한편에서는 가족을 단위로 하는 서비스 개발도 중요하지만, 또 다른 차원에서는 가족정책이 인구정책, 사회보장정책, 그리고 사회문제로 대두되는 돌봄의 위험까지도 보듬어 정책적으로 풀어낼 수 있는 화두로 기능할 필요가 있다. 앞의 법제부분에서 살펴본 바와 같이 가족친화정책과 관련된 서비스 및 인식개선 사업들이 바로 건강가정지원센터에서 유심히 살펴보고, 추진해야 하는 사업들이 될 것이다.

넷째, 건강가정지원센터가 지역사회에서 가족정책을 주도하기 위해서는 민간 및 기업과 손을 잡고 조금 더 거시적인 변화를 이끌고, 그 변화를 주도하는 주체가 될 필요가 있다고 본다. 최근에 제시된 가족친화기업선정, 가족친화사회에 대한 사회캠페인과 같은 사업은, 많은 기업과 연계하면서도 사회 내에 '가족', '친밀함'에 대한 화두를 던지는 데 활약을 한 측면이 있다. 건강가정지원센터는 지역사회에서 이러한 개별 가족과 기업, 가족과 사회를 연결해 주는 중추적 역할을 할 수 있어야 한다. 따라서 앞으로의 건강가정지원센터의 사업은 이러한 거시사회의 변화를 염두에 둔 장기적인 사업과 홍보가 필요하다.

CHAPTER 05

현장에서 이루어지는 건강가정사업 엿보기

1. 건강가정지원사업 실시주체
2. 건강가정사업 영역 및 내용
3. 건강가정사업의 실제사례
4. 프로그램 및 가족복지사업 평가

CHAPTER 05

현장에서 이루어지는 건강가정사업 엿보기

우리 사회에서 가족에게 직접적으로 와닿는 구체적인 가족지원서비스를 창출하기까지 오랜 시간이 걸렸다. 사회적 차원에서 가족을 위한 복지서비스가 만들어지고, 이것이 가족들에게 직접적으로 전달되기 위해서는 사회적 합의의 과정과 이에 소모되는 일정 시간이 필요하다. 먼저 가족지원서비스의 필요성에 대한 사회적 논의가 이루어져야 한다. 사회적 차원에서 제공되는 서비스는 사회적 비용을 들여서 만들어지기 때문이다. 그러므로 가족을 위한 서비스를 창출하는 데 사회적 비용을 투입해도 될 것인지에 대하여 사회구성원들이 동의하는 과정이 필요하다. 다시 말해서, 법과 제도적 수준에서 가족지원서비스를 제공하는 체계를 마련하기 위해서는 사회구성원들이 가족의 문제를 개별적이고 사적 차원에서 해결할 수 있는 문제가 아니라 사회 전체가 공감하고, 사회적 차원에서 도움을 제공해야 하는 '사회문제'로 인식하는지 여부가 중요하게 작용한다.

전통적으로 가족을 중시하는 한국사회는 가족 외부의 집단이 가족의 일에 개입하는 것을 꺼렸다. 가족은 매우 사적인 집단으로 간주되었으며, 가족의 문제를 해결하는 데 가족구성원 자신만큼 더 유능한 전문가가 없다는 인식이 지배적이었다. 이 때문에 우리 사회는 가족의 문제를 사회문제로 인식하고 가족 외부에서 가족의 문제를 해결하는 서비스를 창출해야 한다는 데 소극적 입장을 취했다.

그러나 최근 들어 가족과 가족을 둘러싼 환경이 급격히 변화하고 있다. 가족 스스로 해결할 수 있다고 간주되었던 많은 문제들이 더 이상 가족이 혼자서 감당할 수 없을 만큼 그 내용이 복잡하고 어렵게 진행되고 있다. 이혼으로 인한 가족해체, 가족폭력, 청소년 자살, 맞벌이부부의 자녀양육 어려움 등 개별 가족의 능력으로 감당하기 어려운 문제들이 증가하였다. 따라서 가족들이 직면한 많은 문제들이 가족 내부의 사적 차원을 넘어서 사회문제로서 확대되는 현실이다. 이러한 환경변화 속에서 사회의 가장 기본적 단위로서 가족이 삶의 질을 유지하고, 그 구성원들이 행복한 삶을 영위하는 것은 비단 가족에게만 국한된 관심사가 아니라 사회적 차원의 관심사로서 확대되었으며, 이에 대한 논의가 활발히 이루어지기 시작하였다. 자연스럽게 사회적 차원에서 가족의 행복과 안녕을 유지하기 위하여 무엇을 할 수 있을지에 대한 논의, 즉 가족정책의 중요성이 강조된 것이다.

가족정책은 사회가 가족과 가족구성원들의 행복한 삶을 위해 어떠한 일을 할 수 있을지에 대하여 보다 추상적인 차원에서 커다란 방향과 방법을 제시하는 것이다. 그런데 가족정책이 현실에서 가족의 삶에 생생하게 와닿게 실현가능한 형태로 구현되기 위해서는 보다 체계적이고 구체적인 장치들을 마련해야 한다. 따라서 사회는 가족정책의 이념을 일상생활 속에서 구체화하고 가시화시키기 위하여 후속적으로 각종 법과 제도들을 만드는 노력을 들인다. 2006년부터 우리 사회에서 전국적으로 시행이 되기 시작한 건강가정기본법이 바로 그 예이다. 건강가정기본법은 사회적 차원에서 국가가 나서서 가족의 복지증진을 위해 무엇을 해야 하는지를 명문화한 효과적이고 포괄적인 최초의 법제도이다.

가족의 삶의 질을 증진시키기 위하여 가장 추상적 형태로 존재한 가족정책이 건강가정기본법을 통해 좀 더 구체화되면서, 가족이 직접적으로 혜택을 받을 수 있는 서비스를 어떻게 현실화시킬 수 있을까에 대한 논의가 급진전되었다[1]. 건강가정지원사업이란 바로 건강가정기본법을 통해 어떻게 가족을 위한 서비스를 구체화할 수 있을까를 고민하면서 창출된 보다 직접적인 가족지원서비스이다. 따라서 건강가정지원사업은 사회가 마련한 추상적 형태의 가족정책이 구체화되어 가장 최종적 서비스형태로 가족과 그 구성원들의 일상생활 속에 도달한 것이라 하겠다. 이러한 건강가정사업은 위기에 처한 가족뿐 아니라 위기를 겪지 않은 일반 가족들을 대상으로 하는 보편적이고 폭넓은 서비스를 아우르는 것으로, 궁극적으로는 모든 가족의 행복을 증진시키고 가족기능을 활성화시키기 위하여 매우 구체적인 아이디어를 가지고 현장에서 직접적으로 이루어진다.

이 장에서는 개별 가족들에게 전달되는 건강가정지원사업에 초점을 두고, 그 체계와 내용 및 현황을 살펴보기로 한다. 사회적 차원에서 논의되는 추상적인 가족정책이 과연 어떻게 구체적인 건강가정사업으로 변모하는지를 알아볼 것이다. 이를 위해 우선 건강가정사업이 어떤 과정을 통해 각 개별 가정에게 도달할 수 있는지를 파악한다. 이를 위하여 건강가정사업 체계를 살펴볼 것

1) 건강가정기본법의 주요 내용은 다음과 같다(윤종희, 2006). 국무총리 소속 중앙건강가정정책위원회와 시 · 도 소속 건강가정위원회를 두고(제13조, 현재는 삭제됨), 5년마다 가족실태조사를 통해서 건강가정기본계획을 수립하며(제20 · 15조), 가족(제21조)과 자녀양육(제22조) 지원강화, 가족단위 복지(제23조)와 건강증진(제24조), 가족부양지원(제25조), 이혼예방과 이혼가정지원(제31조), 건강가정교육실시(제32조) 등을 주요 내용으로 하며, 위기가족을 지원할 뿐 아니라 가족문제를 사전 예방하는 차원의 프로그램을 개발하고 실시하기 위한 건강가정지원센터를 중앙, 시 · 도 · 군 · 구에 두도록 한다(제35조).

이다. 건강가정사업체계에는 어떠한 서비스 전달주체들이 존재하며, 그 서비스 전달주체들은 각각 어떠한 역할을 하는지 알아본다. 이러한 작업을 통해 건강가정지원사업이 어떠한 큰 방향성을 가지고 나아가는지에 대한 시사점을 얻을 수 있을 것이다.

그 다음에 현장에서 이루어지는 건강가정지원사업의 개별적 내용을 살펴보도록 한다. 2006년 건강가정기본법이 시행된 이후, 각 지역사회 실정에 맞게 다양한 건강가정사업들이 개발되어서 시행 중에 있다. 건강가정지원사업이 실제로 현장에서 적용될 때 얼마나 다양한 내용과 형태로 이루어지는지를 지역별 건강가정지원센터의 구체적 사례를 통해 보다 상세히 알아볼 것이다.

1. 건강가정지원사업 실시주체

현재 건강가정지원사업은 전국의 각 지역 시·군·구의 건강가정지원센터를 통해 제공되고 있다. 건강가정지원사업의 내용과 방식은 매우 다양하다. 부모교육, 부부교육, 청소년교육 등 여러 가지 주제의 가정생활교육 프로그램부터 아이돌보미사업, 가족사랑캠페인 등에 이르기까지 매우 다양한 형태를 갖는다. 그런데 앞서 언급했듯이 현장에서 접하는 건강가정지원사업들이 외형상 다양하다 할지라도 이것들은 가족정책이 제시하는 커다란 방향성을 일관적으로 따른다. 다시 말해서, 건강가정지원사업은 복지서비스의 수요자들에게 직접적으로 전달되는 가장 최종 단계의 가족서비스로서 가족의 요구에 민감하게 반응해야 하는 동시에, 사회적 차원에서 보면 가족정책의 일부로서 사회의 요구와도 일치해야 한다.

이처럼 구체적 서비스형태의 건강가정지원사업은 추상적 형태의 가족정책과 서로 연결되어 있으며, 이 두 가지 영역이 상호 협력해야 한다. 뿐만 아니라 건강가정사업은 개별 가족들의 요구에도 민감하게 반응할 수 있도록 창의적이어야 한다. 이러한 복합적 성격을 감안할 때 건강가정지원사업을 기획하고 제공하는 과정에 다양한 서비스 제공주체들이 관련될 수밖에 없다. 전국적 영향력을 가진 중앙정부뿐 아니라 각 지역사회 내 주요 기관들이 이 역할을 담당한다. 이들은 상호 밀접한 연관성을 가지며 협력을 통해 일관성을 갖추면서도 지역마다의 개별적 요구에 부응하기 위한 특성화된 사업들을 만드는 데 주력한다. 그리고 지역별 건강가정지원센터는 가족과 가장 가까운 곳에서 가족에게 건강가족지원사업을 직접적으로 전달하는 최종적 서비스전달체계이다. 그러므로 건강가정지원사업의 진행과 제공에 보다 중심적 역할을 한다. 다음에서 건강가정지원사업의 추진체계에 대해 좀 더 자세히 살펴보도록 하자.

오늘날 건강가정지원사업을 기획하고 전달하는 주요 서비스전달체계는 여성가족부, 한국건강가정진흥원(구 중앙건강가정지원센터), 시·도 건강가정지원센터, 시·군·구 건강가정지원센터 등이다. 건강가정사업의 전달체계의 운영메커니즘은 다른 복지서비스전달체계와 동일한 방식을 따른다. 즉, 서비스전달체계의 가장 윗부분에 위치한 상부의 행정체계는 전달체계의 아랫부분인 각 지역사회 내 일선의 기관들을 지원 및 관리·감독을 하며, 지역사회의 기관들은 상부의 지원과 감독하에 건강가족사업을 개별 가족들에게 직접적으로 전달하는 식의 탑 다운(top-down) 형태를 유지한다. 이와 동시에, 외부환경의 변화에 따라 최종 서비스전달체계에서 건강가정사업에 대한 수정 및 보완의 요구가 있을 경우, 지역사회 내 최종단계의 서비스 전달기관이 상부의 행정체계에 피드백을 주면, 상부가 이를 수렴하여 중앙정부 차원에서 건강가족정책을 수정·보완하는 식의 다운 탑(down-top) 과정을 거치는 순환적 형태를 지향하고 있다(이원규·김재일, 2007). 이것을 도식화한 것이 | 그림 5-1 | 이다.

건강가정지원사업을 추진하는 주요 전달체계들의 역할을 | 그림 5-1 | 을 통해 보다 자세히 알 수 있다(여성가족부, 2012). 첫째, 중앙정부차원에서 여성가족부의 주요 역할은 건강가정지원사업을 구체화하기 위한 가장 최종적인 서비스 전달주체인 건강가정지원센터를 행정적·재정적으로 지원하고 관리·감독하는 데 있다. 구체적으로 살펴보면, 건강가정지원센터의 기본 운영계획을 수립하고, 건강가정기본법 관련법규를 제정하고 정비하며, 건강

가정지원센터를 설치하는 계획을 수립 및 지원한다. 그리고 건강가정사업비의 교부 및 정산, 평가, 건강가정지원센터의 관리 · 감독 및 지도의 역할을 맡고 있다.

그런데 | 그림 5 - 1 | 을 보면, 여성가족부는 가족서비스전달과정의 사업추진체계에서 가장 상부에 위치하는 최상위 행정기관으로서 사업을 계획하고 예산을 배정하며 하위의 전달체계를 지원하는 역할을 하지만, 그렇다고 일방적으로 정책을 위에서 아래로 하달하기만 하는 것은 아니다. 시 · 도를 경유하여 행정조직의 가장 하위조직인 시 · 군 · 구로부터 건강가정사업의 결과를 보고받는 과정을 통해 현장에서의 피드백을 수렴하고, 이것을 다시 이후의 정책과 사업을 개발하는 데 반영하는 것을 확인할 수 있다.

둘째, | 그림 5 - 1 | 에서 보듯이 한국건강가정진흥원은 행정조직의 최상위에 위치한 여성가족부로부터 위탁을 받아 운영된다. 이전의 중앙건강가정지원센터와 전국 다문화가족사업지원단이 2012년부터 재단법인 '한국건강가정진흥원'으로 통합하여 새롭게 탄생하였다. 여성가족부가 건강가정지원사업 추진체계의 중심에 위치하면서 가족정책을 창출한다면, 지역별 건강가정지원센터는 직접적인 가족사업을 수행한다. 한국건강가정진흥원은 바로 이 두 체계를 연결하는 역할을 한다. 따라서 건강가정사업 수행에 가장 핵심적이고 중요한 기능을 하는 추진체계라 할 것이다.

한국건강가정진흥원의 주요 역할을 보면, 가족정책관련 시범사업을 실시하고, 건강가정지원센터에서 필요한 전문인력을 양성하면서 사회 내 가족지원 프로그램의 커다란 방향을 구체적으로 잡아가는 기능을 한다. 시 · 도 및 시 · 군 · 구 건강가정지원센터의 사업을 지원하면서 동시에 평가하는 일을 맡는다. 또한 가족서비스를 보다 효율적으로 제공하기 위하여 관련기관과의 네트워크를 구축하고 가족사업을 홍보하며, 통합정보시스템을 관리하고 운영함으로써 전국적인 건강가정지원센터의 운영현황과 정보를 한눈에 알아볼 수 있도록 시·도 및 시·군·구 건강가정지원센터의 전반적 시스템을 아우르고 있다. 뿐만 아니라 건강가정지원센터의 전반적인 수준을 유지하고 전문성을 발휘하기 위하여 직원들의 전문성 및 역량강화교육을 지원하기도 한다. 한국건강가정진흥원이 구체적으로 하는 일을 정리하면 다음의 <표 5-1>과 같다.

〈표 5-1〉 한국건강가정진흥원이 하는 일

<table>
<tr><td rowspan="4">건강
가정
사업</td><td rowspan="3">가족정책
사업/
센터지원</td><td>특성화사업 및
시범사업운영</td><td>• 지역 특성화사업 개발
• 사업공모를 통해 선정된 특성화사업을 시범사업으로 운영 및 지원</td></tr>
<tr><td>프로그램 및
매뉴얼 개발</td><td>• 지역센터의 사업수행을 위한 프로그램 매뉴얼을 개발 및 보급
• 우수 프로그램 사례를 발굴하여 사례집을 발간 및 보급</td></tr>
<tr><td>조사 및
성과분석</td><td>• 건강가정지원센터에서 추진되는 다양한 사업들이 보다 발전된 형태로 정착하도록, 문제점과 개선방안을 체계적으로 조사하고 성과분석</td></tr>
<tr><td>중앙관리
사업</td><td>아이돌보미
사업 지원 및
관리</td><td>• 아이돌보미지원사업 소개
• 아이돌보미 양성·보수교육과정 개발 및 보완
• 아이돌보미사업운영 매뉴얼 개발 및 보급
• 서비스 제공기관 지원 및 평가
• 광역거점기관 지원 및 관리
- 아이돌봄 통합업무관리시스템 운영
- 사업실적관리</td></tr>
<tr><td rowspan="2">다문
화
가족
사업</td><td>다문화
가족
센터지원</td><td colspan="2">• 지역센터에서 적용가능한 다문화가족지원 우수 프로그램 발굴
• 프로그램 발굴 및 시범사업을 통한 표준화된 프로그램 확보
• 표준화된 프로그램 개발 및 매뉴얼 보급
• 지역센터에서 적용가능한 다문화가족지원 표준화 모델 구축
• 다문화가족지원 우수 프로그램 개발을 통한 다문화가족의 통합적 지원체계 마련</td></tr>
<tr><td>중앙관리
사업</td><td>다문화가족
방문교육사업</td><td>• 교재 및 매뉴얼 개발
• 실무자 교육
• 방문교육지도사 양성 및 전문성 관리
• 사업실적관리
• 사업평가</td></tr>
<tr><td rowspan="6">가족
친화
지원
사업</td><td rowspan="2">가족친화
기업 컨설팅</td><td>가족친화
컨설팅 매뉴얼
개발</td><td>• 가족친화 컨설팅 지원체계 구축
• 가족친화제도의 체계적인 컨설팅 프로세스에 필요한 컨설팅 지원체계 구축
• 가족친화제도 컨설팅 제반 컨텐츠 개발을 통해 가족친화에 대한 자료 구축
• 가족친화 컨설팅 매뉴얼 개발</td></tr>
<tr><td>가족친화
컨설턴트 양성</td><td>• 가족친화 컨설턴트 양성</td></tr>
<tr><td rowspan="2">가족친화
교육 및
조사</td><td>가족친화
직장교육</td><td>• 찾아가는 가족친화 직장교육
• 온라인교육</td></tr>
<tr><td>가족친화지수
조사 및 분석</td><td>• 가족친화지수 조사 및 분석
• 가족친화제도 운영수준을 파악하여 가족친화제도 도입 장려, 가족친화적인 직장문화를 조성</td></tr>
<tr><td>가족친화
인증사업</td><td>인증심사원
교육과정 개발
및 인증심사원
양성</td><td>• 인증심사원 양성과정 및 보수과정 커리큘럼 개발
• 인증심사원 양성교육
• 인증심사원 보수교육</td></tr>
<tr><td>가족친화
포럼</td><td colspan="2">• 가족친화포럼 운영
- 추진체계 : 가족친화포럼(주최), 가족친화지원센터(주관), 후원은 여성가족부(후원)
• 가족친화포럼 사무국 역할
- 가족친화포럼 운영예산에 대한 회계 및 자금관리, 총회·이사회·운영위원회의 간사 역할 및 회원기관과의 연락 등의 사무수행</td></tr>
</table>

셋째, 지역사회의 행정조직으로서 시·도 건강가정지원센터는 | 그림 5-1 | 에서 보듯이 건강가정사업 추진체계에 있어서 중앙정부 및 각 지역자치단체를 연결하는 위치에 있다. 시·도 건강가정지원센터는 각 사업들이 지역사회의 형편에 맞게 적용이 되어 그 효과가 잘 발휘되도록 하기 위해 건강가정기본법 관련 조례들을 지역사회 사정에 맞게 제정하고 정비하는 역할을 한다. 여성가족부가 정책의 큰 방향과 구체적 내용을 제시하여 건강가정지원센터의 밑그림을 만드는 역할을 하였다면, 시·도 건강가정지원센터는 실제로 각 지역사회 내에 건강가정지원센터를 설치하고 효율적 운영을 지원하는 역할을 한다. 예를 들면, 각 시·도 및 시·군·구의 건강가정지원센터 사업비를 교부하고 정산하며, 건강가정지원센터들을 관리·감독 및 지도한다. 그리고 건강가정지원센터의 운영현황 및 사업결과를 보고하는 역할을 담당한다.

결국 시·도 건강가정지원센터는 시·군·구 건강가정지원센터와 한국건강가정진흥원의 중간에 위치하면서 이 두 개의 조직을 연계하는 역할을 맡는다. 아래로는 시·군·구 건강가정지원센터 사업을 지원하고 관리하며, 위로는 전국단위의 건강가정지원센터에 대한 평가를 지원하는 일을 담당한다. 특히 가족지원사업들이 지역사회 내에서 좀 더 효율적으로 이루어질 수 있도록 시·도 단위의 가족관련 정보 및 데이터베이스를 구축하고, 이를 각 시·군·구 건강가정지원센터에 보급하여 시·도별 특성에 맞는 가족지원 프로그램을 개발하고 보급하는 것을 지원하고 있다.

넷째, 지역별 시·군·구 건강가정지원센터는 건강가정사업 추진체계에서 가장 마지막의 서비스 전달주체이다. 건강가정사업을 서비스 수요자인 개별 가족에게 직접적으로 전달하는 역할을 담당한다. 그러므로 건강가정지원센터는 지역실정에 맞는 건강가정사업을 계획하고 개별 가족구성원들의 욕구에 효과적으로 대응함으로써 수요자 중심의 가족서비스전달체계를 확립하는 것을 가장 중요한 목적으로 한다(여성가족부, 2012). 이 때문에 시 · 군 · 구의 행정조직마다 설치된 건강가정지원센터는 지역주민의 접근이 편리한 곳에 위치하여야 하며, 지역 내 가족 및 주민욕구조사를 실시하여 지역에 맞는 가족지원 프로그램을 개발하고 보급하는 데 힘쓴다. 특히 시 · 군 · 구 건강가정지원센터는 서비스가 전달되는 가족과 접촉하는 가장 최종단계에 있으면서 지역사회 내 가족을 위한 가족생활교육, 상담, 문화사업 등 구체적인 프로그램을 제공한다. 이때 가족관련 프로그램들이 보다 효율성을 갖고 개별 가족구성원들의 만족도를 높이기 위해 지역사회 내 유관기관과의 연계를 통하여 통합적인 가족지원서비스를 제공하는 데 역점을 둔다. <표 5 - 2>는 건강가정지원센터가 가족지원사업을 진행시키면서 상호 협력적인 관계를 맺으며, 사업효과를 높이는 데 도움을 줄 수 있는 주요 지역사회기관들을 정리한 것이다.

〈표 5-2〉 건강가정지원센터가 협력해야 하는 주요 지역사회기관

구 분	관련기관
법률관련	• 법원 • 가정법률상담소 • 법률구조공단
위기관련	• 여성긴급전화 1366 • 가정폭력상담기관 • 성관련 상담기관
아동 · 청소년관련	• 아동보호전문기관 • 아동상담소 • 지역아동센터 • 청소년지원센터 • 학교폭력상담센터 • 청소년수련관 및 청소년회관 • 청소년쉼터
정신보건관련	• 정신보건센터 • 알코올상담센터 • 종합병원정신과 • 개인병원정신과
근로 · 직업관련	• 직업전문학교 • 고용지원센터 • 여성인력개발센터
경찰서	• 경찰서

출처 : 송원영 외(2009) 재구성.

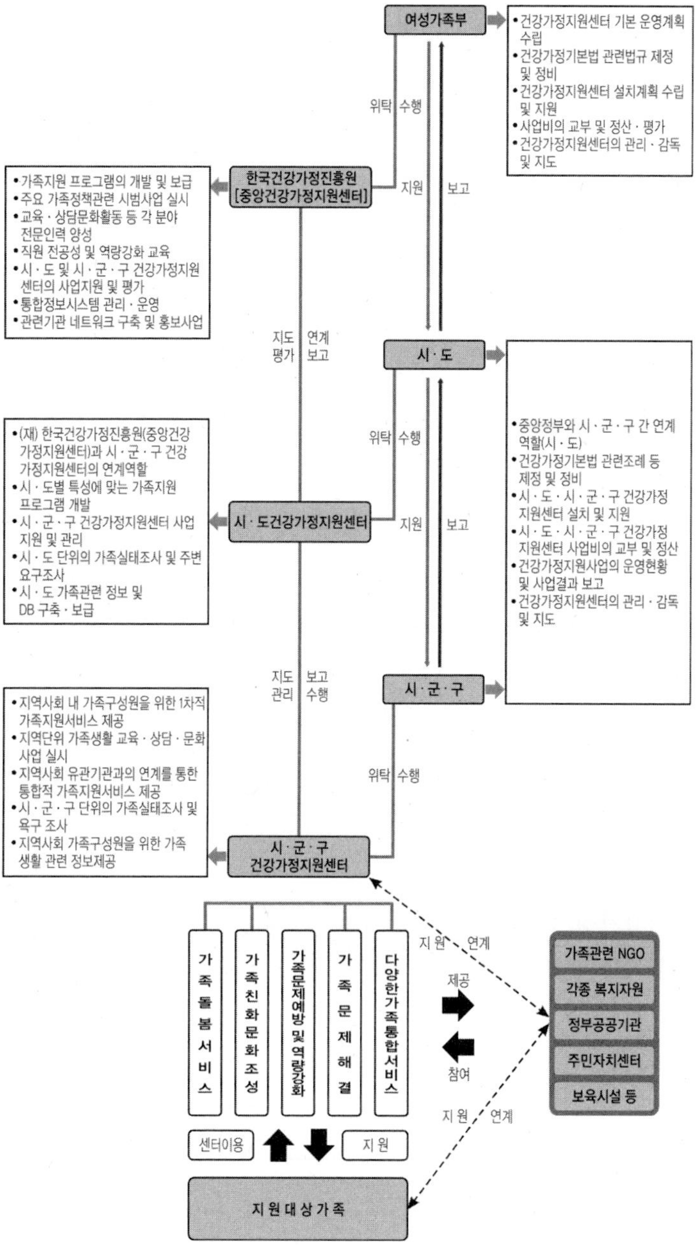

| 그림 5-1 | 건강가정지원사업 추진체계 및 역할(한국건강가정진흥원, 2013)

2. 건강가정사업 영역 및 내용

2006년 이후 전국적으로 건강가정지원센터가 빠르게 확산되었으며, 건강가족지원센터에서 실시하는 사업 프로그램들이 매우 다양해졌다. 2004년에 총 세 개의 지방센터에 불과하였으나, 2013년에 총 152개로 크게 늘어났다[2]. 각 지역별 건강가정지원센터가 늘어났다는 것은 그만큼 건강가정지원사업이 지역사회에서 활성화되고 있음을 보여주는 것이다.

그러나 외형적으로 보았을 때 건강가정사업들이 각 지역사회의 욕구와 실정에 맞게 다양한 내용과 형태로 이루어진다 하더라도, 이 사업들이 추구하는 가치는 모두 건강가정기본법에서 지향하는 패러다임의 연장선상에 있음을 주목해야 한다. 건강가정기본법과 정책이 보다 추상적 차원에서 이루어지는 것이라면, 건강가정사업은 이러한 법과 정책이 실생활과 현장에서 개인과 가족의 삶에 실현될 수 있도록 좀 더 구체화시킨 것으로서 이해해야 한다. 그러므로 건강가정기본법의 기본적 취지 및 전체적인 가족정책의 방향이 건강가정사업의 다양한 프로그램들에 녹아있음을 잊지 말아야 할 것이다.

건강가정기본법은 가족문제를 개인과 개별 가족의 차원에서 가족구성원들이 해결해야 한다는 시각에서 벗어나, 사회적 차원에서 정부와 지역사회가 적극적으로 개입하여 가족의 문제를 해

---

2) <참고>연도별 건강가정지원센터 설치현황(단위 : 개소)

구 분	'04년	'05년	'06년	'07년	'08년	'09년	'10년	'11년	'12년	'13년
계	3	16	50	66	83	98	138	139	149	152
중앙센터(한가원)	-	1	1	1	1	1	1	1	1	1
지방센터	3	15	49	65	82	97	137	138	148	151

출처 : 한국건강가정진흥원(2013). 2013년 건강가정지원센터 운영가이드북.

결하고 이를 예방해야 하는 책임이 있음을 명시하였다. 정책의 대상 역시 위기가족만을 포함하는 사후 문제해결적 성격을 갖지 않고, 보통의 모든 가족들의 안녕에 관심을 가지고 가족기능을 유지·향상시키는 데 주안점을 두는 보편적이고 예방적 관점을 취한다. 그리고 건강가정사업은 가족구성원의 개개인에게 초점을 맞추기보다 가족을 하나의 단위로 간주하여 가족 전체의 복지와 기능을 증진시키는 것에 더 중요한 목적을 둔다. 더 나아가 건강가정기본법은 가족 내 양성평등과 민주적 가족관계를 적극 지향함으로써 자녀양육과 가사노동에 가족 모두가 참여하고 상호 존중할 것을 분명히 밝히고 있다(윤경자, 2008).

여기서는 먼저 건강가정지원센터에서 공통적으로 수행할 것을 권장하는 공통사업에 어떠한 것들이 있는지 살펴볼 것이다. 공통사업은 전국의 건강가정지원센터가 수행해야 하는 사업들의 전반적 가이드라인을 제시한 것이다. 공통사업과 지역별 건강가정지원사업의 구체적 내용을 살펴보면서 우리 사회가 지향하고자 하는 정책방향이 이 속에 어떻게 반영되어 있는지를 역으로 탐색하는 기회를 갖도록 한다. 마지막으로 건강가정지원센터에서 실제로 운영되는 구체적인 건강가정사업 프로그램에 어떠한 것이 있는지 살펴보도록 하자.

1) 시·군·구 건강가정지원센터 공통사업

건강가정사업의 큰 틀은 <표 5-3>에서 볼 수 있듯이 최근에 오면서 점차 세분화되고 구체화되는 추세이다. 건강가정기본법이 시행된 직후 2006년의 건강가정지원사업은 특별한 영역이 구분되지 않은 채 다섯 개(남성의 돌봄노동 참여를 위한 아버지교육, 예비부부 및 신혼기 부부를 위한 프로그램, 이혼 전후 상담매뉴얼, 가족봉사단 운영매뉴얼, 한부모가족을 위한 통합서비스 프로그램) 프로그램을 위주로 중앙건강가정지원센터에서 개발된 매뉴얼을 활용하여 실시되었다. 그러나 해를 거듭하면서 건강가정지원사업의 영역은 좀 더 세분화되고, 세분화된 각 영역에 맞게 프로그램들이 점차 다양해지는 경향을 볼 수 있다.

2012년부터는 광역센터와 시・군・구 센터의 사업을 따로 지정하였다. 시・군・구 지역건강가정지원센터는 주로 지역욕구에 맞는 가족사업 프로그램을 개발하는 데 집중하고, 광역센터는 인력 관리, 사업지원, 홍보, 지역사회연계 등 비교적 범위가 넓고 예산이 많이 요구되는 사업을 배정하였다. 이로써 물리적・인적 자원이 매우 제한된 시・군・구 건강가정센터는 가족서비스사업을 개발하는 데 역점을 두고, 광역센터는 이를 체계적이고 포괄적으로 지원하는 역할을 맡았다. 또한 시간이 지나면서 공통사업의 명칭이 조금씩 변해왔으나, 최근 들어 건강가정사업은 가족교육, 가족상담, 가족문화, 다양한 가족통합서비스, 가족돌봄지원서비스 등으로 일관성을 유지하고 있음을 알 수 있다.

최근의 건강가정사업안내에 의하면(여성가족부, 2012), 시・군・구 건강가정지원센터가 가장 역점을 두는 사업이 크게 두 가지가 있는데, 하나는 '돌봄'의 가족기능을 강화하는 사업이며, 또 다른 하나는 주 5일제 수업의 전면시행에 따른 '토요일 가족사업'을 강화하는 사업을 들 수 있다.

우선 가족의 '돌봄'기능을 강화하기 위한 사업들의 경우 남성의 돌봄참여를 촉진하고, 가족원의 돌봄역량을 강화하기 위한 생애주기별 돌봄교육과 부모교육을 강조한 사업들이 주를 이룬다. 이와 더불어 지역사회의 돌봄능력을 강화하기 위하여 가족봉사단과 가족품앗이 프로그램이 활성화되는 경향이다. 또한 주 5일제 수업으로 인하여 토요일 가족 프로그램의 필요성이 강하게 요구되면서 가족이 함께하는 토요일 프로그램을 다양하게 개발하도록 조장하는 경향이다. 이를 위해 토요일 돌봄사업이 더욱 강화되었으며, 가족봉사단과 가족품앗이를 토요일 행사로서 유도하였다.

결국 최근에 들어서 시·군·구 건강가정지원센터 공통사업의 주요 특징을 알아보면 다음과 같다(여성가족부, 2012). 이를 통해 최근 우리 사회가 지향하는 가족정책의 방향이 어디로 향하는지 엿볼 수 있을 것이다. 첫째, 각 사업영역을 통틀어 전체적으로 '가족돌봄' 기능을 강화하였다. 최근 우리 사회에서 저출산 문제가 중요한 사회적 이슈로 떠오르고 맞벌이가족이 증가하고 있다. 또한 가족 내 남녀평등의 가치가 강조되고 여성의 경제활동이 활발히 이루어지면서 더 이상 기존의 성별분업적 가치관, 즉 가족 내 자녀양육과 돌봄은 여성이 담당하고 바깥일은 남성이 담당한다는 이분법적인 성역할 가치관에 의해 가족이 적절한 부양기능을 수행하기 어려워진 현실이다.

이에 가족 내 부양기능을 활성화하여 개별 가족구성원들의 삶과 가족 전체의 행복감을 증진시키는 데 국가가 적극적으로 개입하는 경향이다. 가족지원사업에서 특히, 가족돌봄기능을 강조하는 방향으로 프로그램들을 개발하기 시작한 것은 바로 이러한 사회적 차원의 노력의 일환일 것이다[3]. 가족 내 자녀양육, 돌봄의

3) 2005년 여성가족부가 신설되면서 가족정책방향은 국가적 차원에서 가족 내 부양기능을 활성화시키기 위한 대응방안을 적극적으로 마련해야 함을 강하게 인식하는 쪽으로 수렴되었다. 즉, 기존의 남성가장 중심적이고 잔여적인 가족복지정책의 틀에서 벗어나, 다양한 형태의 가족을 주목하는 포괄적이고 보편주의적인 가족정책 실현을 목표로 한다. 특히 가족문제의 많은 부분이 여성의 사회적 지위와 역할변화와 관련이 되기 때문에 가족복지증진을 위해서 사회 내 젠더문제에 관심을 두는 성인지적 관점이 필요하다. 그러므로 가족복지증진을 위한 정책적 제안에 양성평등적인 관점에서의 가족 내 부양기능 활성화가 적극적으로 요구되는 상황이다(송다영, 2005).

일은 단지 여성의 몫이 아니고 남녀가 모두 함께 자신의 일로 만들어야 하는 남녀평등차원의 일일 뿐 아니라, 가족의 경계를 넘어서 지역사회와 국가가 함께 책임지는 공적인 일이라는 개념으로 확대되었다.

둘째, '다양한 가족통합 서비스영역'의 경우 공통사업이 없고 센터 특성에 맞게 선택적으로 자유롭게 운영하는 것을 특징으로 한다. 이전까지 '다양한 가족을 위한 가족통합서비스'는 위기가정, 한부모가정, 장애아가족, 조손가족, 새터민가족 등 특별한 요구가 있는 가족들을 대상으로 맞춤형 서비스를 제공하는 데 역점을 두었다. 그러나 이러한 사업들은 그 특성상 기존의 위기가족을 대상으로 하는 사회복지관 프로그램들과 중복될 수 있다는 지적을 받아왔다. 따라서 이러한 중복성을 피하기 위하여 취약가족의 서비스를 지역적 여건에 따라 건강가정지원센터가 자율적으로 조절하도록 하였다. 즉, 2012년부터 '다양한 가족통합서비스' 영역의 사업들은 건강가정지원센터가 공통적으로 운영해야할 의무적 사업영역이 아니라, 각 지역사회가 처한 복지여건에 따라 지역별 건강가정지원센터가 융통적으로 운영할 수 있는 자율적 사업영역으로 변화한 것이다. 그럼으로써 건강가정지원센터가 현장의 욕구에 좀 더 탄력적인 서비스 전달체계로서 자리매김하도록 사업영역을 조정하였다는 점이 눈에 띈다.

셋째, 기존에 운영되던 '가족봉사단'과 '가족품앗이' 프로그램은 '모두가족봉사단'과 '모두가족품앗이'라는 전국 공통의 명칭으로 브랜드화하여 실시한다. 앞서 언급하였듯이, 최근 건강가정사업에서 가장 주목할 만한 것이 가족 내 돌봄기능을 지역사회 차원에서 적극적으로 지원하는 것을 중심으로 가족사업을 재편하였다는 점이다. 이것은 전국 공통의 슬로건('함께 키우고, 함께 돌보는, 우리는 모두 가족')과 공통 브랜드('모두가족봉사단', '모두가족품앗이')를 탄생시키는 배경이 되었다. 이처럼 프로그램을 공통의 명칭으로 브랜드화함으로써 가족돌봄사업의 인지도를 높이고 홍보효과를 높일 수 있다. 뿐만 아니라 '모두가족'을 강조하는 슬로건과 브랜드는 가족 내 남녀노소를 상관하지 않고 가족구성원 모두가 돌봄의 주체와 대상이 될 수 있다는 점을 강조할 뿐 아니라, 가족과 지역사회 모두가 가족 내 돌봄에 참여할 책임이 있음을 재차 확인한 것이다.

넷째, '다문화가족과 함께 하는 프로그램'은 공통사업에서 삭제되었다. 그 대신 참가자에 대한 제한이 없는 모든 프로그램에 다문화가족, 한부모가족 등 다양한 가족이 참여할 수 있도록 하였다. 2011년부터 현재까지 전국적으로 200개소의 다문화가족지원센터가 개소하였으며, 이 센터들은 다문화가족을 지원하는 일에 힘쓰고 있다. 다문화가족지원센터는 다문화가족의 안정적인 사회정착과 행복한 가족생활을 지원하기 위해 한국어 · 문화교육, 가족교육 · 상담, 자녀지원, 직업교육 및 다문화 인식개선 등 다양한 프로그램을 통합적으로 제공하고 이것들을 기타 서비스들과 연계하는 원스톱 서비스 기관이다. 이처럼 최근 다문화가족의 복지를 증진시키기 위한 별도의 국가기관이 만들어진 상황에서 기존의 건강가정사업인 '다문화가족 프로그램'을 다문화가족센터의 사업으로 통합하고, 건강가정지원센터의 프로그램은 '다문화가족'을 특별히 지칭하지 않은 채 일반적인 모든 가족을 포괄하는 프로그램으로 자리매김하도록 한 것이다.

〈표 5-3〉 연도별 전국 시·군·구 건강가정사업

	2007년	2008년	2009년	2010년	2012년	2013년
가족교육	생애주기별 가족생활교육	가족문제 예방 및 역량강화사업	가족교육	가족교육	가족교육	가족교육
	• 아버지 교육 • 예비부부 및 신혼부부 교육 • 청소년 가족생활 프로그램	• 예비부부 및 신혼부부 교육 • 아버지 교육 • 청소년 가족생활 프로그램 • 중년기 가족생활 교육	• 생애주기별 가족생활 교육 • 예비부부 및 신혼부부 교육 • 가정경영 아카데미	• 예비부부 및 신혼부부 교육 • 남성대상 교육	• 생애주기별 (조)부모 교육 • 남성대상 교육	• 생애주기별 (조)부모 교육 • 남성대상 교육
가족상담	가족상담	가족문제해결사업	가족상담	가족상담	가족상담	가족상담
	• 이혼 전후 상담	• 이혼 전후 상담	• 부부 및 가족 관계 상담 • 이혼 전후 상담	• 부부 및 가족 관계 상담	• 부부 및 가족 관계 상담 • 2인 이상 가족이 참여하는 가족상담을 30% 이상 실시	• 가족단위의 통합적 접근 *연간 전체 상담건수가 100명 이하인 센터는 집단상담 두 건 포함
가족문화	가족문화	가족친화문화조성	가족친화문화조성	가족문화	가족문화	가족문화
	• 가족봉사단 운영	• 가족봉사단 운영 • 찾아가는 아버지 교육	• 가족봉사단 운영 • 찾아가는 아버지 교육	• 가족봉사단 운영 • 가족품앗이 사업 • 패밀리데이 지원 프로그램 • 5월 가족의 달 행사	• 가족사랑의 날 실시 • 월 1회, 연간 20시간 이상 실시	• 가족사랑의 날 프로그램
다양한 가족 통합 서비스	다양한 가족통합서비스	다양한 가족통합서비스	다양한 가족통합서비스	다양한 가족통합서비스	다양한 가족통합서비스	다양한 가족통합서비스
	• 한부모가족 • 조손가족 • 결혼이민자가족 • 장애인가족 ※네 개 대상 중 택일	• 일반가정, 한부모가족, 장애아가족, 조손가족, 새터민가족, 맞벌이가족, 재혼가족 등 특별한 가족기능과 관련하여 요구가 있는 가족을 대상으로 맞춤형 서비스제공	• 다양한 가족의 기능강화 및 지원을 위한 교육, 상담, 문화 프로그램이 장기적으로 통합·제공되는 사업	• 다양한 가족의 기능강화 및 지원을 위한 교육, 상담, 문화 프로그램이 장기적으로 통합·제공되는 사업	• 의무적으로 사업을 수행해야 하는 영역 아님 • 개별센터에서 필요에 의해 선택사업으로 추진가능함	• 한부모가족, 조손가족 등 다양한 가족을 대상으로 자녀양육지원, 가족관계향상교육, 놀토 프로그램 등 • 2인 이상 가족, 10시간 이상 프로그램 실시
가족 돌봄 지원 서비스		가족돌봄지원서비스	가족돌봄지원서비스	가족돌봄지원사업	가족돌봄나눔	가족돌봄나눔
		• 아이돌보미 사업	• 가족품앗이 구축사업 • 놀토, 임시휴교, 방학 중 가족 돌봄 지원사업	• 초등취학 적응 돌봄서비스 • 임시/ 단기방학 돌봄서비스 • 놀토 돌봄서비스 중 택일	• 모두가족봉사단 : '가족함께 돌보기'를 위한 지역봉사단 • 모두가족품앗이 : '자녀 함께 키우기'를 위한 지역품앗이 • 아버지 - 자녀가 함께 하는 토요돌봄 프로그램	• 모두가족봉사단 : '가족함께 돌보기'를 위한 지역봉사단 • 모두가족품앗이 : '자녀 함께 키우기'를 위한 지역품앗이 • 아버지 - 자녀가 함께 하는 토요돌봄 프로그램
지역 사회 연계			• 지역사회복지협의체 참여 및 연계사업 진행	• 지역사회복지협의체 참여 및 연계사업 진행 • 연계서비스 관리	• 지역사회복지협의체, 유관기관 네트워크 적극 활용 및 참여추진 • 기관협약을 통한 연계사업추진	• 지역사회복지협의체, 유관기관 네트워크 적극 활용 및 참여 • 유관기관 사업 협약 5건 이상

출처 : 송혜림 외(2011), 한국건강가정진흥원(2013) 재구성.

2) 광역센터사업

광역건강가정지원센터는 시·군·구 지역사회 건강가정지원센터보다 더 상위에 있으며 더욱 포괄적 단위로서 이들을 아우른다. 서울시, 부산시, 대전시, 울산시, 경상남도센터 등 총 5개 센터가 있다. 광역단위의 센터인 만큼 사업은 시·군·구 지역별 건강가정지원센터를 관리 및 지원하고 각 광역시·도의 특성에 맞추어 융통성을 갖춘 것이 그 특징이다. 예를 들면, 시·군·구 건강가정지원센터 설치비율이 높지 않은 대전시와 울산시의 경우, 광역단위 건강가정지원센터가 시·군·구 지역별 센터가 수행할 사업을 전적으로 이행하는 데 초점을 둔다. 반면 광역 자치단체 내 시·군·구 건강가정지원센터의 설치비율이 높으면 광역센터로서의 고유한 기능과 역할을 강화한다.

여기서는 광역센터의 공통수행사업을 중심으로 광역건강가정지원센터의 주요 사업과 역할을 살펴보도록 한다(한국건강가정진흥원, 2013). <표 5-4>는 광역센터사업을 요약한 것이다. <표 5-4>에 의하면, 2013년 광역센터사업은 크게 네 가지가 있다. 직원들의 역량강화를 위한 교육지원사업, 각 시·도별 특성에 맞는 프로그램 개발을 지원하는 특성화사업 및 정책지원사업, 건강가정지원센터 유관기관들 간의 네트워크 활성화 사업, 홍보지원사업 등 네 가지이다.

첫째, 센터 인적 자원 역량강화사업은 시·군·구 건강가정지원센터 직원들의 전문성을 강화하기 위한 교육지원사업의 특성을 갖는다. 지역센터 내 강사 및 상담자원봉사자 등의 역량을 강화시키기 위한 보수교육이 주를 이루는데, 광역센터는 이러한 보수교육을 연간 5시간 이상을 실시한다. 지역별 건강가정지원센터의 재정여건이 매우 열악한데다가, 센터의 기능이 주로 건강가정사 등 인적 자원에 의존하는 현실을 감안할 때, 광역센터의 교육지원사업은 지역의 건강가정지원센터의 예산과 인력을 절약하게 함으로써 건강가정사가 좀 더 전문성을 발휘하고 효과적인 서비스를 제공하는 데 크게 도움이 될 것이라 생각한다.

둘째, 광역 자치단체의 특성에 맞는 프로그램 개발을 지원하기 위한 특성화사업 및 정책지원사업이 있다. 이것은 각 시 · 군 · 구 지역사회의 여건에 맞는 맞춤식 가족지원 프로그램을 개발하고 보급하는 것을 광역시 차원에서 수행하는 데 중요한 의의가 있다. 이를 위해 광역단위의 복지실태 및 서비스요구도 조사를 주도하고, 이를 토대로 광역단위의 특성에 맞는 시범사업을 개발하고 운영함으로써, 결과적으로 특성화사업의 매뉴얼을 개발하는 것에 사업의 초점을 둔다. 지역사회에 맞춘 특화된 프로그램을 개발하면 지역주민들의 요구에 적절하게 부합하는 효과적인 사업을 제공할 수 있는데, 이것을 지역사회 건강가정지원센터가 수행하기에는 예산과 인적 자원이 매우 부족하다. 따라서 보다 많은 예산과 체계적 접근이 가능한 인적 자원을 갖춘 광역센터가 특성화 매뉴얼을 개발하고, 특성화사업을 위한 토론회와 세미나를 여는 데 앞장서도록 한다.

셋째, 지역사회 내 건강가정지원센터와 관련된 기관들 간의 네트워크를 활성화하는 사업이 있다. 네트워크 활성화 사업은 시 · 군 · 구 센터의 프로그램들이 좀 더 효율적으로 운영될 수 있도록 지역사회 내 유관기관과의 연대와 지원체계를 개발하는 것이다. 지역사회 내에는 건강가정지원센터 이외에도 법률, 위기관련, 아동 · 청소년 관련, 정신보건, 근로관련 다양한 복지서비스 전달기관들이 존재한다. 가족서비스 프로그램을 기획하고 진행하는 데 있어서 지역사회 내 유관기관들과의 협조는 보다 풍부한 내용의 프로그램들을 마련하고, 프로그램의 진행을 원활하게 함으로써 프로그램 효과를 극대화하는 데 매우 중요하다.

그러므로 광역센터는 각 시 · 군 · 구 센터 차원에서 미처 파악하지 못한 지역사회의 전체적인 복지현황과 이용가능한 유관기관을 파악하여 이것에 대한 정보를 시 · 군 · 구 센터와 공유함으로써 각 센터의 운영을 활성화할 수 있다. 이처럼 광역센터가 수행하는 지역사회자원 네트워킹 기능은 건강가정기본법이 추구하는 가치, 즉 개인의 책임으로 인식되던 가족문제에 대하여 국가와 지역사회의 책임을 명백히 하여 국가적 차원에서 가족문제에 적극적으로 개입한다는 가치를 구체적으로 실현하는 데 실질적 기여를 한다.

넷째, 광역센터의 홍보지원사업을 들 수 있다. 홍보지원사업은 크게 광역단위의 홍보와 시 · 군 · 구 지역센터단위의 홍보 등 두 가지 차원으로 나눌 수 있다. 먼저 광역단위의 홍보사업은 주로 캠페인성 홍보사업의 성격을 갖는데, 건강가정지원사업과 센터를 광역주민들에게 알리는 것이 주를 이룬다. 광역센터는 이를 위해 홍보물을 제작 및 보급하는 역할을 맡는다. 다음으로 시 · 군 · 구 지역센터단위의 홍보사업은 주로 시 · 군 · 구 지역센터의 홍보사업을 지원하는 것으로 시 · 군 · 구 지역센터단위의 홍보를 위해 매체를 개발하고 보급하며, 시 · 군 · 구 센터를 연계하는 캠페인을 담당한다.

〈표 5-4〉 광역건강가정지원센터 공통사업

영역 / 구분	광역센터 공통사업	설 명
인적 자원 역량강화 (교육지원)	시·군·구 센터 직원교육	• 광역단위 상담직원 교육, 직원워크숍 • 연간 각 5시간 이상
	시·군·구 센터 활동가 교육	• 센터에서 활동하는 인력교육 • 연간 각 5시간 이상
특성화사업 및 정책지원 (사업지원)	시·도별 특성에 맞는 프로그램 개발	• 광역단위 실태조사, 요구도 조사
	시·도단위 토론회(세미나)	• 정책토론회, 사업성과 보고회 등
네트워크 활성화 (연계)	광역단위 업무협의회	• 중앙과 시·군·구 건강가정지원센터의 연계역할 • 시·군·구 센터 지원방문, 모니터링 등
	유관기관 연대사업	• 유관기관의 발굴과 사업연계
홍 보	광역단위 홍보	• 캠페인성 홍보사업 등
	시·군·구 센터 홍보지원	• 시·군·구 연계 홍보활동 • 홍보매체 개발 및 활용

출처 : 한국건강가정진흥원(2013). 2013 건강가정지원센터 운영가이드북.

3) 여성가족부 추진사업

지역별 건강가정지원센터의 예산을 가지고 시행되는 가족지원 프로그램 이외에도 여성가족부의 별도 예산을 가지고 센터에서 추진하는 가족지원사업이 있다. 크게 다섯 개의 사업영역이 있으며, 그 내용을 소개하면 다음과 같다.

첫째, 아이돌보미사업을 들 수 있다. 이것은 국가 및 지방자치단체가 가족 내 자녀양육을 적극적으로 지원해야 한다는 건강가정기본법 제22조를 근거로 한 것이다. 특히 취업부모의 양육부담을 경감시키고, 개별 가족의 특수한 양육욕구에 탄력적으로 대응하기 위하여 만들어졌다. 이제까지 자녀양육을 지원하는 정부의 노력이 주로 영유아기 아동을 대상으로 한 시설보육 위주로 이루어진 반면, 아이돌보미사업은 0세에서 12세의 초등학교 이하 아동을 둔 희망가정에 그 가정이 필요로 하는 시간에 아이돌보미를 시간제로 파견하는 '재가파견 양육지원서비스'의 성격을 갖는다는 점에서 시설보육과는 분명한 차별성과 유용성이 있다(이승미 · 김선미, 2011). 2006년 시범사업이 실시된 이후, 2009년에 전국 232개 시 · 군 · 구로 확대되었으며 최근에 이르면서 더욱 확대되는 경향이다.

아이돌보미의 활동은 크게 두 가지로 나눌 수 있는데, 시간제 돌봄서비스와 영아 종일제 돌봄서비스이다. 시간제 돌봄서비스의 활동은 맞벌이 부모가 귀가할 때까지 임시적으로 보육하기, 놀이활동, 식사 및 간식 챙기기, 보육시설 및 학교 · 학원 등 · 하원, 숙제 및 준비물 보조, 아동의 학습보조 등이 있다. 영아 종일제 돌봄서비스는 건강, 영양, 위생 등 영아돌봄과 관련된 활동 전반이 해당된다.

아이돌보미사업은 취업부모의 출퇴근 시간 등 직장환경으로 인해 발생하는 자녀돌봄의 틈새시간을 시설보육이 커버할 수 없다는 점에 대해 국가가 적극적으로 나서서 고민하는 과정에서 탄생한 것이다. 그럼으로써 개별 가족의 특수한 자녀양육상황에 맞추어 사회가 탄력적인 자녀돌봄서비스를 제공할 수 있다는 점에서 시설보육의 단점을 보완하는 장점이 있다. 또한 아이돌보미사업은 단지 이용자의 욕구만을 충족시키는 데 그치지 않고, 아이돌보미활동을 수행할 수 있는 육아전문인력을 양성함으로써 경력이 단절된 중장년층 여성들의 고용을 촉진시킬 수 있는 효과를 갖는다. 그러므로 아이돌보미사업은 시설보육에 집중된 국가의 아동양육지원을 새로운 관점에서 재탄생시킨 사업으로 주목할 만하다.

둘째, 가족역량강화지원사업이 있다. 이것은 취약한 부모를 둔 가족 역량강화서비스, 위기가족 지원서비스(가족보듬), 조손가족 통합지원서비스(조손가족 희망사다리) 등 크게 세 가지로 구성된다. 취약부모가족 서비스는 한부모가족 중에서 경제, 심리·정서, 양육, 주거 등 다양하고 복합적인 어려움을 겪는 한부모가족을 지원하는 서비스이다. 특히 한부모가족의 욕구를 효과적으로 충족시키기 위해서 지역사회 내 자원을 활용하고 이들 자원을 연계하여 지속적인 사례관리의 여건을 마련함으로써 가족기능을 강화하고 정서적 역량을 강화하며 경제적 자립을 도모할 수 있도록 지원하는 특징을 갖는다.

위기가족 지원서비스, 즉 '가족보듬서비스'는 학교폭력, 성폭력, 사회적 재난, 자살 및 자살시도 등 매우 충격적이고 극심한 사건을 직간접적으로 경험한 개인과 가족의 피해를 최소화하기 위해 건강가정지원센터가 심리상담 및 치료를 지원하는 사업이다. 이를 통해 역경을 극복하여 개인의 건강함과 가족의 건강함을 지키고 가족의 기능을 회복하며, 가족의 해체위기를 예방하려는 목적을 갖는다.

조손가족 통합지원서비스, 즉 '조손가족 희망사다리서비스'는 65세 이상의 가구주 또는 그의 배우자와 만 18세 미만 손자녀와 생계 및 주거를 함께하는 최저생계비 180% 이하 저소득 조손가족을 대상으로 학습·정서·생활가사지원을 실시하는 서비스이다. 이것은 취약계층의 조손가족의 조부모가 손자녀 양육 스트레스, 건강악화, 경제적 어려움, 손자녀학습, 정서적 상실감 등의 다양한 어려움들을 극복할 수 있도록 지원하여 가족의 건강성과 기능을 회복하는 데 목적을 둔다.

가족역량강화지원사업은 지역사회별로 그 실정에 맞게 수행된다. 각 지역사회의 여건에 맞추어 적절한 지원서비스를 선정하고 지역사회 내 복지서비스 기관들과 지역복지협의체를 활용하는 등 지역인프라를 적극 활용하여 위기가족을 지원한다. 이로써 서비스의 질과 효과를 높이며, 지역 내 복지사각지대를 감소시키는 데 기여할 것으로 기대된다.

셋째, 법원연계 이혼위기가족 회복지원서비스가 있다. 이것은 이혼율이 급증하고, 이로 인한 가족문제가 중요한 사회적 이슈로 대두되는 시점에, 이에 대응하기 위한 사회적 차원의 가족지원서비스라고 할 수 있다. 법원과 연계하여 이혼을 신청한 가족에 대해 상담과 교육서비스를 제공함으로써 부부가 보다 신중하게 이혼을 결정하도록 유도하고, 이혼과정에서 미성년 자녀들이 겪는 심리적 불안과 고통을 최소화하는 목적이 있다.

넷째, 권역별 미혼모·부자 지원기관 운영지원사업이 있다. 이것은 미혼모·부 가족의 자녀양육 및 응급상황 발생 시 긴급한 위기를 지원하고, 상담 및 출산비 등을 지원하며, 교육 및 문화프로그램과 자조모임 형성 등의 서비스를 제공함으로써 미혼모·부 가족의 자녀양육 및 자립을 지원하고자 하는 서비스이다.

다섯째, 가족품앗이 및 공동육아나눔터사업은 국가적 차원에서 가족 내 자녀양육지원을 더욱 강화하기 위하여 마련한 것이다. 가족품앗이란 가족이 가진 노동력, 물품, 자녀돌봄 능력을 서로 교환하는 모든 형태의 활동을 말한다. 공동육아나눔터란 자녀가 있는 둘 이상의 부모들이 함께 모여서 육아와 관련된 정보를 공유하고 자녀들이 서로 어울려서 건강하게 성장할 수 있는 공간을 국가가 지원하는 사업이다.

공동육아나눔터가 '물리적 공간'을 마련해 주는 개념이 강하다면, 가족품앗이 사업은 '가족 간 상호도움활동'에 좀 더 초점이 맞추어진 것이다. 가족품앗이와 공동육아나눔터가 활성화되기 위해서는 지역사회 내 가족들 간의 상호 신뢰가 토대가 되어야 한다. 결국 이러한 활동을 통해 지역사회와 이웃, 그 속의 가족 모두가 서로 돕고 협력하는 분위기가 형성될 수 있을 것이다(고선주, 2010).

정리하면, 건강가정기본법은 개인의 복지가 아닌 가족을 하나의 단위로 간주하여 통합적인 서비스를 제공한다는 점, 위기가족뿐 아니라 보편적 가족을 대상으로 가족문제를 해결하기 위하여 국가와 사회가 적극적으로 개입한다는 점, 그리고 가족 내 양성평등 및 민주적 가치를 강조한다는 점 등을 가장 중요한 지향점으로 삼고 있다. 위에서 언급한 건강가정지원사업들은 바로 이러한 건강가정기본법의 기본적 지향점을 잘 반영하고 있음을 주목해야 한다.

이와 더불어, 건강가정지원사업을 계획하고 실행하는 데 있어서 서비스를 최종적으로 수혜하는 가족들에게 얼마나 유용하고 효과적인 서비스를 제공할 수 있을지에 관한 고민이 이루어져야 한다. 단순히 사업 프로그램을 만들어내는 것에 그치지 않고, 건강가정지원사업의 추진체계들을 상호 유기적으로 형성하고, 지역사회 내 유관기관들과 협력적 관계를 이끌어냄으로써 가족지원서비스가 일회성에 그치지 않고 꾸준하고 효과적으로 전달될 수 있도록 지역사회 내 적절한 체계와 여건을 마련하는 노력이 지속적으로 이루어져야 할 것이다.

4) 주요 건강가정사업의 내용

가족의 기능을 증진시키고 행복한 가족생활을 위해 다양한 건강가정사업 프로그램들이 만들어지고 있으며, 해를 거듭할수록 건강가정 프로그램에 참여하는 가족의 숫자 역시 증가하고 있다. 여기서는 주요 건강가정사업영역인 가족돌봄, 가족교육, 가족상담, 가족문화 등 네 가지 사업영역을 중심으로 각각의 세부적인 프로그램에 어떠한 것이 있는지 살펴본다. 이를 통해 현장에서 실시되는 가족지원사업들이 어떻게 구체화되어 가족들에게 제공되는지 알아보도록 한다[4]. 이러한 작업은 건강가정사를 꿈꾸는 학생들이 건강가정지원센터에서 어떠한 일을 수행하고, 건강가정사가 담당하는 역할이 무엇인지를 생생하게 떠올리며 미래를 준비하는 데 도움이 될 것이다.

(1) 가족돌봄영역

가족돌봄영역은 가족돌봄을 지원하기 위하여 지역사회의 돌봄나눔 네트워크를 적극적으로 구축함으로써 가족돌봄이 단순히 사적 차원의 것이 아니라 사회적 차원의 일임을 명확히 한다. 가족돌봄영역의 대표적인 프로그램은 '모두가족봉사단'과 '모두가족품앗이' 등 지역사회 돌봄나눔활동을 들 수 있다. 특히 주 5일 수업제 도입에 따라 토요일 돌봄사업을 강화하여 모두가족봉사단과 가족품앗이 활동을 토요일에 진행하도록 유도하였다. 가족돌봄사업의 주요 내용은 <표 5-5>와 같다.

---

4) 본문의 내용의 많은 부분은 한국건강가정진흥원이 2011년에 발간한 <2011 전국건강가정지원센터 연간사업실적보고서>와 2013년에 발간한 <2013 건강가정지원센터 운영가이드북>을 참고하였다.

〈표 5-5〉 가족돌봄지원사업의 주요 프로그램 및 내용 : 2011년 건강가정사업을 중심으로

프로그램명	대 상	사업내용
모두 가족 품앗이	• 지역사회 모든 가족	• 같은 지역사회 내 주민들끼리 자녀돌봄, 자신의 노동력, 물품 등을 교환하는 모든 형태를 포함 • 상호 신뢰관계를 토대로 자신이 가지거나 알고 있는 정보를 상대방에게 주고, 내가 얻고 싶은 것을 받음으로써 지역사회와 이웃이 함께 협력함 • 기존의 재능나눔, 돌봄나눔활동 차원을 넘어서 지역사회와 타 공동체로 돌봄품앗이를 확대할 수 있음 • 예능품앗이, 교과학습품앗이, 체험학습품앗이, 성인활동품앗이(자녀교육/ 자녀성장교육 등), 나눔가족품앗이(나눔장터)
모두 가족 봉사단	• 지역사회 모든 가족	• 최소한 두 명 이상의 가족구성원들이 하나의 단위가 되어 대가 없이 지역사회봉사에 참여하는 것 • 프로그램 기획→수요처 발굴→봉사단 홍보 및 모집→자원봉사교육 및 O.T.→평가 및 피드백 체계로 운영됨 • 다른 지역사회 돌봄 프로그램과 결합하여 운영함 • 어렸을 때부터 돌봄활동을 익히고 봉사활동을 수행할 수 있도록 아동·청소년이 참여하는 봉사영역을 개발하고 확대함 • 공동육아나눔터 운영, 장난감 소독 및 수리, 장난감이나 책 대여 수거하기, 아나바다행사, 아동축구단·농구단 운영함
아버지-자녀가 함께 하는 토요 돌봄 프로그램	• 지역 내 유아 또는 초등학생 자녀와 아버지	• 아버지 양육참여를 확대하기 위하여 간단한 놀이위주의 프로그램으로 운영함 • 일상생활에서 쉽게 구할 수 있는 신문지, 페트병, 풍선 등을 활용한 놀이, 체조, 게임, 아버지와 자연스런 스킨십이 가능한 활동, 책 읽어주기, 노래 부르기 등으로 구성함. 평소 일상생활에서도 지속적으로 이어질 수 있는 쉬운 활동으로 구성함 • 청소년을 포함한 모두가족봉사단 활동과 연계가 가능함. 특히 청소년들이 게임리더, 책 읽어주는 역할, 프로그램실 정리정돈, 게임이나 놀이활동 지원 등 가능한 봉사활동 개발가능함

(2) 가족교육영역

가족교육사업은 가족구성원의 강점을 발견하고 가족단위의 역량을 강화시킴으로써 가족관계의 질을 증진시키고 가족 내 발생하는 문제들을 사전에 예방하는 것을 목적으로 한다. 가족교육사업의 대표적인 프로그램은 크게 생애주기별 (조)부모교육과 남성대상 교육 등 두 가지이다. 생애주기별 교육은 가족생애주기별로 가족생활교육을 실시하는 것이다. 예비부부 및 신혼기 부부를 대상으로 하는 결혼준비・결혼적응교육, 청소년 자녀를 둔 부모들을 대상으로 청소년기 원활한 부모 - 자녀관계 형성을 돕는 청소년기 부모교육, 50대 퇴직 전후의 중년남녀를 대상으로 한 중년기 교육, 은퇴 후 노년기 적응을 돕는 노년기 교육 등을 들 수 있다. 남성대상 교육은 다양한 연령층의 성인남성들을 대상으로 이들의 가족생활참여를 확대시키기 위한 교육이다. 가족교육사업의 주요 내용은 <표 5 - 6>과 같다.

〈표 5-6〉 생애주기별 (조)부모교육의 주요 내용

프로그램명	대 상	사업내용
예비부부 및 신혼기 부부교육	• 미혼 · 기혼 성인남녀	• 결혼에 대한 이해와 준비, 결혼초기 적응을 도와주는 프로그램 • 미혼남녀대상 : 결혼 및 출산의 중요성, 가족기능, 의사소통법 • 예비(신혼)부부대상 : 출산의 중요성, 부모의 연령과 출산, 서로의 차이점 인정하기, 신혼기 부부갈등의 요인과 해결방법, 의사소통법, 가족계획, 원가족으로부터 독립된 가족 만들기, 예비부모교육
청소년기 부모교육	청소년 자녀를 둔 부모	• 청소년 자녀 특성을 이해함으로써 부모 - 자녀 간 원만한 관계형성을 돕는 프로그램 • 부모 - 자녀 간 효과적 대화방법 • 자녀의 소비생활, 학습진로, 생활설계 지도방법 • 컴퓨터중독 예방방법
중년기 교육	50대 퇴직 전후의 중년	• 중년기 및 노년기 변화를 이해하고 노후를 준비하는 프로그램 • 노년기 경제적 문제와 해결방안 • 노년기 여가 및 소비생활 만족도 증진 • 중년기 남녀의 갱년기 변화 • 가족관계 변화 이해 및 관계 재설정 • 건강한 의사소통기술 훈련
노년기 교육	은퇴 이후의 노인	• 삶의 성공적 마무리를 돕는 노년기 적응 프로그램 • 노화과정의 이해와 수용 • 성공적 노년의 의미 이해 • 여가생활의 계획과 부부간 공유 및 실천 • 건강을 위한 운동방법의 원리와 실천 • 노인소비자로서 정보습득과 실천방법 • 과거 삶의 회고를 통한 수용과 화해 • 존엄한 죽음의 이해와 준비
조부모 교육	조부모	• 손자녀와의 관계 및 친밀감 형성방법 • 손자녀에 대한 이해, 효과적 대화법, 생활지도 등을 교육

〈표 5-7〉 남성대상 교육의 주요 내용

프로그램명	대 상	사업내용
남성대상 교육	대학생 포함 일반 성인남성	• 가족생활에서 일 - 가정 양립을 위한 해결책으로 남성의 가족생활참여를 촉진하는 프로그램 • 미혼남성 : 남성의 가족생활참여 중요성, 출산의 중요성, 성역할 분담과 성역할 의식, 일 - 가족 양립 • 신혼남성 : 부모연령과 출산, 자녀의 발달에 맞는 아버지 교육, 양육에 있어 아버지참여의 중요성, 성역할 분담에 대한 분석, 가족과의 의사소통방법, 아내와의 갈등해결방법 • 중년남성 : 남성의 가족생활참여의 중요성, 청소년 자녀와의 갈등해결방법, 아내와의 갈등해결방법, 중년남성의 변화와 특성, 부부 공동여가활동 개발 • 노년남성 : 남성의 가족생활참여의 중요성, 성인자녀와의 갈등해결방법, 부부간 은퇴 후 가족생활설계, 은퇴 후 자산관리 • 직장남성 : 일 - 가족 양립의 중요성 • 가족돌봄교육 : 스스로 생활을 책임질 수 있도록 하는 교육, 생활에 필요한 의식주 해결을 위한 가사노동의 중요성, 생활 관련 행정업무, 노후설계교육 등

(3) 가족상담영역

가족상담사업은 가족 안에서 가족구성원들끼리 경험하는 갈등 때문에 가족이 고통을 겪을 경우, 전문가의 상담을 통해 문제점을 해결하고 가족구성원 간의 관계의 질을 향상시키며 더 나아가 가족기능을 회복시키는 데 목적이 있다. 가족상담사업은 1 : 1 면접상담, 전화상담, 사이버상담, 집단상담 등 다양한 방법을 사용한다. 가족상담 프로그램은 생애주기에 따라 가족관계 속에서 발생하는 다양한 갈등 및 문제해결을 위한 상담에 초점을 맞춘다. 다른 가족지원사업과 마찬가지로 가족상담 역시 참여인원이 꾸준한 상승세에 있다. 가족상담사업의 주요 내용은 <표 5 - 8>과 같다.

〈표 5-8〉 가족상담사업의 주요 내용

프로그램명	대 상	사업내용
일반가족 상담	모든 가족구성원	• 일반적 가족관계 내에서 갈등예방 및 해결상담 • 가족구성원들의 내면감정 표출 및 갈등상황 재연 • 부모 - 자녀관계 회복 도모 • 가족구성원 간의 관계의 질 향상 • 이혼 전후, 재혼상담

(4) 가족문화영역

가족문화사업은 가족 내부와 가족 외부 환경 모두에서 가족친화적인 문화를 창출해내는 것이 주요 목적이다. 가족 내부로는 가족화합과 유대감을 느낄 수 있는 가족단위별 여가문화서비스를 제공하고, 가족 외부로는 지역사회 내 가족친화적인 지역문화와 양성평등한 가족문화, 공동체 문화를 조성할 수 있는 사업을 제공한다. 가족문화사업은 가족사랑의 날을 핵심추진사업으로 설정하여 이에 초점을 맞추었으며, 기존에 가족친화문화사업으로 진행되었던 가족품앗이, 가족봉사단 등은 가족돌봄영역으로 이동하였다[5).

5) 2012년에 들어서는 기존에 운영되던 '가족봉사단'과 '가족품앗이' 프로그램이 '모두가족봉사단'과 '모두가족품앗이'라는 전국 공통의 명칭으로 브랜드화하여 가족돌봄사업의 영역으로 이동하였다. 이것은 가족돌봄이 단순히 지역사회 내 가족친화문화조성의 차원을 넘어서 지역사회가 적극적으로 가족의 돌봄기능을 지원해야 한다는 지역사회차원의 가족돌봄역할을 강화하기 위함이다.

〈표 5-9〉 가족문화사업의 주요 내용

프로그램명	대 상	사업내용
가족 사랑의 날	지역사회 모든 주민	• 한 달에 하루만큼은 가족과 함께 하는 환경을 조성하고자 하는 가족참여형 캠페인임 • 매월 셋째 수요일을 '가족사랑의 날'로 지정, 이날 하루만큼은 직장인은 정시퇴근 등 가족이 모두 한자리에 모여 저녁식사를 할 수 있는 기회를 마련함 • 전국 건강가정지원센터는 '가족사랑의 날'에 이 내용을 실천할 수 있도록 홍보하고 프로그램을 마련해 장려하여 가족이 함께 참여할 수 있는 기회를 제공함 • 가족헌법 만들기, 가족티셔츠 만들기, 난타/ 사물놀이 등 공연관람, 아빠와 함께 하는 요리교실, 가족과 함께 영화보기 등 • 가족단위 행사를 홍보하고 가족 프로그램을 현실화하기 위하여 지역서비스자원(극장, 서점, 공연장, 패밀리 레스토랑 등)을 적극 연계함

3. 건강가정사업의 실제사례 : 가족문화사업

이 절에서는 각 지역별 건강가정지원센터에서 실제로 어떠한 사업이 이루어지고 있는지 실제사례를 들어 살펴볼 것이다. 특히 동일한 사업영역이라도 지역에 따라 얼마나 창의적 내용으로 구체적 사업 프로그램이 수행되는지를 센터별로 비교하도록 한다[6]. 공통으로 수행하는 사업영역이라 하더라도 구체적 프로그램은 지역별 센터의 특성을 반영하며 상호 상이한 명칭과 내용으로 이루어짐을 실제 사례를 통해 확인해 보자.

1) "패밀리 레스토랑 H2O" : 서울시 노원구 건강가정지원센터

(1) 사업의 필요성 및 목적

가족사랑의 날의 프로그램을 시행하기 위해 가족구성원 모두가 참여하는 프로그램을 만드는 것이 매우 중요하다. 그러나 평일에 가족원이 모두 참여할 수 있는 프로그램을 개발하기란 쉽지 않다. 특히 아버지 혹은 맞벌이 부부가 평일 프로그램에 참여할 수 있는 시간적 여유를 찾기가 어렵기 때문이다. 어떻게 하면 온가족이 평일에 함께 하는 시간을 마련할지를 고민하는 가운데 식사시간과 연계한 프로그램의 아이디어가 나왔다. 한 달에 한 번이라도 가족 모두가 한자리에서 근사한 저녁식사를 나누며 즐거운 놀이와 이벤트, 그리고 가정생활교육까지 함께 참여할 수 있다면 가족사랑의 날의 취지와 목적에 잘 맞을 것이라고 생각하였다.

더욱이 노원구는 중산층뿐 아니라 저소득층의 비율도 상당하

---

6) 여기서는 보다 독창적인 명칭과 내용으로 수행된 프로그램의 예를 살펴본다. 자료는 2011년 <가족 사랑의 날 사례집>, 2012년 <2012 건강가정지원센터 우수 프로그램>의 내용을 참고로 정리하였다.

다. 취약가족은 외식이나 문화적 여유를 누릴 만한 형편이 되지 못하므로 가족사랑의 날 프로그램을 취약가족을 배려하여 제공하기로 하였다. 대상자 파악과 홍보를 위해서 노원구청과 각 주민자치센터, 종합사회복지관의 협조와 도움을 얻었다.

(2) 프로그램 내용

웰빙전문요리사를 초빙하여 에피타이저 - 본식 - 디저트의 코스요리를 제공하고, 각 요리가 제공되기 전에 테마게임을 진행하여 보다 즐겁고 흥미로운 식사시간이 되도록 유도하였다.

프로그램	세부내용
에피타이저 게임	• 퀘사디아, 치킨샐러드 • 테마게임 - 훌라후프 전쟁(어머니) 부드러운 가족분위기를 만들기 위해 노력하겠다고 다짐함
본식게임	• 스테이크, 브리또 • 테마게임 - 병뚜껑 게임(아버지) 아버지들이 게임에 임할 때 가정에서 가장 절제가 필요한 사람이 아버지임을 인식시키고 일, 술, 담배 등 건강을 해치는 요소를 절제할 것을 약속함
디저트 게임	• 두리안, 망고스틴 • 테마게임 - 한마음 윷놀이(가족 모두)
H2O 의미설명	• 디저트가 진행되면서 진행자는 가족 사랑의 날의 취지를 설명하고 실천할 것을 강조함 • H2O의 의미 설명 - 다른 사람(Human)과 사람(H2)이 모여 가정을 만들어 갈 때 물과 같이 변해야 함

(3) 평가

2010년 가족사랑의 날 프로그램으로 진행하였던 “패밀리 레스토랑 H2O” 프로그램은 이후 노원구 건강가정지원센터의 대표적 프로그램으로 자리잡았다. 일 - 가족 양립의 의미를 살리고 아버지들의 가사참여를 유도하기 위해 아버지와 아이들 모두 요리를 할 수 있는 기회를 제공함으로써 가사일에 대하여 자연스럽게 인식전환을 가져올 수 있었다. 또한 비교적 신생센터이기 때문에 홍보가 부족하여 지역주민들에게 인지도가 낮아서 어려움을 겪었으나, 이 프로그램을 통해 센터가 큰 홍보효과를 얻을 만큼 인기 프로그램이었다.

결국 가족사랑의 날 취지에 맞게 부모-자녀를 모두 프로그램에 참가시키고 저소득층 가족에게 외식의 기회를 제공함으로써 프로그램의 의의를 극대화하였다. 부모교육이라고 하면 부담을 갖거나 거부감을 가질 수 있으나, 요리 프로그램과 교육을 결부시켜서 재미와 교육효과를 동시에 얻을 수 있었다. 그 결과 목표대비 실적이 매우 우수하였으며, 프로그램 만족도 역시 5점 만점에 평균 4.7점에 이를 만큼 성공적이었다.

2) "행복한 가족, Making Start" : 천안시 건강가정지원센터

(1) 사업의 필요성 및 목적

직장과 학교에서 주 5일제가 자리잡으면서 가족 내 여가시간을 어떻게 보낼지에 관심이 높아졌다. 그러나 막상 부모-자녀가 함께 소통하는 여가활동을 찾기란 쉽지 않다. 실제로 자녀와 어떻게 시간을 보내야 할지 몰라 어려움을 호소하는 부모 역시 적지 않다. 또한 가족친화문화에 대한 관심이 높아지고 있으나 직장 내 가족친화문화조성을 위해 어떠한 프로그램을 운영해야 하는지, 특히 직장에서 여가지원제도를 도입하는 방안 역시 막연한 상태에서 그 운영이 미진한 상황이다.

"행복한 가족, Making Start" 프로그램은 천안시청에 종사하는 유아기, 학령기, 청소년기 자녀를 둔 기혼공무원과 그 가족을 대상으로 개발한 직장과 함께 하는 가족여가 프로그램이다. 이 프로그램은 가족이 단순히 오락과 여흥으로써 여가를 지내는 것에서 더 나아가, 자녀돌봄을 위한 부모교육을 함께 진행함으로써 가족역량을 강화하고 가족유대관계를 증진시키며, 직장 내 가족친화적 문화를 조성하는 데 기여하고자 하였다.

(2) **프로그램 내용**

천안시청과 연계하여 문화 · 교육 · 돌봄 영역의 프로그램을 각 5회 이상 진행한다. 10회기 이상 유아기 및 아동기 자녀를 둔 종사자들에게 동화구연 프로그램을 제공함으로써 자녀돌봄의 기능을 강화하고, 쿠킹교실을 통해 기혼남성의 가족 내 돌봄노동기능 증진을 조장한다. 또한 5회기 이상 아동기 및 청소년기 자녀를 둔 종사자들에게 부모교육을 제공함으로써 가족 내 의사소통기능을 강화하고자 하였다.

프로그램	세부내용
"행복한 가족, Making Start" 개강식	• 천안시청 가족친화 직장문화 조성 프로그램 안내 • 프로그램 참여대상자에게 사전검사 실시
부모교육 - 행복한 부모 건강한 자녀 키우기	• 매월 1, 3주차 목요일 • 4회에 걸쳐 부모교육 실시, TA검사 및 결과분석
동화구연 - 아이와 함께 하는 신나는 동화세상	• 매주 화요일 • 10회(1차), 5회(2차)에 걸쳐 다양한 동화책을 선정하여 동화구연 실시
쿠킹교실 - 아빠와 함께 하는 요리쿡 조리쿡	• 매월 1, 3주차 토요일 • 각 5회씩 두 번에 걸친 2회기 동안 머핀, 야채빵, 쿠키 등 과자와 케이크를 부모와 함께 만듦

(3) 평가

천안시청과 함께 진행한 "행복한 가족, Making Start" 프로그램은 직장 내 가족지원제도와 서비스를 정착시킬 수 있는 하나의 모델을 제시하였다는 점에서 가족친화적인 직장문화 조성에 기여하였다. 가족친화적 직장환경을 마련하기 위하여 어떠한 제도를 도입해야 하는지 구체적 사례를 제시할 수 있는 표본이 되었기 때문이다. 또한 이 프로그램을 보다 원활히 진행하기 위하여 진행과정에서 천안시청과 천안시 건강가정지원센터가 각각 역할을 분담함으로써 민-관 협력의 가능성을 보였을 뿐 아니라, 시청 이외에도 천안시의 다양한 지역자원들과의 긴밀한 협력을 통해 지역 네트워크를 적극적으로 활용한 좋은 예가 되었다.

이 외에도 유아기, 아동기, 청소년기 등 가족의 생애주기별로 가족돌봄, 의사소통교육 등 적절히 프로그램을 세분화함으로써 참여가족의 욕구에 보다 세심하게 다가갈 수 있었다는 점을 장점으로 꼽을 수 있다. 요리교실, 의사소통교실 등은 기존에 흔히 활용되는 가족지원사업이지만 이것을 천안시청과 연계하여 진행함으로써 단순한 가족지원 프로그램을 넘어서 직장 및 지역사회와의 연계 프로그램으로 좀 더 독창성을 발휘할 수 있었다는 점에서 의의가 있다.

참고자료

중앙건강가정지원센터 홈페이지를 이용한 자료이용 안내
(http://www.familynet.or.kr/)

아래의 그림에서와 같이 건강가정지원센터 홈페이지 내 'e-book'을 활용하면, 전국의 건강가정지원센터의 사업현황 및 내용을 열람할 수 있다.

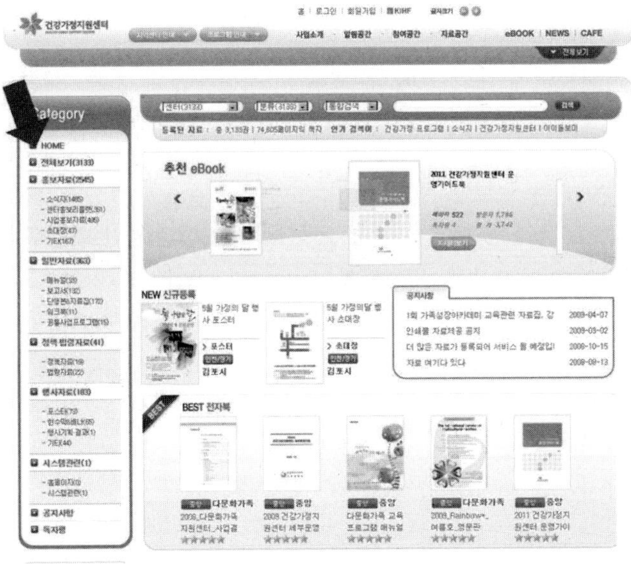

4. 프로그램 및 가족복지사업 평가

가족을 위한 정책과 서비스는 결과적으로 가족들의 다양한 욕구 충족을 목적으로 하게 된다. 그러한 프로그램[7])이 만들어지기 위해서는 체계적이며 제대로 잘 조사된 자료를 바탕으로 가족들의 욕구를 제대로 포착해내야 한다. 교수들이 학생들에게 사회조사론이나 연구방법론을 끊임없이 강조해도 지나치지 않은 점이 여기에 있다. 이러한 실증적인 정보를 바탕으로 체계적이며 전문적 지식이 활용된 정책이나 서비스 형태로 만들어내게 된다.

그런데 작업은 여기에서 끝나지 않는다. 이렇게 잘 구성된 프로그램이 실제로 어떠한 결과와 파생효과를 내었는지 확인하는 작업이 필요하다. 최근에는 정책을 후원하기 위해 다양한 재원이 활용되고 있고, 여기에는 재원을 투여하는 기관의 성격이나 후원 목적이 깔려있다. 따라서 프로그램의 평가는 "얼마나 잘 해냈는가?"를 확인하고 그 효과가 무엇이었는지 알아내는 데 그치지 않고, 재원투여에 대한 효과성/ 효율성, 사업목표의 충족 여부 등 다양한 차원에서 평가가 이루어지고 있다(김은정 · 정소연, 2009). 이 때문에 가족복지를 비롯한 다른 복지분야에서도 이 평가분야는 새로운 영역으로서 독립적으로 존재하기도 한다. 이 절에서는 사회마케팅(social marketing) 요소를 소개하면서[Philip Kotler와 Nancy Lee의 Social Marketing(2008) 참조] 가족복지 정책 및 프로그램 평가에 어떻게 이용될 수 있을지 생각해 보도록 구성해 보았다.

---

7) 정책이나 서비스를 현실화하기 위해 인위적으로 만들어진 구성물이나 사업내용

1) 정책 및 프로그램 평가를 하는 다양한 목적

프로그램 평가는 왜 하는 걸까? 우리는 흔히 '평가'라고 하면, 초·중·고 시절의 악몽을 떠올리며 단순하게 '시험'을 생각한다. 그것이 틀린 말은 아니다. 그동안 수행한 업무나 지식을 얼마나 잘했고, 잘 알고 있는지 수치화하는 작업, 그것이 평가의 한 측면임은 분명하다. 그런데 평가를 하는 목적은 평가자가 정말 알고 싶은 바가 무엇인가에 따라 상당히 차별적일 수 있다.

예를 들어, 학생들을 평가하는 데 있어 "누가 더 해당 지식을 많이 알고 있는가?"를 가지고 평가를 한다고 생각해 보자. 평가를 수행하는 목적이 지식의 수준을 알고자 하는 것이라면, 관련지식을 수준별로 저난이도부터 고난이도에 이르는 다양한 항목을 늘어놓고 어느 정도 숙지했는지 점수를 매겨 1등부터 등수를 매기면 목적을 달성할 수 있다. 높은 점수에 해당하는 사람들은 해당 지식을 많이 아는 사람들이고 반대의 경우는 지식이 없다고 판단할 수 있다. 이번에는 학생들이 목표하는 지식을 충분히 숙지하였는지 그 여부에 초점을 맞추어 평가를 하고자 한다면, 꼭 알아야만 하는 일반적인 문제들을 제시하고, 아는지 여부만 확인하는 것으로도 평가를 이룰 수 있다. 즉, 일반적인 문제들, 꼭 알아야 하는 문제들 가운데 몇 %가 제대로 맞추었는지 알아내고, 최소한의 기준을 통과하면 지식이 있다고 판단하는 방법이다. 프로그램을 평가하는 것도 이와 유사하다. 평가를 수행하는 명확한 목적과 이유를 밝히는 것이 중요하고, 그에 따라 평가방식도 다양하게 개발될 수 있을 것이다. 다음에서는 평가를 하는 다양한 이유와 평가방법을 제시해 보았다.

(1) 다음 번에 더 잘하기 위해

첫 번째 방법은 평가를 하되 오류와 문제점을 잡아내면서 다음 번에 더 잘하기 위한 평가이다. 현재 프로그램에 대한 클라이언트의 만족도부터, 프로그램의 진행 전 과정에 대한 내용평가 위주가 될 것이다. 대상자도 클라이언트뿐 아니라 프로그램을 진행한 진행요원, 개발자 등 모두가 평가에 응답할 수 있다. 대부분 프로그램 수행 전에 이루어지는 파일럿 스터디(pilot study, experimental study) 때 이 방법을 사용한다. 여기에서 지적된 사항들을 종합하여, 프로그램을 실제로 수행할 때 지침으로 사용하기 위해서이다.

(2) 프로그램을 후원한 재원(기금)의 목표에 부합 여부를 알기 위해

최근 사업들의 특징들을 살펴보면, 사업목표나 후원단체가 추구하는 목표가 설정되어 있는 경우가 많다. 가령 ○○구에서 '지역사회 돌봄서비스 기능을 보완하기 위한 공동체 형성'이라는 주제로 예산 1억짜리 프로그램을 공모하는 경우, 그 사업을 따내기 위해서는 적어도 해당 목표를 잘 수행하는 방향으로 프로그램이 기획되어야 하고, 추후 평가에서도 사업목표가 달성되었는지 살펴보는 것이 중요할 수 있다. 또 어떤 경우는 이미 책정된 예산안을 가지고 '깨끗한 마을 만들기 사업의 일환'으로 사업을 구성하라는 지시가 떨어진다고 가정해 보자. 이 경우에도 사업이 결과적으로 마을의 청결성을 얼마나 향상시켰는지 평가할 수 있는 항목을 넣어야 할 것이다. 사실상 사업의 목표라는 것은 상당히 추상적인 수준일 때가 많다. 따라서 추상적인 목표와 구체적인 사업이 얼마나 서로 잘 맞아 떨어지는지 평가를 통해 확인하는 작업이 필요한 것이다.

(3) 지속적인 기금확보를 위한 근거자료 마련을 위해

위의 기금목표, 사업목표와 연결해서 이 부분도 매우 중요하다. 단체나 기관의 사업은 많은 경우 연속적이고 지속적으로 수행하는 경우가 많다. 가령 1차년도 사업을 성공적으로 수행하면, 그 이후 2차년도, 3차년도 사업을 수주할 가능성도 커진다. 따라서 1차년도에 어떠한 한계점이 있었고, 그것을 보완하여 다음 번 사업에 무엇을 보완한다면, 더 나은 결과를 기대할 수 있다는 논리설정이 필요하다. 이러한 평가에서는 기금을 가진 기관, 재원을 가진 기관의 요구사항, 그들의 특성과 취향에 맞게 평가가 이루어져야 한다. 특히 공모사업을 수행하는 경우, 안정적인 기금마련을 위해서라도 사업목표에 대한 부합성·적합성을 제대로 평가하여 제시한다면, 재원을 조달하는 기관과의 신뢰를 구축하는 데 중요하게 작용할 수 있다.

(4) 자원배분을 위한 논리적 근거마련을 위해

이 방법은 앞으로 어떠한 자원을 어떻게 분배할지 결정하기 위해 활용하는 평가방식이다. 프로그램 내용평가의 항목들, 이를테면 프로그램 운영재료(예를 들어, 컴퓨터, 실습재료), 프로그램을 진행하는 인적 자원(진행요원, 프로그램 진행자, 개발자 등), 프로그램 진행장소나 공간, 그리고 실제 소요되는 예산에 대한 총체적인 평가가 이루어진다. 명확한 기준을 가지고 해당 항목별로 점수화하기 때문에, 학생들이 많이 알고 있는 SERVQUAL기법도 여기에 속할 수 있다. 가령 ○○구에서 자치구 내의 30개 단체들에게 공원관리를 위한 프로그램을 수행하도록 했다고 가정하자. 동일한 방법의 프로그램을 서로 다른 자치구에서 동시에 수행할 때, 이들 30개 단체 중에서 누가 더 잘했고, 따라서 어느 단체에 재원을 집중할지 결정할 때 활용된다.

(5) 이용자의 욕구나 가치에 부합하기 위해

이 프로그램이 소비자의 인지, 기대, 가치관, 문화에 실제로 부합하는지, 혹은 전략상의 수정이 필요한지 알아보는 평가이다. 종종 우리는 이론에 근거하여 클라이언트의 욕구를 예측한다. 즉, 우리가 지식적으로 알고 있는 욕구는 일반론에 불과할 수 있다. 특정한 상황과 조건에서는 우리의 그러한 이론화된 예측이 종종 틀릴 수 있음을 기억하자. 정말로 클라이언트가 원하는 것은 무엇인지, 그들의 목소리, 그들의 욕구에 먼저 귀를 기울일 필요가 있다. 사전조사를 통해 이러한 것들을 미리 알 수 있다면 더 좋겠지만, 프로그램을 평가하는 과정에서 클라이언트의 상황을 더 잘 이해하게 되는 계기가 될 수 있음을 숙지하자. 프로그램을 평가하는 많은 이유 중에서도 어쩌면 이 부분은 결코 놓칠 수 없는 부분일 것이다.

2) 무엇을 평가할 것인가?

(1) 프로그램의 수행을 위한 투입·과정 평가방법

쉽게 말한다면, 이 방법은 프로그램을 수행하기 위해서 얼마만큼의 자원과 노력이 동원되었는지 평가하는 방법이다(문신용·성금단, 2010). 우선 프로그램 진행을 위해 제작한 전단지, 리플렛, 책자, 포스터 등 얼마나 많은 자원을 프로그램 홍보와 수행을 위해 만들고 배포했는지를 살펴보고 비용을 계산한다.

두 번째는 얼마나 반복적으로 클라이언트에게 접촉하고 그들에게 프로그램의 존재에 대해 알렸는지 평가한다. 프로그램 홍보와 내용 알리기를 위한 클라이언트 접촉횟수와 빈도를 통해 클라이언트가 얼마나 해당 프로그램에 노출되었는지를 파악한다.

세 번째는, 얼마나 다양한 매체를 활용하여 클라이언트와 접촉하였는지를 파악한다. 지역신문, 지역방송, 잡지나 홍보물을 얼마나 활용하였고, 그것을 통해 얼마나 많은 클라이언트에게 영향을 줄 수 있었는지 평가한다.

네 번째 방법은 이 프로그램을 통해 목표클라이언트의 얼마만큼이 이 프로그램에 의해 의식변화, 혹은 단순노출이 되었는지 평가한다. 투입한 자원대비 노출 정도를 파악하여, 그 비율을 통해 프로그램의 효과성을 파악하게 된다. 가령 아이돌보미사업이라고 가정해 보자. 해당 사업을 위해 1,000만 원 상당의 홍보노력(위에서 제시한 바와 같이 책자 제작, 미디어 활용, 접촉횟수 계산을 통해 책정된 금액)비용이 소요되었고, 이를 통해 한 지역사회 내에 50,000만 명의 어머니들에게 아이돌보미사업의 내용과 성격, 지원방법에 대해 홍보가 이루어졌다고 한다면, 비용대비 효과는 한 사람 당 5,000원이라고 파악할 수 있다. 이 비용수치를 통해 실제 프로그램 기획의 효과성을 파악할 수 있다.

마지막 과정평가는 프로그램 기획 전에 예상했던 시간과 비용에 비해 프로그램을 진행하면서 부족했던 부분들을 평가하는 방법이다. 한 달 만에 1000만 원을 들여 홍보를 기획했지만, 실제 소요된 시간과 소요비용이 얼마나 잘 맞아 떨어졌는지, 혹은 부족했는지, 남았는지 등을 평가한다.

(2) 프로그램의 결과물을 평가하는 방법

프로그램의 결과물을 평가할 때 가장 많이 활용하는 기준은 사실상 클라이언트의 만족도이다. 만족도를 통해 앞으로 프로그램을 보완하고, 추후 다시 수행할 때 근거자료로 활용하게 된다. 그런데 이 만족도는 예상보다 측정하기 어려운 항목 가운데 하나이다. 클라이언트가 답한 만족이 어떠한 수준 - 프로그램 준비, 수행 과정, 프로그램 후 마무리, 혹은 그 전체 - 에 대한 것인지 알기 어렵기 때문이다. 어떤 경우는 만족도라는 측정도구가 너무 많은 정보를 주기 때문에 사실상 아무런 도움이 되지 못하는 경우도 있다. 또 어떤 경우는 만족도 점수 자체가 한쪽으로 편포되면서(너무 높거나 너무 낮아서) 분석 자체가 불가능하게 측정될 여지도 있다.

따라서 클라이언트의 전반적 만족도를 측정함과 동시에 다양한 결과물에 대한 항목을 조사하여 만족도 항목에 보완적으로 활용하는 것이 하나의 대안이 될 수 있다. 따라서 아래의 내용에서 제시하는 항목들을 프로그램 결과를 평가할 때 활용해 보자.

- 프로그램을 수행한 이후 행동상의 변화가 관찰되는가?
- 프로그램 수행 후 행동을 변화시킬 의도나 동기부여가 되었는가?
- 프로그램 수행 후에 관련된 지식(메시지)을 제대로 습득하였는가?
- 프로그램 수행 후 클라이언트의 신념이나 믿음이 변화했는가?
- 캠페인이나 프로그램의 구성 및 진행 요소를 얼마나 알고 있는가?
- 사회문제나 프로그램에서 제시하고자 하는 이슈와 문제를 숙지하고 있는가?

3) **측정도구 : 무엇을 가지고 평가를 할까?**

이러한 평가를 위해서는 클라이언트 혹은 프로그램 기획 및 진행자들을 대상으로 하는 다양한 조사가 필요하다. 대상은 바뀔 수 있지만, 어찌 되었든 평가를 위한 별도의 조사가 이루어져야 하는 점은 분명하다고 볼 수 있다. 조사연구는 앞에서 한 번 제시한 바와 같이 설문지를 활용한 양적 방법, 심층인터뷰 기법을 통한 질적 방법이 활용된다. 특히 프로그램에 대한 클라이언트의 반응을 제대로 포착하기 위해 포커스 그룹 인터뷰가 가장 널리 쓰이는 방법이다. 관찰법도 많이 쓰인다.

이러한 간단한 결과 확인을 위한 조사 이외에도, 프로그램의 효과성을 제대로 탐색하기 위해서는 제대로 설계된 조사연구를 수행할 수 있다. 이는 어떤 사람들이 얼마만큼 해당 프로그램 후 행동변화나 신념변화가 나타났는지 통계적으로 검증을 하는 방법이다. 동일한 프로그램 수행 후 과연 남성이 여성보다 더 의미있는 변화가 관찰되었는지, 계층별 차이는 어떠한지, 교육수준에 따라 효과가 달라졌는지 의미있는 차이를 검증하여 추후 프로그램 개발에 이용할 수 있다. 이때는 설문지기법을 활용하더라도 표본설계 차원에서 더 신경을 쓰고, 이후 통계처리방법에 대해서도 고민해야 한다(박정윤, 2008).

이렇게 과학적인 방법을 통해 효과성을 더 정밀하게 검증하기 위해 실험설계방법을 활용하기도 한다. 이때는 통제그룹을 설정하여 프로그램에 참여하지 않은 집단, 혹은 해당 프로그램에서 제시하는 특정 처치를 하지 않은 집단을 선별해내야 한다. 이를 조금 더 자세히 살펴보자.

① 양적 방법(quantitative survey)

프로그램의 효과를 수치로 계량화시켜 보여줄 필요가 있을 때 쓸 수 있는 방법이다. 예를 들어, "프로그램 활용 후 참가자들의 신체활동이 10% 가량 증가하였다"와 같은 가시적인 효과를 보여주고 싶을 때, 우리는 양적 방법을 사용한다. 흔히 설문지를 통해 규격화된 질문에, 표준화된 응답방식으로 응답자들의 태도나 행위를 수치로 코딩한다. 전화설문, 자기기입식 설문, 인터뷰 설문 등이 포함될 수 있다.

과학적・기술적 서베이 방법은 이 양적 방법을 조금 더 과학적인 연구설계를 통해 구현하는 방법이다. 보통의 설문과 다른 것은 표본설계에 대한 원칙과 원리를 구축하여 연구를 설계하며, 대표성 있는 양적 자료를 생산하는 데 목적을 둔다. 이러한 과학적 연구방법을 통해 획득된 자료(data)는 프로그램에 대한 평가뿐 아니라 그 평가를 기반으로 한 새로운 프로그램 개발에 대한 기초 자료로도 활용될 여지가 높다. 따라서 한 번 설문조사를 해야 한다면, 그리고 그것에 대한 비용을 지불할 의도가 있다면, 일회성의 설문조사가 아니라 대표성을 띨 수 있는 잘 설계된 표본설계에 따라 서베이가 이루어질 수 있도록 하는 것이 가장 좋을 것이다.

② 질적 방법(qualitative survey)

이 방법은 위에서 살펴본 평가의 양화가 목적이 아니라 평가의 내용이 주관적인 영역을 다룰 때 사용하는 방법이다. 즉, 수치로 제시되는 것이 아니라 조금 더 태도나 성향, 혹은 경험에 초점을 둔 평가가 필요할 때 사용하는 방법이다. 대체로 포커스 그룹 인터뷰(focus group interview i. g. 쉬어가는 페이지 참조)나, 심층면접, 혹은 비구조화된 인터뷰를 통하여 내담자들의 코멘트와 경험에 관한 정보를 수집하게 된다. 포커스 그룹 인터뷰는, 가령 보육교사들에게 영유아의 손씻기 홍보를 한 후 손씻기와 관련된 매뉴얼과 용품들을 배포한 후 그것이 현장에서 얼마나 도움이 되었는지, 애로사항은 없었는지 등의 의견을 들을 때 유용한 방법이다. 심층

면접은 아버지교육을 받은 아버지들이 교육 후 자녀와 어떻게 상호작용하였고, 프로그램 참여 이후 그들의 기존의 태도나 행동, 그리고 경험의 변화 정도, 변화내용 등 그들의 경험을 경청하고 싶을 때 사용될 수 있다.

③ 관찰방법(observation research)

위에서 제시한 양적 · 질적 방법이 모두 내담자에게서 정보를 수집하는 것이라면, 관찰법은 전문가 혹은 객관적인 제3자에 의해 정보가 수집된다는 점에서 조금 더 객관성을 확보할 수 있다. 행위상의 변화를 파악할 때 가장 효과적으로 활용될 수 있는 방법이다. 특히 행동상의 변화를 유도하는 프로그램의 전후변화를 확인할 때 활용될 수 있다. 가령 요트교실에서 구명조끼나 장비 착용을 위한 교육을 실시한 후 그 효과를 알아보는 방법은, 클라이언트들이 얼마나 자발적으로 구명조끼를 착용하고 요트를 타는지 프로그램 전후의 결과를 관찰하면 쉽게 파악할 수 있다.

④ 통제그룹의 관리(control group management)

이러한 양적 · 질적 방법 그리고 관찰법을 활용할 때는 통제그룹을 상정하는 것이 도움이 된다. 통제그룹은 캠페인이나 교육 프로그램이 얼마나 효과적이었는지 판단하기 위해서 교육 혹은 시술(처치)을 받은 집단과 비교하기 위한 준거그룹을 의미한다. 만약에 중학교에서 성폭력 예방 프로그램을 도입하고 그 효과를 평가한다고 할 때, A 중학교 사례에서 프로그램 실시효과를 검증하고 싶다면, A 중학교와 여러 가지로 유사한 조건을 가진 B 중학교를 선정하여, A 중학교에서 프로그램을 실행한 전후의 차이와 아무런 교육을 받지 않은 B 중학교의 성폭력 및 예방법에 대한 태도와 행동이 통계적으로 유의한 차이가 있는지를 검증한다. 따라서 프로그램 평가를 고려에 두고 있다면, 실험집단과 함께 어느 집단을 통제집단으로 삼을 것인지 미리 염두에 둘 필요가 있다.

⑤ 기록 및 자료 활용(record and database)

위에서 살펴본 조사나 참여자에 대한 정보수집 없이도 프로그램의 효과를 평가할 수 있는 방법이 있다. 어쩌면 손쉽기 때문에 외면할 여지가 있는 방법이기도 하다. 어떤 센터에서 부부교육을 8주 실시하고, 관련된 매뉴얼이나 자료를 홈페이지 게시판에 올려놓겠다고 홍보를 한다고 가정하자. 그 후 내담자들의 태도나 관심 여부를 알아보기 위해 해당 웹페이지나 게시물의 방문자 수를 확인하는 방법, 혹은 매뉴얼이나 교재를 요구하는 횟수(전화 혹은 요청댓글), 그러한 홍보책자나 교육에 대한 문의나 센터방문횟수를 기록할 수 있다. 가장 많이 사용하는 분야가 기부나 알뜰 장터와 같은 분야인데, 얼마나 많은 사람들이 사이트를 방문하거나, 사이트에서 제공하는 아이템을 구매하였는지 수치를 통해 프로그램의 홍보효과를 알아볼 수 있다.

4) 프로그램 평가시점

프로그램을 평가하기 위해서는 '언제' 평가를 할 것인지 선택하는 것도 중요하다. 이는 평가의 내용이나 평가결과에도 영향을 미치기 때문에, 평가 시에 신중하게 고려되어야 할 부분이다. 보통은 세 가지 시점이 존재한다.

① 사전평가

캠페인이나 평가가 이루어지기 이전에 어떤 조건인지 상황을 파악하는 근거로 사용한다. 보통은 기초조사(baseline measure)라고도 불린다. 특히 목표로 하는 사업이나 교육이 '변화'를 요구하고, 그 변화량 혹은 변화 정도를 측정하고자 한다면, 이 사전평가는 반드시 필요하다.

② 과정평가

이 과정평가는 프로그램이 수행되는 과정을 모니터링하는 방식이라고 알아두면 쉽게 이해할 수 있다. 간혹 어떤 사업은 단기간에 끝나기도 하나, 또 다른 사업들은 연간사업과 같이 장기적으로 이행되는 경우도 있다. 이 경우 프로그램이 진행되는 과정상에서 나타나는 다양한 상황의 변화나 돌발상황, 예기치 못한 부작용 등이 이러한 과정평가를 통해 드러나게 된다.

③ 사후평가

마지막으로 모든 프로그램이 종료된 이후에 평가하는 방법이다. 사후평가는 매우 단순할 것으로 예상하지만, 어쩌면 가장 어려운 것이 사후평가이다. 왜냐하면 효과성을 검증하기 위해서는 종료 후 기간에 따라 효과성이 다르게 나타날 수 있기 때문이다. 어떤 캠페인은 프로그램 직후에는 별다른 효과를 내지 못한 것으로 나타나지만 추후 시간이 지나면서 서서히 그 효과가 나타날 수 있다. 반면에 흡연이나 음주 캠페인은 단기효과는 관찰되지만 장기적으로 보면, 교육의 지속효과가 반감되는 현상들을 흔하게 보게 된다.

일반적으로 사전평가 - 사후평가는 서로 짝을 이루어 행해지는 경우가 많다. 그런가 하면 과정평가는 별도로 독립적으로 행해지는 경우도 있다. 어떤 경우에는 이 세 가지 기법을 모두 활용해서 평가를 하는 경우도 있을 것이다. 그 여부는 결국 다음 번에서 살펴볼 내용, 즉 비용과 관련이 있다.

5) **프로그램 평가의 기법과 소요예산**

이처럼 평가 그 자체만으로도 독립적인 비용이 드는 조사가 이루어져야 하는 경우가 많다. 때문에 이에 대한 비용을 미리 상정해 두어야 한다. 평가비용은 대체로 일반적인 조사연구에서 활용되는 예산안이나 그 방식을 그대로 사용해도 무방하다. 다만, 그 규모나 항목은 달라질 수 있다. 일반적으로 프로그램 평가는 클라이언트들을 대상으로 하기 때문에, 그 규모가 일반적인 조사연구보다는 훨씬 적을 가능성이 많다. 그러나 사전 - 사후 평가까지 병행하는지, 또 조사의 규모나 방법에 따라서 비용이 예상 외로 많이 소요될 여지가 많다.

최근에는 프로그램을 공모할 때, 이 평가까지 프로그램 기획자가 수행하도록 하는 경우들을 종종 보게 된다. 그런데 모든 비용을 프로그램 개발과 진행에만 두고 평가를 빠뜨린다면, 나중에 관련예산이 없어 낭패를 볼 수 있다. 위에서 설명한 어려운 평가가 아닌 단순한 평가라도, 프로그램 기획자라면 꼭 수행할 필요가 있다. 따라서 프로그램을 기획하는 예산에 별도로 평가에 대한 부분과 그에 따르는 비용부분을 넣어두는 것을 잊지 말아야 한다.

쉬어가는 페이지

포커스 그룹 인터뷰

포커스 그룹 인터뷰란? 이 방법은 10~12명 가량의 소규모로 그룹을 이루어 집단 인터뷰를 하는 방식이라고 보면 이해가 쉬울 것이다. 보통은 모집단에서 의미있는 집단들(연령이나 성별비율을 조정하여)에서 대표자를 선정하여 모집하고, 그들의 의견을 집단 상호작용을 통해 도출하게 된다. 기본적으로 이는 심층면접에 가깝기 때문에 질적 방법으로 구분되며, 이 과정에서 나타나는 모든 사안들은 기록, 녹음·녹취하여 데이터로 구축된다.

기획(Planning) : 포커스 그룹을 통해 무엇을 알고 싶은지를 결정해야 한다. 이 기법의 소개분야는 경영학에서도 마케팅분야이었다. 신제품이 출시된 후 소비자들이 사용해 보고 그 반응을 알아보기 위해 활용되었다. 최근에는 마케팅 이외에도 다양한 분야에서 이 방법을 활용하고 있다. 이 기획단계에서 가장 중요한 사안은 인터뷰를 통해 무엇을 얻고 싶은지 그 목표와 질문들을 구성하는 것이다.

참여자(Participants) : 가장 이상적인 참여자 수는 8~12명 정도이며, 1시간~1시간 30분 정도 시간을 들이게 된다. 12명이 넘어가면 한 사람, 한 사람으로부터 깊이있는 답을 듣지 못하는 경우가 있으니 시간안배와 참여자 수의 안배에 조심하도록 하자.

모집(Recruitment) : 참여자를 모집할 때는, 이들에게서 다양한 의견과 답이 나올 수 있도록 미리 참여자 특성을 파악하는 것이 필요하다. 이때, 다양한 인구학적 특성들을 활용하면 도움이 된다. 가령 성별비율도 고려하고, 연령대, 종교, 계층도 다양한 집단의 대표가 선정될 수 있도록 배려하자.

참여자 교육(Topic guide) : 참여자들에게 미리 토픽에 대해 알려주는 것도 인터뷰를 용이하게 이끄는 데 도움이 된다. 사전교육, 혹은 사전정보를 미리 배포하는 것도 필요하다. 때로는 프로그램을 참여한 당사자들의 의견을 듣고 싶을 때에는 인터뷰를 통해 얻고 싶은 정보에 초점을 맞추어 토론이 이루어지도록 미리 의제를 제시하도록 하자. 그렇지 않으면 한 시간 내내 의제와는 관계없는 토로만 나올 수도 있다.

사회자 역할(Moderator) : 토론을 이끄는 사람이 해당 분야의 전문가일 필요는 없지만, 적어도 토론이 원활하게 이루어질 수 있게, 조정을 잘 하는 사람이어야 할 것이다. 특히 포커스 그룹 인터뷰는 집단 상호작용이 중요하기 때문에, 요령있게 사람들의 의견을 경청하고, 이야기를 이끌어갈 줄 아는 센스가 필요하다.

장소선정(Facilities) : 장소는 보통 프로그램이 이루어진 센터나 그 밖에 접근성이 좋은 곳을 생각하게 되는데, 되도록 녹음이나 관찰이 용이한 장소가 좋다. 사회자와 참여자 이외에도 기록자, 상호작용 관찰자, 전문가 등 다양한 전문인력이 투입이 되어야 하기 때문에 장소가 너무 협소해도 좋지 않다. 요즘은 집단토의도 온라인이나 전화 컨퍼런스를 통해 수행하는 경우도 있다.

참가자에 대한 보상(Incentives) : 참가자에게는 인터뷰에 참가하여 시간을 내주었다는 점에서 약간의 금전적인 보상을 하는 것이 일반적이다. 또한 집단토의가 좋은 분위기에서 이루어질 수 있도록 간단한 음료와 간식거리를 제공하여 처음 만나는 사람들의 서먹한 분위기를 해소하는 것도 하나의 방법이다. 따라서 이러한 세세한 부분까지 예산안에 모두 포함이 되어야 한다.

CHAPTER 06

건강가정사가 하는 일 알아보기

1. 건강가정사가 하는 일
2. 건강가정사의 자격 갖추기

CHAPTER 06

건강가정사가 하는 일 알아보기

2005년 이후 건강가정기본법이 시행되면서 건강가정지원센터가 전국적으로 확대되었다. 건강가정기본법은 국가와 지역사회가 가족문제에 적극적으로 개입을 하는 서비스 제공주체임을 명확히 하고, 서비스 제공목적이 위기가족뿐 아니라 일반가족의 안녕과 행복을 증진시키는 것임을 분명히 하였다. 이로써 우리 사회의 가족정책은 가족문제 해결을 위하여 사회가 나서야 한다는 사회적 책임을 강조하는 방향으로 전환되었다. 이에 따라 국가가 가족의 돌봄 · 교육 · 보호 기능을 강화하고 지원하는 데 관심을 쏟기 시작하였다. 특히 저출산 · 고령화 현상이 가속화되면서 이제까지 가족 내 개인적이고 사적인 기능이라고 간주되었던 자녀양육, 노부모 부양 등의 돌봄조차 정책적 차원에서 '가족돌봄'의 이름으로 국가와 지역사회가 개입하고 지원을 활성화하는 현실이다.

건강가정사란 건강가정지원센터에 근무하면서 건강가정사업을 개별 가족들에게 직접적으로 전달하는 역할을 한다. 건강가정기본법의 가치를 현장에서 구체적으로 실현하는 서비스전달 전문인력이라고 하겠다. 따라서 건강가정사는 건강가정기본법의 시행과 더불어 우리 사회에 새롭게 등장한 가족서비스 전문인력이며, 건강가정서비스를 개별 가족에게 최종적으로 전달하는 공적 서비스 전달체계이다.

건강가정사가 사회적 차원에서 마련된 가족지원서비스를 개별 가족에게 전달하는 공적 서비스 전달체계의 일부라는 점에서 건강가정사와 사회복지사의 역할은 일견 유사한 듯하다. 그러나 건강가정사는 서비스 대상을 가족에게 한정하고 건강가정사업에 특별히 초점을 맞추어 가족이 필요한 서비스를 제공한다는 점에서 보통의 사회복지사와 분명한 차별성을 갖는다. 서비스 대상의 관점에서 본다면, 건강가정사가 서비스를 제공해야 하는 대상은 개인보다는 가족이며, 특별한 위기에 처한 가족보다 주로 보편적이고 일반적인 가족을 포함한다. 그리고 서비스 내용에서 본다면, 건강가정사는 가족이 건강하게 기능할 수 있도록 촉진하는 예방적 사업에 주력한다.

따라서 건강가정사는 사회복지사와 차별적 입장에서 가족복지서비스를 제공하는 서비스 전달인력이라는 점을 주목하자. 건강가정사가 고유의 역할을 다하고 자신의 역량을 충분히 발휘하기 위해서는 무엇보다 건강가정사업 이면에 깔린 건강가정기본법의 가치와 목표를 분명히 이해하고 공감하여야 할 것이다. 이를 위해 자신들의 정체성과 전문성을 확실히 갖추어야 한다. 결국 다른 사회복지 전문인력과 차별화된 고유한 영역에서 건강가정사로서 역할을 다하기 위하여 어떠한 전문성을 갖추어야 할 것인지를 고민하고 이를 준비할 필요가 있다.

이 장에서는 건강가정사가 가족지원서비스전달 전문인력으로서 과연 어떠한 역할을 하며 어떠한 직무를 수행하는지를 구체적으로 살펴볼 것이다. 이를 통해 건강가정사를 꿈꾸는 학생들이 건강가정사로서 자신의 미래의 모습을 떠올리면서, 나는 어떤 마음가짐과 자세를 가져야 하고, 어떠한 역량을 쌓아야 하며, 구체적으로 어떠한 업무를 수행할 것인가를 생각해 보는 기회를 갖도록 한다. 그 다음에 건강가정사의 자격을 갖추기 위하여 어떠한 준비를 해야 하는지를 살펴본다. 건강가정사가 되기 위하여 어떤 교과목을 배우는지, 그리고 이러한 교육과정을 통해 어떻게 전문성을 갖출 수 있을지를 살펴보기로 한다.

1. 건강가정사가 하는 일

건강가정사란 어떤 일을 하는 사람인가? 2005년 이후 건강가정기본법이 시행되고 전국적으로 건강가정지원센터가 확대되면서, 건강가정지원센터를 통해 가족을 지원하는 다양한 프로그램들이 활발히 수행되어왔다. 그럼에도 불구하고 정작 이러한 프로그램들을 계획하고 직접적으로 실행하는 건강가정사에 대한 인식과 이해의 정도가 높지 않으며, 여전히 '건강가정사'라는 명칭은 우리에게 낯설다. 따라서 건강가정사의 역할, 의미 등에 대하여 보다 정확하고 풍부한 이해가 필요한 시점이다. 여기서는 건강가정사의 핵심역할과 직무가 무엇인지 살피면서 건강가정사가 무엇을 하는지를 보다 구체적으로 이해하도록 한다.

1) 건강가정사의 핵심역할

건강가정사는 가족의 건강성을 증진시키기 위하여 서비스 전달체계의 가장 최종단계에서 가족지원서비스를 전달하는 임무를 맡는다. 이들은 각 시 · 군 · 구 건강가정지원센터에서 근무하면서, 개별 가족구성원 혹은 가족단위를 대상으로 상담, 교육, 정보제공, 지역사회 연계 등의 전문적 역할을 수행한다. 이처럼 서비스전달의 가장 최종단계에서 개별 가족구성원들과 직접적으로 접촉하면서 이들의 상황을 충분히 공감하고 이해하여 가족이 필요한 욕구를 정확히 파악하여야 한다. 이러한 점에서 건강가정사는 사람에 대한 민감성과 공감능력을 가지고 대인관계를 능숙하게 다룰 수 있어야 할 것이다. 동시에, 공적 서비스체계의 일부인 건강가정지원센터의 종사자로서 사회적 차원에서 마련된 가족서비스를 전달하는 역할을 해야 함을 잊지 말아야 한다. 즉, 가족지원서비스 전달체계의 일부로서 우리 사회의 전체적인 가족정책의 방향을 인지하고 건강가정기본법의 기본적 취지를 공감하는 것은 건강가정사의 가장 기본적 자세이다.

이를 토대로 건강가정사의 핵심적 역할을 구체적으로 정리해 보면, 건강가정사업을 수행하는 프로그램 제공자로서의 역할, 건강가정지원센터를 운영하는 운영자로서의 역할, 건강가정기본법의 이념을 복지서비스 현장의 최일선에서 실천하는 가족정책옹호자로서의 역할 등 세 가지로 요약할 수 있다(성미애 · 이현아, 2004; 송혜림, 2009). 이것을 알기 쉽게 도식화한 것이 | 그림 6 - 1 | 이다.

첫째, 건강가정사는 | 그림 6 - 1 | 에서 보듯이 건강가정사업을 수행하는 프로그램 제공자로서 프로그램 실행능력을 갖추어야 한다. 프로그램을 원활히 수행하기 위해서는 이론적 지식과 전략적 사고 등 학문적인 역량뿐 아니라, 지역사회에 대한 이해, 그리고 대인관계를 원만히 해나갈 수 있는 의사소통능력 등 매우 포괄적인 능력이 요구된다.

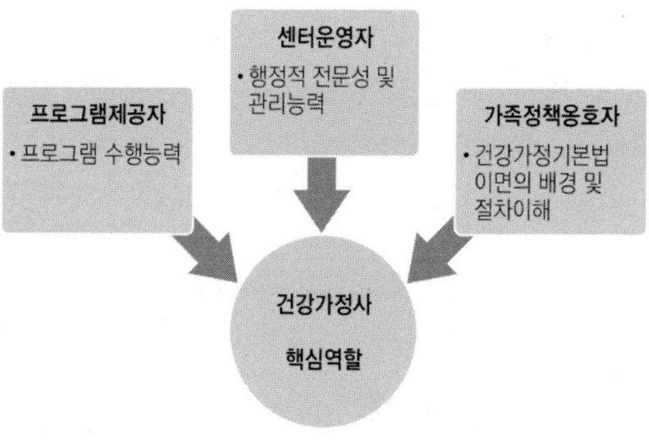

| 그림 6 - 1 | 건강가정사의 핵심역량(성미애 · 이현아, 2004)

건강가정사업은 공통사업영역의 범위 안에서 각 지역사회 특성에 맞게 다양한 형태로 이루어지고 있다. 즉, 공통사업영역이 주어진다 하더라도 전국의 건강가정지원센터가 모두 동일한 사업을 추진하는 것이 아니다. 공통사업영역이란, 사업의 특성과 방향을 알려주는 하나의 큰 테두리일 뿐, 건강가정지원사업은 각 지역사회의 특성에 맞게 그 지역사회의 가족들이 필요로 하는 것이어야 하기 때문이다. 따라서 건강가정사는 우선 자신이 소속된 건강가정지원센터의 지역사회 여건을 잘 파악하여야 한다. 건강가정지원센터가 위치한 지역사회의 지리적 특성, 인구학적 특성, 사회경제적 특성, 가족의 특성 및 욕구 등에 관한 기본적 지식을 갖추고 항상 지역사회 문제와 환경에 관심을 둘 필요가 있다.

또한 프로그램을 수행하기 위해서는 프로그램을 설계하는 능력을 갖추어야 한다. 프로그램 설계는 프로그램의 필요성 → 목적과 목표 설정 → 프로그램 내용구성 → 프로그램 실행 → 프로그램 효과평가 등의 단계를 따른다. 좋은 프로그램은 프로그램이 왜 필요한지에 대한 이론적인 설명과 현장의 욕구가 분명히 드러난 프로그램일 것이다. 이를 위해 관련된 선행연구와 이론을 고찰하고 교육대상자의 욕구를 파악하며, 지역사회의 문화적 특성을 검토하는 작업이 수행되어야 한다(정현숙, 2008 : 126-127). 따라서 건강가정사는 문헌을 고찰하고 지역주민의 욕구를 파악할 수 있는 욕구조사 수행능력을 갖춤으로써 프로그램 실행의 이론적 근거와 현실적 필요성을 효과적으로 조화시키는 작업을 수행할 수 있어야 한다.

이렇게 수립된 프로그램의 이론적·현실적 필요성을 토대로 프로그램이 지향하는 커다란 목적과 목표를 세우고, 이에 따라 프로그램 추진계획과 세부내용을 구성하는 작업이 이루어진다[1).]

그리고 프로그램 실행 이후에는 프로그램의 효과가 어떠했는지를 평가할 수 있는 이론적 지식이 필요하다. 이 과정은 학문적 능력이 요구되는 이론적 작업인 동시에 창의력, 세밀함, 주도면밀성, 경험을 통한 노하우 등 건강가정사 개인의 인지능력, 성품, 통찰 등 매우 폭넓은 역량이 필요한 작업이기도 하다. 건강가정사의 자격을 갖추기 위하여 수강해야 하는 관련 교과목 중 가정생활교육 혹은 건강가정현장실습 등을 통해 이러한 프로그램 수행능력을 갖출 수 있다.

또한 프로그램을 수행할 때 필요한 핵심적 역량으로서 대인관계능력 역시 간과해서는 안 된다. 건강가족 프로그램의 대부분은 사람과 사람을 통해 진행된다. 그러므로 건강가정사업의 최종전달자로서 건강가정사는 기본적으로 인간에 대한 존엄성과 다양한 가치를 존중하여야 하며, 서비스전달 전문인력으로서 전문성을 발휘할 때 품위를 잊어서는 안 될 것이다.

특히 프로그램의 대부분이 가정생활교육 혹은 가족상담, 사례관리 등의 형태로 진행된다는 점을 감안하면, 건강가정사는 가정생활교육자, 상담가 및 서비스실천가들이 갖추어야 할 윤리의식과 대인관계기술을 숙지하여 개별 가족구성원과 가족들을 대할 수 있어야 할 것이다. 건강가정사 자격을 취득하기 위하여 상담 및 교육 등 서비스실천기술과 관련된 과목들을 포함시킨 것은 바로 건강가정사로서 현장에서의 사회적 기술과 의사소통능력을 준비시키기 위한 것이라 하겠다.

둘째, 건강가정사는 건강가정지원센터의 직원으로서 프로그램

---

1) 건강가정사업 프로그램의 구체적인 예가 5장에 제시되었다. 이 예는 프로그램 필요성, 목적, 목표, 평가 등 건강가정사가 건강가정사업을 진행하기 위해 실제로 어떤 내용들을 준비해야 하는지를 잘 보여주고 있다. 이 예를 통해 건강가정사가 수행하는 건강가정사업을 구체적으로 그려볼 수 있을 것이다.

수행업무뿐 아니라 건강가정센터를 관리하고 운영하는 관리자로서의 행정적 역량을 갖추어야 한다.

앞 장에서 살펴보았듯이, 건강가정지원센터는 건강가정지원사업을 개별 가족구성원과 가족에게 전달하는 서비스 전달체계이며, 동시에 한국건강가정진흥원의 관리 · 감독을 받는 행정체계의 일부이다. 다시 말하면, 건강가정사가 소속된 건강가정지원센터는 상위의 행정기관들과 연계되어 있다. 이것은 센터가 이 기관들과 끊임없이 상호작용해야 함을 의미하는 것이기도 하다. 따라서 건강가정사는 행정조직체로서 건강가정지원센터의 성격을 분명히 이해하여야 한다. 즉, 여성가족부에서부터 광역시 · 도, 각 시 · 군 · 구에 이르기까지 각 행정단계별로 건강가정사업이 어떻게 계획되고 운영되며, 건강가정지원센터는 이러한 추진체계에서 어떠한 역할을 수행하는지를 충분히 숙지하여야 할 것이다.[2)]

또한 건강가정사는 건강가정지원센터를 실제로 운영하는 주체이다. 그러므로 건강가정사는 조직운영의 책임자, 사업실무자로서 행정적인 전문성을 갖출 필요가 있다. 특히 건강가정지원센터는 제한된 자원을 효과적으로 관리해야 하는 하나의 조직체이므로 건강가정사에게 인적 자원관리, 재무관리, 시설관리, 마케팅, 기획능력, 리더십 등 조직경영을 위한 지식과 경험이 필수적이다(성미애 · 이현아, 2004; 송혜림, 2006). 더욱이 최근 들어 이윤을 추구하는 기업체뿐 아니라, 비영리단체 역시 제한된 자원을 효과적으로 사용하는 효율적 '경영'의 필요성이 강조되고 있다(송혜림 · 김선우, 2005). 건강가정지원센터가 제한된 자원을 가지고 다양한 프로그램을 수행하고 가족을 지원하는 막중한 역할을 잘 수행하기

---

2) 5장에서 건강가족사업의 추진체계를 설명하면서 행정조직체의 일부로서 건강가정지원센터의 위치와 역할을 살펴본 바 있다.

위해서는 이러한 효과적인 '경영마인드'가 필요하며, 이를 위해 건강가정사는 전문적 운영과 관리능력을 갖추어야 할 것이다.

셋째, 건강가정사는 가족정책옹호자로서 건강가정기본법을 충분히 이해하여 '건강가정'의 용어를 정확히 인식하고, 건강가정법의 주요 철학과 핵심적 취지를 분명히 알고 있어야 한다.

이제까지 우리 사회는 가족문제에 국가나 지역사회가 개입하는 것을 꺼려왔다. 특히 보통의 가족에서 일어날 수 있는 가족구성원 간 경미한 마찰, 의사소통문제, 가족갈등 등은 매우 사적인 문제이며 가족들끼리 충분히 해결할 수 있다고 인식하는 경향이 강하다.

우리 사회의 대학생과 부모세대를 대상으로 한 선행연구(남기철, 2006)에서도 이러한 인식이 잘 드러난다. 이 연구에 의하면, 폭력, 빈곤 등 위험상황에 처한 가족들에 대해서는 공적 체계에서의 도움과 지원이 필요하다고 인식하지만, 가족 간 갈등, 이혼 등과 같이 극단적 위험상황이 아닌 가족문제에 대해서는 가족들이 사적으로 알아서 해결하기를 원하는 경향을 보였다.

건강가정사들은 공적 영역에서 활동하는 가족문제에 대한 전문가이자, 현장에서 직접적으로 서비스를 실천하는 서비스 전달자이기도 하다. 위험가족뿐 아니라 보편적 가족들을 대상으로 가족기능을 지원하고 가족의 복지와 행복감을 증진시키는 것이 건강가정사의 역할이다.

그런데 공적 영역에서 가족문제에 개입하는 일을 껄끄럽게 생각하는 사회적 분위기가 여전히 존재하는 상황에서 가족문제 전문가로서 건강가정사들은 무엇보다 건강가정기본법과 가족정책이 새롭게 지향하는 철학과 그것의 배경을 잘 이해할 필요가 있다. 과연 '건강가족' 혹은 '가족이 건강함을 유지한다는 것'이 어떤 의미를 갖는지를 숙지하고 건강가정사 자신이 건강가정기본법의 이념을 충실히 따르는지를 되짚어 보아야 할 것이다. 왜냐하면 건강가정사업은 건강가정기본법과 가정정책의 지향성을 충분히 반영해야 하며, 건강가정사는 이러한 사업을 직접적으로 실천하는 사람이기 때문이다. 따라서 현장에서 직접적으로 건강가정사업을 실천하는 서비스 실천자로서 건강가정사가 어떠한 가족가치관과 태도를 가지고 있는지 여부는 서비스를 수행하는 가운데 개별 가족들에게 직접적으로 영향을 미치지 않을 수 없다.

최근 건강가정사가 어떠한 가족이미지를 가지고 있으며, 건강가정에 대한 인식이 어떠한지를 살펴본 연구(최연실 외, 2012)는 교육과 훈련, 그리고 실무경험에 의해 건강가정사가 가족을 바라보는 관점, 즉 가족에 대한 철학이 더욱 성숙한다고 보고한 바 있다. 이것은 건강가정기본법의 취지를 잘 이해하고, 가족문제전문가로서 건강가족사업을 효과적으로 기획하고 진행시키는 역할을 원활히 수행하기 위해서 이론과 실습이 겸비된 충분하고 적절한 교육이 이루어져야 함을 시사한다. 따라서 건강가정사 자격취득을 위한 제반여건을 좀 더 강화할 필요가 있다. 현장실습을 의무화하여 사전에 충분한 현장경험을 갖고, 교육과정에서 가족과 관련된 전공과목을 충실히 이수하고, 그것을 평가하는 체계를 만드는 등 건강가정사 자격취득조건을 좀 더 보완해야 할 것이다.

2) 건강가정사의 직무

건강가정기본법 제35조 제2항은 건강가정사를 건강가정사업의 관련분야에 대한 학식과 경험을 가진 전문가로 정의하며, 건강가정사는 가족문제의 상담, 가정생활교육, 가족관련 정보 및 자료제공, 관련기관과의 지역사회자원 연계 등의 활동을 수행한다. 그렇다면 어떻게 건강가정사가 될 수 있을까?

현재 우리 사회에는 건강가정사가 되기 위한 자격시험이나 자격관리기관이 따로 마련되어 있지 않다. 학부과정에서 가정학·사회복지학·여성학 등 건강가정사 자격취득을 위한 관련 교과목을 이수하고 졸업하기만 하면 손쉽게 건강가정사의 자격을 얻을 수 있다. 이 때문에 건강가정사 양성은 쉽지만, 건강가정사의 전문성을 검증하고 관리하는 작업이 어렵다는 점이 문제라는 지적을 받고 있으며, 이것을 보완할 수 있도록 국가가 자격시험제도를 운영할 필요가 있다는 의견이 꾸준히 제기되고 있다(여성가족부, 2006).

한편 최근 들어 건강가정지원센터가 전국적으로 확대되고 있으며, 이외에도 다문화가족지원센터가 신설되는 등 건강가정사가 사회에서 활동할 수 있는 영역이 점차 늘어나고 있다. 그럼에도 여전히 학생들이나 일반인들에게 '건강가정사'라는 직함은 다소 생소하다. 건강가정사업의 중요성이 강조되고 건강가정지원센터의 역할이 점차 커지고 있음에도 불구하고 사회복지사, 보육교사 등에 비해 건강가정사에 대한 일반적 인지도가 떨어지는 것은 어떤 이유에서일까? 건강가정사에 대한 인식이 부족한 것은 건강가정사가 구체적으로 어떠한 업무를 보는 전문인력인지, 그리고 다른 사회복지전담인력들과 어떠한 차별성을 가지고 있는지에 대한 명확한 설명이 부족하기 때문일 것이다. 따라서 건강가정사가 건강가정지원센터에서 구체적으로 어떠한 업무를 담당하며 어떠한 활동을 하는지 건강가정사의 직무에 초점을 두고 좀 더 자세히 살펴보도록 하겠다.

건강가정사의 직무는 건강가정기본법 시행령 제4조에 다음과 같이 명시되어 있다. 가정문제의 예방·상담 및 개선, 건강가정의 유지를 위한 프로그램 개발, 건강가정 실현을 위한 교육, 가정생활문화운동의 전개, 가정관련 정보 및 자료 제공, 가정에 대한 방문 및 실태 파악, 아동보호전문기관 등 지역사회자원에의 연계, 그 밖에 건강가정사업과 관련하여 여성가족부장관이 정하는 활동 등 8가지 조항이 그것이다. 앞에서 언급하였듯이 건강가정사로서의 직무를 잘 수행할 수 있을지를 점검하는 자격시험제도가 존재하는 것은 아니지만, 건강가정사 자격을 얻기 위한 기본적인 교과목들을 이수함으로써 이러한 직무수행능력을 갖출 것으로 기대하는 실정이다(고선강, 2005).

건강가정사의 직무를 심층적으로 논의해야 할 시점에, 최근 현장에서 건강가정사가 실제로 무엇을 하고 있는지를 조사하여 건강가정사의 역할을 보다 체계적이고 구체적으로 분석하는 연구들(송혜림, 2009; 이윤정·정은희, 2008)이 이루어지기 시작하였다. 이 연구들은 건강가정지원센터에서 근무하는 건강가정사들을 면접하여 어떠한 업무를 담당하고 있는지를 조사하고, 이것들을 토대로 건강가정사가 담당하는 직무의 범위와 내용을 구체적으로 알아본 것들이다. 변화하는 사회와 가족의 요구에 따라 건강가정사업의 영역과 구체적 내용이 조금씩 달라지고 있으며, 이를 담당한 건강가정사가 더욱 전문성을 갖추어야 한다는 목소리가 높아지고 있다. 이 연구들을 통해 규명된 건강가정사의 주요 직무영역들과 내용은 과연 건강가정사가 현장에서 어떠한 일을 담당하는지에 대한 현실적이고 구체적인 안내를 하고 있다. 이러한 점에서 건강가정사가 어떤 일을 하는 전문인인지를 이해하고 전문성 함양을 위해 향후 어떠한 노력이 수반되어야 하는지 시사점을 준다는 데 그 의의가 있다.

송혜림(2009)은 보편적이고 포괄적인 관점에서 건강가정사의 직무를 파악하고자 하였다. 건강가정지원센터의 전반을 총괄하는 사무국장을 대상으로 건강가정사가 일반적으로 어떠한 일을 하는지를 면접 조사하였다. 그 결과 총 28개 항목의 보편적인 직무과업을 도출하였으며, 이것을 가족서비스 영역, 조직 내 연계영역, 지역사회 자원개발과 관리영역, 사무·행정 영역 등 네 개의 영역으로 세분화하여 제시하였다. 그리고 이러한 세부직무들이 각각 어느 정도의 빈도와 중요도를 가지고 수행되는지를 비교하기 위하여 각 직무과업에 대한 빈도와 중요도, 우선도, 난이도를 3점 척도를 가지고 조사한 바 있다.

이처럼 건강가정사의 주요 직무내용과 그 직무의 등급을 살펴봄으로써 건강가정사가 어떤 직무를 가장 많이 수행하고 어떤 직무를 가장 중요하게 처리해야 하는지를 알 수 있다. 그리고 이것은 건강가정사를 희망하는 학생들에게 건강가정사가 될 경우 현장에서 어떠한 업무를 담당하며, 이러한 업무들은 어떠한 다이내믹을 가지고 수행되는지에 관한 구체적 정보를 제시한다는 점에서 매우 유용하다. 주요 직무영역별로 수행해야 하는 세부적인 직무들과 직무들의 직무등급(빈도, 중요도, 난이도)을 정리하면 다음의 <표 6 - 1>과 같다.

<표 6 - 1>에서 보다시피 일반적으로 건강가정사로서 가장 빈번히 수행해야 하는 업무는 주로 사무 및 행정업무인 것으로 나타났다. 그러나 흥미롭게도 이 영역은 건강가정사들이 가장 빈번히 수행해야 하는 업무이지만 그 중요도와 난이도는 가장 낮은 업무, 즉 단순업무의 성격에 가까운 것이다. 직무의 중요도와 난이도의 관점에서 건강가정사들이 가장 중요하다고 생각하는 업무는 가족서비스업무였으며, 건강가정사들에게 가장 까다로운

업무는 지역사회 자원개발과 관리업무였다. 즉, 건강가정사들이 가장 빈번하게 매달리는 업무는 일반사무와 행정에 관련된 것들이지만, 건강가정사로서 가장 중요하게 수행해야 하는 업무는 건강가정지원사업 프로그램 개발과 관련된 업무였다. 그리고 지역사회와 연계해야 하는 작업을 가장 까다로운 업무로 인식하였다.

이러한 결과는 건강가정사가 어떠한 정체성을 가지고 어떠한 역량을 개발해야 하느냐의 문제와 관련하여 중요한 시사점을 준다. 즉, 센터종사자이자 운영자로서 사무와 행정업무를 담당해야 하지만, 프로그램을 계획하고 시행하는 것이 건강가정사로서의 정체감을 드러내는 가장 핵심적 업무임을 보여준다. 따라서 건강가정사로서의 직무를 담당하기 위하여 무엇보다 프로그램 수행 등의 가족서비스업무능력을 갖추고 이를 강화하는 교육과 훈련이 필요함을 알 수 있다.

〈표 6-1〉 건강가정사 세부 직무과업과 주요 직무영역

직무영역	주요 직무영역별 세부 직무과업	빈 도	중요도	난이도
가족서비스 업무	• 직접적 대민서비스 • 이용자 모집 • 프로그램 기획 • 프로그램 준비 • 프로그램 평가 • 전문인력 섭외 및 관리 • 이용자 관리 • 정보수집	2.24	2.5	2.37
조직 내 연계업무	• 내부회의 • 조직 내 역할분담 • 조직 내 의사소통 • 조직 인력관리	2.1	2.15	2.0
지역사회 자원개발과 관리업무	• 자원봉사자 모집 • 자원봉사자 교육 • 외부회의 및 간담회 • 유관기관 협력사업 • 기관연계	1.76	2.42	2.4
사무 및 행정 업무	• 기안문 작성 • 사업지출계획 • 사무문서 작성 • 장소섭외 • 홍보 • 시설 및 비품관리 • 실적보고서 작성 • 지출결의 • 위탁기관 접촉 • 공공기관 접촉 • 홈페이지 운영	2.33	2.03	1.84

출처 : 송혜림(2009). 공공가정의 인적자원 관리방안 : 건강가정사 직무분석에의 적용. 한국가족자원경영학회지, 13(1), 23-39.

이윤정과 정은희(2008) 역시 건강가정사의 직무내용과 특성을 파악한 바 있다. 앞의 송혜림(2009)의 연구가 보편적인 건강가정사 업무를 파악하는 데 초점을 두었던 것과 달리 이윤정과 정은희(2008)는 건강가정사업의 내용과 범위, 조직체계와 운영 등 좀 더

세부적 측면에 초점을 두고 건강가정사의 직무 특성을 조사하였다. 그 결과 총괄책임영역, 상담사업, 교육사업, 문화사업, 행정지원, 아이돌보미사업, 장애아가족 내 아동양육지원사업 영역 등 7가지 직무영역을 분류하였으며, 각 직무영역별로 해당 종사자와 세부과업을 자세히 기술하였다. 위의 송혜림(2009)의 분류가 전반적인 건강가정사 업무의 아웃라인을 보여주었다면, 이윤정과 정은희(2008)의 분류는 건강가정사업의 속성과 건강가정지원센터의 조직체계를 감안하여 해당 조직체계에 종사하는 건강가정사가 주로 다루는 업무를 보다 구체적으로 제시한다는 점에서 유용하다. 이를 좀 더 자세히 살펴보면 다음과 같다.

첫째, 총괄책임영역의 경우 센터장, 사무국장 등 중간관리자급 종사자가 수행하는 직무영역이다. 주요 책무를 보면 ① 전체적으로 센터의 중장기 사업방향을 설정하고 센터의 계획을 수립하며, 업무를 총괄하는 센터사업총괄의 책무가 있으며, ② 센터운영과 관련한 예산업무, 규정관리, 회의운영 등의 센터운영 총괄책무, ③ 직원 인사관리 및 업무지도, 직원교육과 슈퍼비전 등 인사관리 및 인력개발의 업무, ④ 지역사회 네트워크 구축, 센터홍보, 대외적 활동 등 대외협력활동의 업무가 있다.

둘째, 건강가족사업을 담당하는 직무영역이 있다. 이윤정과 정은희(2008)는 이것을 상담사업, 교육사업, 문화사업, 아이돌보미사업, 장애아가족 아동양육지원사업영역 등 5가지 영역으로 분류하였다. 이 5가지 영역의 직무들은 상근 혹은 비상근 팀장 및 팀원들에 의해 수행이 가능한 직무들이다. 각 직무영역에 요구되는 책무는 프로그램 기획, 수행, 평가 등의 역할이다.

기획책무는 프로그램을 기획하고 준비하는 전 과정이 해당되며, 수행책무는 기획한 프로그램을 실제로 실행하는 활동들을 포함한다. 평가책무는 교육 및 문화 사업의 경우 프로그램 평가, 참여자 관리, 사업결과 게시 등의 업무가 있으며, 아이돌보미 및 장애아가족 아동양육지원사업의 경우 도우미 보수교육, DB관리, 실적보고서 작성 등의 업무가 있다. 그리고 기타 책무로서 센터 홍보, 정보제공활동, 현장실습생 지도, 지역사회네트워크 구축 등의 활동이 있다.

셋째, 행정지원 직무영역의 경우 상근 혹은 비상근 팀장 및 팀원이 그 직무를 담당하며, 이들이 담당하는 주요 책무는 문서관리, 예산회계, 센터운영, 기타 등 네 가지 책무가 있다. 문서관리는 공문관리 등 서류관리 업무가 주를 이루며, 예산회계는 예산과 회계처리 관련업무이다. 센터운영은 직원채용 및 센터시설 관리 등의 업무를 수행한다. 기타 책무는 위의 건강가족사업에서의 기타 업무와 동일한 내용으로 구성된다.

한편 건강가정지원센터가 전국적으로 확대되고 있으나, 건강가정지원센터의 운영은 소규모의 인력을 중심으로 매우 제한된 예산 안에서 센터의 내·외부 자원을 총동원하여 수많은 사업을 수행하는 실정이다. 이러한 상황에서 건강가정지원센터 종사자들의 개인적 역량이 건강가정사업 수행과 성과, 즉 건강가정사업의 질을 결정하는 데 가장 핵심적으로 작용한다(이윤정·정은희, 2008). 따라서 건강가정사의 직무역량을 강화하여 이들의 전문성을 높일 수 있는 방안이 강구되어야 할 시점이다.

이와 관련하여 이윤정(2011a; 2011b)은 건강가정사가 갖추어야할 보다 구체적인 직무역량을 직무영역별로 나누어 파악한 바 있다. 특별히 이윤정(2011a; 2011b)은 건강가정사의 직무를 상담영역과 문화영역으로 구분하여, 각 영역에서 요구되는 핵심적 역량을 지식, 기술, 능력, 태도로 나누어 살펴보고, 이러한 역량을 개발하기 위한 방안을 <표 6-2>에 제안하였다. 이처럼 건강가정사가 갖추어야 할 직무역량이 무엇인지를 보다 구체화하여 살펴보는 연구들이 속속 이루어지는 것은 궁극적으로 건강가정사의 전문성을 증진시키기 위한 직무교육개발에 유용하게 사용될 것이며, 이를 통해 건강가정사업을 성공적으로 수행할 수 있는 토대가 만들어질 것이다.

〈표 6-2〉 상담과 문화사업 건강가정사가 갖추어야 할 직무역량

	상담사업영역	문화사업영역
지식	• 상담이론과 기법 • 센터운영 및 사업지침의 이해 • 가족의 일반 특성/ 가족생활주기별 발달과업 • 다양한 가족에 대한 이해 • 가족생활교육에 대한 이해 • 건강가정 프로그램 기획과 평가 • 가족정책에 대한 이해 • 가족복지에 대한 이해 • 인간발달과 사회환경 • 가족자원관리에 대한 이해 • 가족법에 대한 이해 • 조직운영과 인적 자원관리 • 지역사회 네트워크와 개발	• 의식주 생활문화, 여가문화 이해 • 프로그램 기획과 평가 • 다양한 가족에 대한 이해 • 센터운영, 사업지침의 이해 • 가족복지에 대한 이해 • 양성평등하고 민주적인 생활양식 이해 • 지역사회 네트워크 개발
기술	• 의사소통기술(말하기, 경청하기) • 대인관계 및 사회성 향상기술 • 서류작성(보고서, 평가서 등) • 컴퓨터 활용 • 자료분석기술 • 시간관리	• 대인관계, 사회성 향상기술 • 의사소통기술(말하기, 경청하기) • 서류작성(보고서, 평가서 등) • 컴퓨터 활용 • 미디어활용기술 • 자료분석기술
능력	• 문제해결능력 • 다양한 업무의 조정능력 • 조직과 환경에의 적응력 • 사회현상, 인간과 가족 등 변화에 대한 민감성 • 합리적 사고 • 판단 및 의사결정	• 창의적 · 독창적 사고 • 다양한 업무의 조정능력 • 조직과 환경에의 적응력 • 사회현상, 인간, 가족 등 변화의 민감성 • 합리적 사고 • 아이디어의 풍부성 • 판단 및 의사결정
태도	• 인간존엄성에 대한 태도 • 긍정적 · 수용적 태도 • 전문수행인력으로서의 자긍심 • 전문가다운 문제해결 태도 • 적극적이고 실행적인 태도 • 타인에게 친절 • 성실성, 진실성, 협동심	• 전문가다운 문제해결 태도 • 인간존엄성에 대한 태도 • 긍정적 · 수용적 태도 • 적극적이고 실행적인 태도 • 타인에게 친절 • 성실성, 진실성, 협동심 • 전문수행인력으로의 자긍심

출처 : 이윤정(2011a; 2011b) 재구성.

2. 건강가정사의 자격 갖추기

2005년 건강가정기본법이 시행된 이후, 다양한 가족지원사업이 활발히 이루어져왔다. 이러한 성과를 가져온 중심에는 바로 건강가정지원센터와 그 센터에서 활약하는 건강가정사의 노력과 헌신이 있다고 해도 과언이 아닐 것이다. 제한된 예산과 소규모 조직체계라는 열악한 근무환경 속에서도 건강가정사들은 보편적이고 예방적인 가족복지서비스를 전달하는 전문인력으로서 자신들의 차별적인 정체성을 분명히 인식하고 있으며, 이에 대한 자부심을 느끼면서 건강가정지원사업이 우리 사회에 뿌리내릴 수 있도록 기여하고 있다(성미애 외, 2012).

그렇다면 현장에서 건강가정사로서 활약하기 위해서 실질적으로 어떠한 자격을 갖추어야 할 것인가? 건강가정기본법 제35조 제3항에서는 현재 우리 사회에서 건강가정사가 되기 위한 조건을 "대학 또는 이와 동등 이상의 학교에서 사회복지학, 가정학, 여성학 등 여성가족부령이 정하는 관련 교과목을 이수하고 졸업한 자"라고 명시하고 있다. 건강가정사는 건강가정지원사업을 수행하는 최종적인 서비스전달자로서 전문적인 교육을 받고 프로그램을 수행할 수 있는 자격을 갖추어야 한다.

1) 건강가정사 자격 취득방법

현재 우리 사회에서 건강가정사의 자격을 얻기 위해서는 건강가정기본법에서 규정하는 관련 교과목을 이수하는 것이 가장 우선이다. 건강가정사 자격을 취득하기 위해 국가에서 따로 정한 인증시험과 인증서 발급절차가 있는 것은 아니다. 다만, 건강가정기본법에서 인정하는 학교에서 관련 교과목을 수강하고, 이를 증명하는 성적증명서와 졸업증명서를 해당 기관에 제출하면 건강가정사로서의 자격을 인정받을 수 있다. 건강가정기본법에 의해 건강가정사 관련 교과목을 이수한 것으로 인정이 가능한 대학범위는 다음과 같다(여성가족부, 2012).

① 고등교육법 제2조에 명시된 학교로서 대학, 산업대학, 교육대학, 전문대학, 방송대학·통신대학·방송통신대학 및 사이버대학, 기술대학
② 평생교육법에 의한 학위취득자, 즉 교육부장관의 인가를 받아 설치한 사내대학, 원격대학(사이버대학)에서 학위취득자
③ 「독학에 의한 학위취득에 관한 법률」에 따른 학위취득자
④ 「학점인정 등에 관한 법률」에 의한 학위취득자 단, 「학점인정 등에 관한 법률」에 따른 학점은행제를 통해 부분적인 교과목 이수도 가능(이수 교과목 수, 이수학점 등 제한 없음)

건강가정사 자격취득과 관련된 교과목들은 크게 12과목이며 이것의 자세한 내용을 <표 6-3>에 제시하였다. 즉, 5개의 핵심과목과 7개의 관련과목을 이수하면 되는데, 7개의 관련과목은 다시 네 개의 기초이론과목과 세 개의 상담 및 교육에 관한 과목들로 구성된다. 앞에서 건강가정사가 갖추어야 하는 핵심역량 및 직무 특성들을 살펴보았는데 건강가정사 자격관련 교과목들은 바로 이러한 건강가정사의 역량과 자질을 배양하기 위하여 제안된 것이다.

핵심과목에 해당하는 교과목들은 건강가정론, 가족복지론, 가족상담, 가정생활교육, 건강가정현장실습 등 건강가정사로서 갖추어야 하는 가장 기본적인 가치 및 건강가정사업의 수행을 위한 실제적 지식을 얻을 수 있는 것들로 이루어졌다. 가정생활교육

프로그램, 상담 등은 건강가정지원센터의 주력사업들이므로 예비 건강가정사로서 이와 관련된 교과목들을 철저히 이수할 필요가 있다. 또한 건강가정현장실습과목 등은 건강가정지원센터의 운영 및 조직을 미리 체험할 수 있는 기회를 제공함과 동시에, 책상에서 습득한 이론적이고 추상적인 지식들을 현장에서 직접적으로 실천할 수 있는 경험을 습득하도록 돕는다는 점에서 매우 중요하다.

기초이론과 관련된 교과목들은 개인, 가족, 여성, 장애인 등 인간발달과 가족관계를 포괄적으로 이해할 수 있는 이론적 토대를 제공하는 것들이다. 건강가정사의 가장 큰 임무는 추상적 차원의 건강가정기본법의 이념을 현장에서 개인과 가족에게 직접적이고 구체적으로 전달하는 것이다. 그러므로 서비스전달의 가장 최종단계의 전달체계로서 개인을 잘 이해하고 대인관계를 원활히 할 수 있는 능력을 갖추는 것이 필수적이다. 이에 따라 기초이론 관련 교과목들을 이수함으로써 현장에서 직접적으로 사람을 대해야 하는 건강가정사가 가족들과 전문가답게 상호작용하면서 이들을 편견 없이 대할 수 있는 능력을 갖출 수 있다.

상담 및 교육 관련 교과목들은 건강가정지원센터에서 건강가정사가 담당해야 하는 실제적인 상담 및 교육 프로그램 수행능력을 배양하는 것에 좀 더 초점이 맞추어진 것이다. 건강가정지원센터는 가족관계, 소비, 문화 등 다양한 교육 프로그램들을 수행하며, 이와 함께 보다 심층적인 가족상담을 적극적으로 실시하고 있다. 그러므로 건강가정사로서 프로그램과 상담 등의 서비스를 현장에서 노련하게 실천할 수 있는 이론적인 지식과 실제적 경험이 절대적으로 필요하다. 이러한 맥락에서 건강가정사 자격취득 과정에서 특별히 상담 및 교육 관련 실천적인 교과목들을 좀 더 추가적으로 이수할 것을 요구한다.

<표 6 - 3>은 건강가정사 자격취득을 위한 교과목들을 좀 더 세분화하여 제시한 것이다. 건강가정사 자격이 교과목 이수만으로 손쉽게 가능한 만큼, 건강가정사의 자질을 배양하기 위하여 교과목을 세심하게 배정하는 노력이 매우 요구된다. <표 6 - 3>의 분류는 고선강(2005)이 예비 건강가정사로서 학생들이 이에 걸맞는 충분한 역량을 갖추기 위하여 비슷한 특성의 교과목에 편중하지 않도록 하고, 해당 교과목이 건강가정사의 어떤 역량을 키우기 위하여 필요한지를 보다 명확히 하기 위한 것에다가 최근에 새로워진 건강가정사 관련 교과목을 추가하여 수정·보완한 것이다. 이를 통해 건강가정사로서 갖추어야 하는 학문적 역량이 어떠한 분야의 지식을 포괄해야 하는지를 알 수 있다.

〈표 6-3〉 건강가정사 관련 교과목

<table>
<tr><th colspan="2">구 분</th><th>교과목 성격</th><th>교과목</th></tr>
<tr><td colspan="2" rowspan="2">핵심과목(5)</td><td>원론적 성격</td><td>건강가정론, (건강)가정(족)정책론, 가족과 젠더, 가족(정)과 문화, 여성과 (현대)사회</td></tr>
<tr><td>기초실습</td><td>가족상담(및 치료), 가정(족)생활교육, 가족복지론, 건강가정현장실습, 비영리기관 운영관리</td></tr>
<tr><td rowspan="6">관련과목(7)</td><td rowspan="3">기초이론(4)</td><td>인간·생활 관련</td><td>가족학, 가족관계(학), 아동학, 보육학, 아동(청소년)복지론, 노년학, 노인복지론, 인간발달, 인간행동과 사회환경, 여성복지(론), 여성주의 이론, 정신건강(정신보건사회복지)론, 장애인복지론, 상담이론, 성과 사랑, 여성과 문화, 일과 가족(정), 사회복지(개)론</td></tr>
<tr><td>물적·환경 관련</td><td>가족(정)(자원)관리, 가계경제, 가사노동론, 여가관리론, 주거학, 생애주기 영양학</td></tr>
<tr><td>혼합형</td><td>가정생활복지론, 자원봉사론, 가족법, 법여성학</td></tr>
<tr><td rowspan="3">상담·교육 등 실제(3)</td><td>상담 및 교육관련 가정생활 전문가적 역량 강화</td><td>생활설계상담, 아동상담, 영양상담 및 교육, 소비자 상담, 주거상담, 부모교육, 부부교육, 소비자교육, 가정생활과 정보, 가계재무관리, 주택관리, 의생활관리, 지역사회 영양학, 부부상담, 집단상담, 가족(정)과 지역사회, 여성과 교육, 여성과 리더십, 여성주의 상담</td></tr>
<tr><td>서비스 실천능력</td><td>프로그램 개발과 평가, 사회복지실천기술론, 지역사회복지론, 사회복지실천론, 위기개입론, 사례관리론</td></tr>
<tr><td>조사방법능력</td><td>연구(조사)방법</td></tr>
</table>

출처 : 고선강(2005) 재구성.

앞서 언급했듯이 건강가정사 자격은 관련 교과목을 이수함으로써 가능하다. 이것은 사회복지사, 청소년상담사, 청소년지도사, 보육교사가 국가자격증 제도를 통해 자격을 취득하는 것과 비교되는 측면이다. 건강가정사 자격취득이 객관적으로 검증된 검증절차가 아니라 교과목 이수만으로 가능하기 때문에 교과목을 이수하는 교육기관의 수준과 교육자의 역량에 따라 배출되는 건강가정사의 자질에 편차가 커질 수 있으므로, 시험 없이 이루어지는 자격취득절차는 전문가로서 건강가정사의 수준을 일정하게 유지할 수 없는 단점이 있다(여성가족부, 2006). 따라서 건강가정사 자격을 국가공인자격으로 운영함으로써 자격을 내실화하는 작업이 필요하다는 점, 그리고 건강가정사의 보수교육이 강화되어야 하는 점 등이 꾸준히 요구되고 있다(성미애 외, 2012).

한편 여성가족부(2012)는 건강가정사 자격기준과 관련하여 제기되는 의문사항들에 대하여 명쾌한 답변을 제시한 바 있다. 이것은 <표 6 - 4>의 내용과 같다. 건강가정사 자격취득을 염두에 두고 있다면 다음의 <표 6 - 4>는 건강가정사 자격취득에 관련된 궁금증을 풀어주고 자격취득을 위한 보다 구체적인 가이드라인이 될 것이라 기대한다.

〈표 6-4〉 건강가정사 자격취득 관련 주요 질문 및 이에 대한 여성가족부의 답변

질 문	답 변
건강가정사가 되기 위해서 전공학문과 졸업연도에 제한이 있는지?	전공학문과 졸업연도에 상관없으며 건강가정기본법 시행규칙에서 규정하는 과목이수요건을 갖추기만 하면 됨
이수한 교과목이 시행규칙에서 정한 관련 교과목과 명칭이 다른 경우는?	관련 교과목과 실제 수강한 교과목의 명칭이 다르더라도 인정받을 수 있는 방법이 있음. 여성가족부에서 제시한 동일 교과목 인정과목들 이외의 경우에도 여성가족부에 동일 교과목 인정신청을 하여 확인을 받으면 됨
교과목당 이수학점은 어떠한가?	관련 교과목은 전체 12과목으로 36학점임. 단, 대학원에서 이수하는 경우 8과목 24학점이면 됨. 기준학점만 채우면 과목당 1~2학점 과목도 인정함
학점은행제를 통해서도 건강가정사가 될 수 있는가?	「학점인정 등에 관한 법률」의 학점은행제를 통해서도 건강가정사 자격취득이 가능함. 또한 대학 등에서 이수하지 못한 과목이 있을 경우 이수과목 수 및 이수학점 등에 관계없이 학점은행제를 통해 보완이 가능함
같은 학교에서 관련 교과목 모두를 이수하고 졸업해야 하나?	졸업학점으로 인정되는 한 다른 교육기관에서 교과목을 이수하여도 상호인정이 됨. 다만, 예외적으로 학점은행제는 별도의 학위 없이 부분적인 학점이수를 인정함
건강가정사 자격증 신청은 어떻게 하나?	별도의 자격증(혹은 인정서) 등이 발급되지 않으며, 취업이나 기타 사유로 확인이 필요한 경우 성적증명서와 졸업증명서를 해당 기관에 제출함

출처 : 여성가족부(2012). 2012년도 건강가정지원센터 사업안내.

2) 건강가정현장실습의 과정 및 내용

건강가정현장실습은 예비 건강가정사로서 현장에 투입되어 실무경험을 쌓을 수 있는 기회를 제공한다. 학생들이 학교에서 교과목을 배우는 과정만으로는 건강가정사로서의 자격을 갖추기 부족하다. 이론적 지식만으로는 건강가정사가 실제적으로 어떠한 활동을 하는지에 관한 폭넓은 이해를 하기에 한계가 있다. 현장실습과 훈련은 바로 이러한 한계를 극복하고 학생들이 이론적 차원에서 형성된 지식을 현장에서 직접 적용해 보면서 건강가정

사로서 갖추어야 할 전문적 역량을 심화·확장시키는 기회를 제공한다는 점에서 매우 중요하다.

그런데 사회복지사 혹은 보육교사자격증이 실습과목을 필수적으로 이수할 것을 요구하고 있는 것과 달리, 건강가정사 자격취득에 있어서는 실습과목을 반드시 이수해야 하는 강제성이 없다. 이 때문에 건강가정사 교과과정에서 건강가정실습과목이 필수적으로 개설되지 않은 경우도 적지 않은 현실이다.

그러나 건강가정현장실습은 현장에서 이론적 지식을 실천적 지식과 접목시킬 수 있는 매우 좋은 기회이며, 이를 통해 건강가정사의 전문성을 고양하는 데 매우 유용하다. 따라서 교과과정을 운영하는 데 있어서 학생들이 건강가정사 자격취득을 위해 반드시 건강가정실습기회를 가질 수 있도록 교육현장은 유념해야 할 것이며, 학술적 차원에서 역시 건강가정실습과목을 어떻게 하면 활성화시킬 수 있을지에 대한 학문적 논의가 지속적으로 이루어져야 할 것이다. 여기서는 건강가정실습과목이 어떠한 내용으로 구성되는지 알아보고, 이것을 교과과정에서 어떻게 운영하는지, 그리고 개선점이 무엇인지 보다 자세히 살펴보기로 한다.

(1) 실습의 목적과 목표

조희금 외(2007 : 26-30)는 건강가정실습이 가지고 있는 목적과 목표를 다음과 같이 설명하였다. 건강가정실습과목의 목적은, 우선 건강가정실습을 통해 이론적으로 습득한 지식, 기술, 가치를 현장에서 통합적으로 발휘해 봄으로써 건강가정사로서 전문적 역량을 키워가는 기회를 제공하는 데 있다. 그리고 건강가정실습을 통해 현장에서만 경험할 수 있는 새로운 경험을 가능하게 함으로써 기존의 이론과 지식을 재점검하고, 토의하고, 자신의 지식을 수정할 수 있는 기회를 갖는다.

위의 목적에 대한 구체적 목표는 다음과 같다. 첫째, 건강가정과 관련된 포괄적 지식을 습득하고, 이를 구체화하는 목표를 갖는다. 건강가정지원센터에서 직접 프로그램을 진행하거나 보조하면서 이용자들을 접하며, 행정문서를 작성해 보고, 지역사회 내 다른 기관과의 연계성을 경험하면서 건강가정기본법이 추구하는 가치와 기본적 방향성을 보다 절감하게 된다. 이를 통해 기존에 알고 있었던 지식이 현장에서 어떻게 적용되는지, 이론과 실천을 연계하는 경험을 하며, 결국 건강가정사로서 건강가정기본법이 추구하는 가치가 무엇인지를 구체화하는 경험을 할 수 있다.

둘째, 건강가정현장실습을 통해 가족복지전문가로서 전문적인 기술을 개발하는 목표를 갖는다. 건강가정사는 서비스 대상에게 가족지원서비스를 최종적으로 전달하는 전달체계로서 가족복지서비스실천 전문가이다. 학생들은 현장실습을 통해 가족복지서비스를 전달하기 위해서 얼마나 다양한 현장지식과 기술을 갖추어야 하는지를 분명히 깨달을 수 있다. 단순히 고등교육학위가 있다는 것만으로 현장에서 전문가로서 활약하기에 부족한 점이 많다는 것을 현장에서의 직접적 경험과 훈련을 통해 자각하는 기회를 가질 수 있기 때문이다. 그러므로 현장실습교과목은 학생들이 건강가정지원 전문인력으로서 이론과 실천기술, 행정업무, 조직운영 및 관리능력 등 특수한 전문성을 훈련받을 수 있는 매우 효과적인 교과과정이다.

셋째, 건강가정실습은 건강가정사다운 사명감과 분명한 목표의식, 태도를 형성하는 데 목표를 둔다. 건강가정사는 건강가정지원사업을 현장에 제공하는 전문인력이다. 그러므로 우선적으로 건강가정기본법의 기본 가치를 충분히 인지하면서 개인과 가족을 편견 없이 대하는 법을 배워야 한다. 또한 프로그램에 직간접적으로 참여하면서 건강가정사가 얼마나 지역주민의 욕구를 민감하게 인식해야 하는지를 배울 수 있다. 뿐만 아니라 실습과정을 통해 건강가정사는 건강가정지원센터라는 조직의 일원으로서 동료들과 어떻게 관계를 맺고 센터에 기여하는지, 그리고 센터의 운영은 어떻게 이루어지는지 등 센터의 관리기술을 습득할 수 있다.

(2) 건강가정실습의 추진절차 및 내용

그렇다면 건강가정현장실습은 어떤 과정을 통해 진행되며, 어떤 내용으로 구성되는가? 건강가정현장실습은 ① 실습생과 ② 실습기관, 그리고 ③ 실습생을 파견하는 학교 등 세 가지 실습주체로 구성된다. 따라서 현장실습을 추진하는 과정에서 이 세 가지의 실습주체를 중심으로 실습의 각 단계마다 각 주체가 담당하는 역할이 무엇인지, 그리고 실습 시 필요한 서류들이 무엇인지를 챙길 필요가 있다. 다음의 <표 6 - 5>는 건강가정지원센터 운영 가이드북(2012)에서 제시하는 현장실습의 진행과정과 각 과정에 따른 실습주체의 역할, 그리고 각 단계별로 필요한 서류를 정리해 놓은 것이다.

〈표 6-5〉 현장실습주체의 역할 및 각 단계별 필요한 서류

진행 단계	실습생		기 관		학 교	
	역 할	구비서류	역 할	구비서류	역 할	구비서류
준비 단계	• 센터선택 • 방문과 면접 • 실습 전 재학습 • 행정처리	• 실습 신청서 • 실습생 서약서	• 행정처리 • 실습지도 계획수립 • 오리엔테이션 • 공통교육	• 모집 공고문 • 실습지도 계획서	• 실습센터 선정 • 실습센터 배정 • 행정처리 • 오리엔테이션	• 실습 의뢰서 • 실습생 명단
실습 단계	• 실습업무 • 실습과제 수행 • 실습과제 기록	• 실습일지 • 센터조사 보고서 • 프로그램 분석 보고서 • 센터네트워킹조사 보고서	• 실습생 개별 면담 • 부서별 교육 • 실습업무 실시 • 실습업무 점검	• 실습생 출결상황 기록부 • 실습 요약서	• 실습상황 점검	• 실습 일정 기록부
종결 및 평가 단계	• 실습종결 • 자기평가서 작성	• 자기 평가서	• 실습생 평가 • 실습지도 평가 • 행정처리	• 실습평가서(대학 발송용) • 실습평가 요약서 (대학 발송용) • 수료증	• 성적평가 • 실습교육 평가	

출처 : 한국건강가정진흥원(2012). 2012 건강가정지원센터 운영가이드북.

건강가정사 실습생이 현장에 나가면 실습은 크게 필수적 내용과 선택적 내용을 구분하여 진행이 된다(손여경 · 이송이, 2009). 다음의 <표 6 - 6>은 건강가정현장실습의 구성과 내용을 구체적으로 제시한 것이다. 필수적 내용은 실습오리엔테이션, 행정업무, 프로그램 보조진행, 실습평가회 등 네 가지 영역으로 구성된다. 실습생으로서 기관에 파견이 되면, 우선 그 기관이 속한 지역사회에 대

하여 간단하게 이해하는 시간을 갖고, 앞으로의 실습일정과 과정에 대한 안내를 받는 오리엔테이션 시간을 갖는다. 그리고 실습기관의 행정문서와 사업수행절차와 관련된 문서들을 관찰함으로써 건강가정사업의 시행이 행정적으로 어떠한 과정을 통해 이루어지는지 구체적으로 익힐 수 있다. 또한 기관에서 진행 중인 프로그램들을 직접 보조하면서 이론으로 배운 교과서 지식을 직접 현장에서 실천하거나, 이론적 지식을 현장에서 점검하는 경험을 할 수 있다. 이러한 과정을 통해 실습생들은 책상머리 지식이 아니라, 생생한 현장감을 느끼면서 최종적 서비스 전달체계로서 건강가정사의 막중한 책임감과 역량을 쌓을 수 있는 기회를 갖는다.

현장실습의 선택적 내용은 지역사회 네트워크 사업, 홍보, 프로그램 개발과 평가, 사례관리 등의 내용이다. 이러한 실습내용이 실습생들에게 선택적 사항으로 제시된 것은 실습생으로서 짧은 시간 안에 수행하기에 너무 전문적이고 광범위한 내용을 담고 있기 때문일 것이다.

〈표 6-6〉 현장실습의 내용 및 과제

구분		내 용	과제물
필수	오리엔테이션	• 기관소개 • 지역소개 • 대상집단의 이해 • 실습생의 자세와 역할 • 실습일정과 과제안내	
	행정업무	• 각종 기안서(공문, 품의서 작성 및 결재과정 참여) • 기관운영과 관련된 규정 검토 • 사업수행절차(매 사업별 계획서, 실행서, 만족도 조사, 피드백 등의 절차를 체계화하는 과정 및 관련되는 문서관찰)	관련서식 작성 및 제출
	프로그램 보조진행	• 가족생활교육 프로그램 보조진행 • 가족문화 프로그램 보조진행 • 기타 센터의 특화사업 보조진행	프로그램 계획서, 평가서, 과정일지, 기타 해당자료
	실습 평가회	• 과제에 대한 슈퍼비전 • 실습생의 자세 등 전반에 대한 슈퍼비전	실습평가서
선택	선택	• 지역사회 조직사업(지역사회 자원개발, 주민교육, 건강가정 네트워크 구축) • 지역사회 홍보활동 • 프로그램 개발 및 평가 • 사례관리 • 타 기관방문 및 지역탐방	활동기록서(프로그램 계획서, 프로그램 평가서, 사례관리 기록서, 기관방문 보고서, 지역탐방 보고서 등)

출처 : 한국건강가정진흥원(2012). 2012 건강가정지원센터 운영가이드북.

(3) 건강가정실습이 개선해나가야 할 점

건강가정지원센터에 건강가정사로서 채용이 되면 곧바로 현장업무를 실시하기 때문에 건강가정사 자격취득과정에서 충분히 현장감을 익힐 수 있도록 건강가정실습교과목을 이수하는 것이 필수적이다. 그럼에도 건강가정사 자격취득에 있어서 실습과목이 필수적 조건이 아니기 때문에 학교의 여건에 따라 교과과정 운영 시 실습과목의 배정이 우선시되지 않을 수 있다. 따라서 학생들이 충분한 현장실습을 통해 이론과 실천을 겸비한 건강가정사로서 배출되는 것에 한계가 있다. 이러한 상황에서 그나마 운영되는 건강가정실습이 양질의 내실있는 교과목으로 자리잡을 수 있도록 다각적 노력이 필요하다. 여기서는 건강가정현장실습 개선방안에 관하여 손여경과 이송이(2009)가 제안한 것을 중심으로 현장실습의 내실화와 활성화를 위해 어떠한 노력을 해야 하는지를 살펴보도록 한다.

우선 학교차원에서는 비록 건강가정실습이 필수과목이 아니라 하더라도 미래 건강가정사 양성의 핵심적 역할을 할 수 있음을 견지하여 교과과정에 실습과목을 반드시 운영하도록 하여야 할 것이다. 그리고 건강가정실습을 운영함에 있어서 건강가정지원센터와 건강가정사에 대한 이해를 돕는 사전 오리엔테이션을 반드시 실시해야 할 필요가 있다. 이를 통해 실습생의 기본 자세와 직장 예절교육을 함께 시행함으로써 실습과정에 혹시라도 발생할 오해 등을 미연에 방지해야 할 것이다. 또한 '건강가정론', '가정생활교육' 등 기초과목과 이론과목들을 실습 이전에 선수과목으로 반드시 이수하게끔 하여 실습업무를 미리 숙지하도록 배려해야 한다. 마지막으로 실습을 지도하는 교수와 담당직원은 현장실습이 원활히 수행되기 위하여 실습생들을 적극적으로 관리하고, 실습실무자와 빈번히 연락을 취하면서 실습진행상황을 지속적으로 검토하는 실습 슈퍼비전 역할을 강화해야 할 것이다.

건강가정센터 차원에서는 실습생을 효과적으로 지도할 수 있는 체계적인 실습시스템을 마련하는 것이 시급하다. 일단 공간적 측면에서 볼 때 아직 실습생을 충분히 수용하고 체계적인 지도여건을 갖춘 건강가정지원센터의 숫자와 실습공간이 제한적이다. 여전히 대다수의 지역건강가정지원센터는 물리적 공간과 인적 자원의 면에서 영세하므로 실습을 진행할 수 있는 공간과 인력을 확보하는 것이 어려운 현실이다. 또한 센터들의 운영기간이 그리 길지 않기 때문에 실무자들 중에 실습을 지도할 만한 경험있는 담당자가 부족하다. 이러한 상황에서 실습생을 지도할 만한 마땅한 '실습지도매뉴얼' 역시 부재하기 때문에, 과도한 업무에 시달리는 건강가정사들이 실습을 지도할 만큼의 준비도와 역량을 갖추기에 버거운 현실이다.

따라서 실습과목을 강화하기 위해서는 실습생을 받아들이는 센터 역시 실습역량을 함께 강화할 필요가 있다. 이를 위해 무엇보다 표준적인 건강가정실습지도체계를 마련하는 작업이 시급히 요구된다. 표준화된 지도체계 안에서 실습생뿐 아니라 실습지도 실무자들 역시 일관적이고 체계적인 실습교육과 훈련을 받을 수 있어야 할 것이다.

마지막으로 학생차원에서 건강가정실습에 적극적으로 참여하려는 의지가 필요하다. 실습을 통해 이론적 지식을 현장에서 적용해 보고 때로는 이를 수정·보완하는 과정을 경험하기도 한다. 이러한 시행착오의 과정은 예비 건강가정사로서의 역량을 확인함과 동시에 자신의 전문성을 더욱 성장·발전시키는 소중한 계기가 됨을 명심해야 할 것이다. 실습과목을 진로탐색의 기회이자, 전문성과 역량을 발전시키는 기회로 삼을 때 실습에 임하는 자세와 준비, 실습목표가 더욱 확고해질 것이며, 이를 토대로 건강가정실습은 견고히 자리잡아가게 될 것이다.

참고문헌

강상청 · 최건수(1988). 상징적 상호작용론. **교육발전논총, 9**(1), 23-38.
강유진(2005). 한국 성인세대의 노후준비에 관한 연구. **한국지역사회생활과학회지, 16**(4), 159-174.
강희경(2005). 건강가정담론의 불건강성. **경제와 사회, 65**, 25-39.
고경환 · 강지원 · 김용민(2010). 가족복지서비스 전달체계의 상대적 효율성. **한국거버넌스학회보, 12월**, 197-223.
고선강(2005). 건강가정사 양성을 위한 가족자원경영학 교과개편 연구. **한국가족자원경영학회지, 9**(4), 133-144.
고선주(2010). 바람직한 부모됨을 위한 사회적 지원 : 건강가정지원센터 가족정책사업을 중심으로. 2010년 제2차 육아선진화포럼 자료집.
곽미정 · 문신용(2011). 생태체계적 요인이 청소년 임파워먼트에 미치는 영향 연구 : 가정생활만족도, 학교생활만족도, 여가생활만족도를 중심으로. **청소년학연구, 18**(3), 215-246.
권태환 · 김두섭(2002) **인구의 이해**. 서울 : 서울대학교출판부.
김동배 · 이희연(2003). 사회복지실천의 생태체계 패러다임과 연구방법론에 대한 고찰(I). **연세사회복지연구, 9**, 27-58.
김두섭 · 김정석 · 송유진 · 최양숙(2006). 가족구조와 관계의 변화 및 전망. 정보통신정책연구원.
김두섭 · 차승은 · 송유진 · 천희란 · 김정석(2008). 저출산 사회의 결혼 및 자녀양육실태. 한국보건사회연구원.
김미숙(2008). 참여정부의 가족정책 성격 : 3개법을 중심으로. **한국인구학, 31**(3), 27-55.
김승권(2012). 한부모가족정책의 실태와 정책제언. **보건복지포럼, 4월호**, 59-69.
김안나(2009). 가족친화정책의 실태 및 효과성에 대한 근로자 생애주기적 접근. **보건사회연구, 39**(2), 3-29.
김안자(2009). 가족레질리언스가 가족 건강성에 미치는 영향. **한국가족복지학, 27**, 73-102.
김영미(2009). 복지국가의 가족정책이 성역할 태도에 미치는 영향에 관한 비교 분석. **사회보장연구, 25**(3), 27-54.
김유경(2012). 중산층가족의 특성과 정책과제. **보건복지포럼, 5월호**, 20-39.

김은정・정소연(2009). SERVQUAL 모형에 근거한 사회서비스 품질의 구성차원과 서비스 만족도. **사회복지정책**, 36(2), 191-217.

김자영・조병은(2008). 구조기능론, 발달론 및 건강가정 관점에서 비교한 고등학교 1학년 기술・가정 교과서 '가족' 관련 단원내용 분석. **한국가정과교육학회지**, 20(1), 117-136.

김재홍・조경호(1995). 지방정부 행정서비스에 대한 시민의 의식과 평가. **한국행정연구**, 4(2), 133-154.

김준기・이준희(2006). 한국의 네트워크 거버넌스에 관한 연구 : 사회복지관의 네트워크와 조직 효과성. **행정논총**, 44(1), 91-126.

김혜경(2004). 보살핌 노동의 정책화를 둘러싼 여성주의적 쟁점 : 경제적 보상을 중심으로. **한국여성학**, 20(2), 75-104.

______(2005). '건강가정기본법'의 제・개정을 둘러싼 담론에 대한 연구. **여성과 사회**, 15, 67-102.

김혜신・김경신(2011). 결혼이주여성과 한국인 남성부부의 가족건강성 관련변인 연구. **한국가족관계학회지**, 16(2), 59-86.

김혜영(2012). 기로에 선 가족정책, 어떻게 할 것인가?. **한국여성학**, 28(3), 63-94.

남기철(2006). 가족개념과 가족복지서비스에 대한 세대 간 인식차이. **생활과학연구**, 11, 91-106.

남원시 건강가정지원센터(2012). 2011년 남원시 건강가정지원센터・다문화가족센터 사업보고서.

노성향(2010). 취업여성의 영아보육현황과 육아지원방안 - 12개월 이하 영아를 둔 정규직 취업여성을 중심으로. **한국아동복지학**, 33, 111-128.

마이클 샌델(2010). **정의란 무엇인가**. 경기 : 김영사.

문숙재・정지영(1997). 가족생활주기에 따른 주부의 가사노동시간과 가계의 시간절약 지출비에 관한 연구. **한국가정관리학회지**, 15(3), 59-72.

문신용・성금단(2010). 건강가정복지서비스의 운영형태에 따른 성과평가 : SERVQUAL 기법을 중심으로. **행정논총**, 48(4), 357-383.

박정윤(2008). 건강가정지원센터의 건강가정문화 사업평가에 관한 연구. **한국가정관리학회지**, 26(3), 25-36.

박종서(2012). 폴란드의 가족정책. **보건복지포럼**, **12월호**, 78-85.

박혜인(1988). **한국의 전통혼례 연구**. 서울 : 고려대학교 민족문화연구원.

백선희(2011) 보육의 공공성 강화를 위한 정책방안. 한국보건사회연구원 연구보고서.

성미애・이현아(2004). 건강가정사의 역할, 자격 및 양성 방안. **한국가정관리학**

회지, 22(5), 345-355.
성미애 · 진미정 · 이재림 · 최새은(2012). 건강가정사의 직무 및 근무환경 인식. 한국생활과학회지, 21(3), 453-468.
손승영(2006). 한국의 가족주의와 사회적 과시 : 지속과 변화. 담론 201, 9(2), 245-274.
손여경 · 이송이(2009). 건강가정현장실습 운영실태와 개선방안에 관한 연구. 한국가족자원경영학회지, 13(3), 247-280.
송다영(2005). 가족복지서비스 전달체계 수립을 위한 방향과 원칙에 관한 탐색적 연구. 한국사회복지학, 57(4), 225-251.
______(2008). 일과 가족양립을 위한 가족지원서비스 발전방안에 관한 연구. 사회복지정책, 34, 7-33.
송승민(2007). 프랑스와 한국의 보육체계 비교 : 보육정책과 보육료 지원을 기준으로. EU 학회, 73-97.
송원영 · 강기정 · 문정숙(2009). 건강가정지원센터 가족지원체계 구축모델 개발 연구. 중앙건강가정지원센터 연구보고서.
송파구 건강가정지원센터(2012). 송파구 건강가정지원센터 2011 사업보고서.
송혜림 외(2011). 건강가정사업 성과지표 개발. 한국건강가정진흥원.
송혜림(2006). 공공가정경영 이론적 체계의 재구성에 대한 논의. 한국가족자원경영학회지, 10(1), 1-15.
송혜림 · 김선우(2005). 공공가정경영 하위체계의 이론적 틀 고찰과 재구성 - 마케팅관리 영역을 중심으로. 한국가족자원경영학회지, 9(2), 93-110.
송혜림 · 성미애 · 진미정 · 이승미(2005) 건강가정개념에 대한 논의. 한국가정관리학회, 23(6), 179-190.
신경아(2011) 저출산 대책의 쟁점과 딜레마 : 여성 없는 여성정책. 페미니즘 연구, 10(1), 89-122.
신수진(1998). 한국의 가족주의 전통 : 근본사상과 정착과정에 관한 문헌고찰. 한국가족관계학회지, 3(1), 127-152.
______(1999). 한국의 사회변동과 가족주의 전통. 한국가족관계학회지, 4(1), 165-192.
양옥경 · 김미옥 · 최명민 공역(2002). 가족과 레질리언스. 경기 : 나남출판.
양옥경 · 김연수(2003). 가족탄력성 증진을 위한 부모역할 프로그램 개발연구. 사회과학연구논총, 11, 115-147.
양정혜 · 김지경(2002). 구조기능 이론의 관점으로 중학교 기술 · 가정 교과서의 「I. 나와 가족생활」 단원내용 분석. 대한가정학회지, 40(12), 1-11.
양현아(2007). 1987년 이후 가족법의 변화에 관한 법사회학적 고찰. 법과 사회, 32, 103-138.

______(2000). 호주제도의 젠더 정치 : 젠더 생산을 중심으로. **한국여성학, 16**(1), 65-93.

어은주 · 유영주(1995). '가족의 건강도 측정'을 위한 척도개발에 관한 연구. **한국가정관리학회지, 13**(1), 145-156.

여성가족부(2009). 공공가정의 인적자원 관리방안 : 건강가정사 직무분석에의 적용. **한국가족자원경영학회지, 13**(1), 23-39.

_________(2012). 2012년도 건강가정지원센터 사업안내.

옥선화(2006). **결혼과 가족**. 서울 : 하우.

옥선화 · 성미애(2004). **빈곤 여성가장의 삶**. 서울 : 하우.

유계숙 · 장혜경 · 전혜정 · 김윤정 · 민성혜 · 박은미 · 안재희 · 장보현 · 한지숙(2010). **가족정책론**(개정판). 서울 : 시그마프레스.

윤경자(2008). 건강가족을 위한 한국가족정책 패러다임의 전환 : 건강가정기본법과 건강가정지원센터를 중심으로. **한국가정관리학회지, 26**(4), 85-101.

윤종희(2006). 건강가정지원사업에서 가족 - 중심 개입을 위한 개념모형 연구 : 생태학적 접근. **대한가정학회지, 44**(3), 115-126.

윤홍식 · 송다영 · 김인숙(2011). **가족정책 : 복지국가의 새로운 전망**. 경기 : 공동체.

은기수(2008). 인구구조의 양적 · 질적 변화와 쟁점. 한국사회학 창립 60주년 기념 학술대회발표논문.

이미숙(2008). 국민건강보험에 함의된 가족규범과 피부양자제도 변천. **한국사회학회, 42**(6), 38-67.

이상균(2005). 청소년의 또래폭력 가해경험에 대한 생태체계적 영향요인. **한국아동복지학, 19**, 141-170.

이선미(2011). 성인남녀의 가족건강성 관련변인. **대한가정학회지, 49**(5), 129-142.

이선주 · 박선영 · 김은정(2007). 주요 국가의 아동수당제도에 관한 연구 - 프랑스, 핀란드, 일본을 중심으로. **사회보장연구, 23**(4), 167-192.

이선형 · 김근홍(2004). 서울시 소재 종합사회복지관 가족복지 프로그램 분석을 통한 건강가정지원센터 프로그램의 방향. **사회복지정책, 21**(4), 33-57.

이선형 · 임춘희(2012). **건강가정론**(2판). 서울 : 학지사.

이순형(2009). **한국아동의 일상생활문화**. 서울 : 서울대학교출판부.

이순형 외(2013). **아동복지 이론과 실천**. 서울 : 학지사.

이승미 · 김선미(2011). 이용자관점에서 본 아이돌보미지원사업의 특성과 개선방안에 관한 기초연구. **대한가정학회지, 49**(4), 51-65.

이승미 · 송혜림 · 이완정 · 진미정 · 이현아(2012. 6. 31). 한국가족의 전환기적 특성과 가족정책. 2012년 한국가정관리학회 공동학술대회.

이영주(2008). 다문화가족지원법에 관한 고찰. **법학연구**, 31, 209-236.

이용환(1991). 상징적 상호작용론(I). **고시계 통권**, 411, 305-308.

이원규 · 김재일(2007). 건강가정지원센터 중심의 한국가족복지서비스 전달체계 구축. **한국사회정책**, 14, 213-255.

이윤정(2011a). 문화사업 담당 건강가정사 양성 및 보수교육을 위한 직무와 역량 분석. **한국콘텐츠학회논문지**, 11(4), 485-496.

_____(2011b). 상담영역 건강가정사의 직무 및 보수교육 콘텐츠 개발을 위한 역량 연구. **한국콘텐츠학회논문지**, 11(5), 358-368.

이윤정 · 정은희(2008). 건강가정지원센터의 건강가정사 직무분석을 위한 기초연구 : 표준직무도출을 중심으로. **한국가정관리학회지**, 26(5), 177-194.

이재경(2004). 한국가족은 위기인가? "건강가정" 담론에 대한 비판. **한국여성학**, 20(1), 229-244.

이코노미스트(2012. 4. 16). 솔로 이코노미 시대 1인 가구.

이현숙(2011). 스코틀랜드와 한국의 가족수발제도 비교연구 : 에딘버러시와 수원시의 치매노인가족 수발자를 중심으로. **보건사회연구**, 31(4), 345-381.

임인숙(1999). 미국학계의 가족변화 논쟁. **가족과 문화**, 11(1), 23-46.

장경섭(2001). 가족이념의 우발적 다원성 : 압축적 근대성과 한국가족. **정신문화연구**, 24(2), 161-202.

전효정(2007). 생태학적 가족복지모형을 적용한 가족생활주기에 따른 심리적 복지. **대한가정학회지**, 45(5), 121-133.

정수경(2010). 가족 레질리언스 : 역경을 이기는 힘. **사회과학논총**, 26(1), 1-15.

정현숙(2008). **가족생활교육**. 서울 : 신정.

정현숙 · 유계숙(2001). **가족관계**. 서울 : 신정.

조성연 외(2009). **가족관계**. 경기 : 양서원.

조은영 · 조은희 · 김소선(2010). 가족 상호관계가 치매노인 가족원의 부담감에 미치는 영향. **한국노년학**, 30(2), 421-437.

조정문 · 장상희(2007). **가족사회학 : 현대사회에서 가족은 무엇인가**. 서울 : 아카넷.

조혜정(1988). **한국의 여성과 남성**. 서울 : 문학과 지성사.

조희금 외(2010). **건강가정론**. 서울 : 신정.

________(2011). **건강가정론**. 서울 : 신정.

조희금 · 김경신 · 정민자 · 송혜림 · 이승미 · 성미애 · 이현아(2009). **건강가정론**(2판). 서울 : 신정.

조희금 · 송혜림 · 성미애(2009). **건강가정현장실습**. 서울 : 신정.

최성재 · 남기민(2010). **사회복지행정**. 경기 : 나남출판.

최연실 · 조은숙 · 남영주 · 송명숙 · 권희경(2012). 건강가정사가 인식한 가족과 건강가정에 대한 이미지. **한국가족관계학회지, 16**(4), 3-28.

최재석(1983). **한국가족제도사연구**. 서울 : 일지사.

통계청(2011). '2010 인구주택총조사' 보도자료.

한경혜 · 노영주(2000). 중년여성의 40대 전환기 변화경험과 대응에 대한 질적 연구. **가족과 문화, 12**(1), 67-91.

한경혜 · 성미애 · 진미정(2006). **가족발달**. 서울 : 한국방송통신대학교출판부.

한경혜 · 이정화(2012). **지금 중년을 말할 때 : 대한민국 중년을 치밀하게 분석한 보고서**. 경기 : 교문사.

한국가족학연구회 편(1993). **가족학 연구의 이론적 접근 : 미시이론을 중심으로**. 경기 : 교문사.

한국건강가정진흥원(2011). 2011 전국건강가정지원센터 연간사업실적 보고서.

________________(2012). 2012 건강가정지원센터 운영가이드북.

________________(2012a). 가족사랑의 날 전국센터 프로그램 사례집.

________________(2012b). 2012 건강가정지원센터 우수 프로그램.

________________(2013). 2013 건강가정지원센터 운영가이드북.

한은주 · 최배영(1997). 상징적 상호작용론적 관점에서 본 부모부양의식에 관한 연구. **대한가정학회지, 35**(2), 373-383.

함인희(2013). 가족규모의 축소와 가족정책의 확대 : 가족의 미니멀화 전략과 공공가족주의의 역설. 2013 한국가족학회 춘계학술대회 기조강연.

홍승아(2011). 양육수당제도의 젠더효과에 관한 연구 : 핀란드 가정양육수당제도를 중심으로. **상황과 복지, 31**, 85-119.

Aldous, J.(1990). Family development and the life course : two perspectives on family changes. *Journal of Marriage and the Family, 52*, 571-583.

Bauman, S. J., Adams, H., & Waldo, M.(2001). Resilience in the oldest-old. *Counselling and Human Development, 34*(2), 1-19.

Belsky, J., Gillstrap, B., & Rovine, M.(1984). The Pennsylvania Infant and Family Project. 1 : Stability and change in mother-infant and father-infant interaction in a family setting at one, three, and nine months. *Child Development, 55*, 692-705.

Bengtson, V. L., & Allen, K. R.(1993). The life course perspective applied to families over time. In P. Boss, W. Doherty, R. LaRossa, W. Schumm, & S. Steinmetz(Eds.), *Sourcebook of family theories and methods : a contextual approach*(pp.469-499). NY :

Plenum.

Bronfenbrenner, U.(1977). Toward an experimental ecology of human development. *American Psychologist, 32*(7), 513-531.

________(1986). Ecology of the family as a context for human development : research perspective. *Developmental Psychology, 22*(6), 723-742.

Craig L.(2005). The Money or the Care : A Comparison of Couple and Sole Parent Households' Time Allocation to Work and Children. *Australian Journal of Social Issues, 40*(4)

Crosbie-Burnett, M.(1989). Application of family stress theory to remarriage : a model for assessing and helping stepfamilies. *Family Relations, 38*, 323-331.

E. Beck-Gernsheim, 이재원 역(2000). 내 모든 사랑을 아이에게? : 한 조각 내 인생과 아이문제. 서울 : 새물결.

Elder JR., G. H.(1994). Time, human agency, and social change : perspectives on the life course. *Social Psychology Quarterly, 57*(1), 4-15.

Esping-Anderson, G.(1996). *Welfare state in transition : National Adaptation in global economies*. London : Sage Publication.

________(2009). *The incomplete revolution : Adapting to women's new role.* Cambridge : Polity.

Esping-Anderson, G., Duncan, G., Hemerijck, A., & Myles, J.(2002). *Why we need a new welfare state*. Oxford : Oxford University Press.

Folbre, N.(2004). A Theory of the Misallocation of Time. In : Folbre, N. and Bittman, M.(eds) *Family Time : The Social Organization of Care.* London : Routledge.

Gutheil, I. A., Congress, E.(2000). Resilience in older people : a paradigm for practice. In E. Norman(Ed). *Resiliency enhancement*(pp.40-52). NY : Columbia University Press.

Hochschild, A.(1989). *The second shift.* New York : Avon Books.

________(1996). *Time bind.* New York : Henry Holt.

Johnson, J. L.(1999). Commentary : resilience as transactional equilibrium. In M. Y. Glantz & J. L. Johnson(Eds.). *Resilience and development*(pp.225-228). NY : KA/ PP.

Kaplan, L., & Hennon, C.(1992). Remarriage education : The Personal Reflections Programs. *Family Relations, 41,* 127-134.

Kaufman, J., & Ziegler, E.(1987). Do abused children become abusive parents? *American Journal of Orthopsychiatry, 57,* 186-192.

Kvist. J., Fritzell, J., Hvinden, B., & Kangas, O.(2012). *Changing social equality : The*

Nordic welfare model in the 21st century. Bristol : The Policy Press.

Lavee, Y., McCubbin, H. I., & Patterson, J. M.(1985). The double ABCX model of family stress and adaptation : an empirical test by analysis of structural equations with latent variables. *Journal of Marriage and the Family, 47*(4), 811-825.

Luthar, S., Cicchetti, D., & Becker, B.(2000). The construct of resilience : A critical evaluation and guidelines for future work. *Child Development, 71*(3), 543-562.

MacMillan, R., & Copher, R.(2005). Families in the life course : Interdependency of roles, role configurations, and pathways. *Journal of Marriage and the Family, 67*(4), 858-879.

Moen, Phyllis(2003). *It's about time : Couples and careers.* New York : Cornell University Press.

Nachshen, J. S., & Minnes, P.(2005) Empowerment in parents of school-aged children with and without developmental disabilities. *Journal of Intellectual Disability Research, 49*(12), 889-904.

Patterson, J. M.(2002) Integrating family resilience and family stress theory. *Journal of Marriage and Family, 64*, 349-360.

_____________(2002). Understanding family resilience. *Journal of Clinical Psychology, 58*(3), 233-246.

Quick, H. E.(1998). *Shaping men's and women's career trajectories : the intersections of personality, family, and opportunity structure.* Cornell University, Ph. D.

Saleeby, D.(1996). The strengths perspective in social work practice : extensions and cautions. *Social Work, 41*(3), 296-305.

Secommbe, K.(2008). *Families in Poverty*. New York : Allyn & Bacon.

Walsh, F.(1998). Beliefs, spirituality, and transcendence : Keys to family resilience. M. MacGoldrick(Ed). *Re-visioning family therapy : Race, culture, and gender in clinical practice*(pp.62-77). NY : Guilford Press.

찾아보기

ㄱ

ㄴ

ㅈ

ㅊ

ㅋ

ㅌ

ㅍ

ㅎ

A

E

F

H

T

저자약력

■ 강유진
서울대학교 아동가족학과에서 가족학을 전공하였고, 한국 여성노인의 삶에 대한 질적 연구로 서울대학교에서 박사학위를 받았다. 하버드대학교 케네디 스쿨에서 방문교수로서 공동연구를 수행하였다. 지난 2010년부터 총신대학교 아동학과 부교수로 재직 중이다. 약 10년간 건강가정론 강의를 진행해왔으며, 주요 관심분야는 세대관계, 노년기 가족, 다문화가족이다.

■ 차승은
서울대학교 아동가족학과에서 가족학 석사학위를 취득하였고, 동 대학원에서 중년남녀의 가족역할과 신체 및 정신건강에 관한 논문으로 박사학위를 받았다. 한양대학교 인구 및 고령사회연구소의 전임연구원, 미국 메릴랜드대학교 가족학과 연구원을 거쳐서, 현재 수원대학교 아동가족복지학과에 조교수로 재직 중이다. 최근에 관심을 가지고 연구하는 분야는 생활시간, 시간정책, 그리고 가족정책이다.

건강가정론

|공 저 자| 강유진·차승은

|1판 1쇄| 발행 2013년 9월 30일
|1판 2쇄| 발행 2017년 2월 28일
|1판 3쇄| 발행 2018년 7월 31일

|발행인| 김동훈
|발행처| 공동체

|주소| 경기도 고양시 일산동구 호수로 358-39, 동문타워 I 905호(백석동)
|전화| 031)920-8305(대표)
|팩스| 031)920-8308
|e-mail| compub@naver.com
|출판등록| 2005년 10월 6일
|등록번호| 제396-2005-36호

|ISBN| 978-89-6352-537-2
정가 15,000원